와인 블라인드
테이스팅 교과서

스태프(Original edition creative staff)

Design: Kisa Miyazaki(KISSA LLC)
Illustration: SANDER STUDIO
Photos: Satoshi Fukuda, Kazumasa Yamamoto
Editing: Ayako Enaka(Graphic-sha Publishing Co., Ltd.)
Special thanks
Misaki Otsuka(ACADEMIE DU VIN)
Yoshiyuki Okumura(Japan Vineyard Association)
Haruka Mashiko(Cfa Backyard Winery)
Akihito Motoba(Lecole du vin)

WINE

와인 블라인드 테이스팅 교과서

스즈키 아키토 지음
정연주 옮김 · 백은주 감수

알기 쉬운 과학적 접근법으로
이해하는 와인 테이스팅

hansmedia

오랫동안 와인을 가르치는 일을 하고, 와인을 공부하는 분들을 가까이에서 목격하며 깨달은 것이 있다. 사람들은 누구나 와인의 맛을 자신의 언어로 표현하고 싶어한다. 그리고 이 목표가 어느 정도 충족되면, 와인을 스스로 식별하고 싶어한다. 와인 업계에 종사하는 분들에게 이는 당연한 일이겠지만 평범한 와인 애호가들 사이에서도 똑같이 나타나는 욕구다. 그 이유는 분명하다. 와인은 마시면 사라지는 음료이기 때문이다. 그래서 단순히 그 와인을 음용하는 순간을 넘어 자신이 겪은 가치의 경험을 극대화하고자 하는 열망이 생긴다. '내가 마신 와인을 좀 더 오래 그리고 정확하게 기억하고 싶어서' 감정적으로 더욱 몰입하게 된다. 그리고 이를 가능하게 하는 가장 강력한 수단이 바로 '블라인드 테이스팅'이다.

저자는 마치 우리의 이런 마음을 꿰뚫어 본 듯 이 책을 통해 블라인드 테이스팅 실력을 끌어올릴 수 있는 다양한 기술과 방법을 세심하게 풀어낸다. 스스로 10여 년 동안 '좌절의 연속'이었다고 고백하듯, 《와인 블라인드 테이스팅 교과서》에는 저자의 오랜 시행착오와 집요한 탐구 끝에 얻은 노하우가 총망라되어 있다. 독자는 책을 통해 저자의 실패를 반면교사 삼아 어디에서도 배울 수 없던 와인 테이스팅의 본질적 기술을 익힐 수 있을 것이다.

그렇다고 해서 이 책이 블라인드 테이스팅에 대한 기술적인 내용만 다루는 것은 아니다. 블라인드 테이스팅이라는 전략적 접근법에 맞춰서 와인의 성분과 스타일, 양조 방법, 포도 품종 등 와인을 둘러싼 심층적 정보를 친절하고 체계적으로 설명해준다. 왜냐하면 저자는 우리가 블라인드에 압박감을 갖거나 정답을 향해 돌진하기만을 원하지 않기 때문이다. 저자는 '맞히자'라는 부담감을 내려놓고 와인과 느긋하게 마주해보자고 조언한다. 블라인드 테이스팅의 궁극적 성공은 '어떻게 맞힐까' 하는 스킬에 있는 것이 아니라 '와인을 대면하며 어떻게 나의 감각과 사고를 확장하는지'에 있다는 것이다. 그리고 바로 이것이야말로 우리가 지금 이 책을 읽어야 하는 이유다.

백은주(와인 교육가)

'와인 블라인드 테이스팅은 어렵다'는 말을 들을 때가 있습니다. 저도 그렇게 생각합니다. 그래도 포기하지 않고 블라인드 테이스팅을 반복하는 이유는 포도 품종을 맞히는 것이 목적이 아니라 이를 통해 와인의 매력과 재미를 깊이 느낄 수 있기 때문입니다. 블라인드 테이스팅은 '와인은 머리로 마시는 것이 아니라 가슴으로 느끼는 것'이라는 점을 깨닫게 해주었습니다.

와인은 매력적이고 신비로운 존재입니다. 포도의 품종이 다를 뿐인데 어째서 이렇게까지 큰 차이를 느낄 수 있는 것일까요? 또한 품종이 같다면 세계 어느 산지에서든 비슷한 맛이 느껴지는 이유는 무엇일까요? 그리고 인간은 어떻게 이 정교한 차이를 느낄 수 있는 것일까요? 이러한 수수께끼는 아직 풀리지 않았습니다.

다만 블라인드 테이스팅을 꾸준히 연습하면 와인의 차이를 명확하게 느낄 수 있고, 블라인드의 정답도 찾게 된다는 것만은 확실하게 알고 있습니다. 저도 와인을 처음 마시기 시작했을 무렵과 지금의 모습은 완전히 달라서 어느새 섬세한 감각이 생기고, 그로 인해 전혀 다른 풍경을 볼 수 있게 되었습니다. 매일매일 스스로 성장하는 것을 느낄 수 있다는 점도 블라인드 테이스팅을 계속하게 되는 원동력입니다.

저는 블라인드 테이스팅은 '와인과 대화하는 것'이라고 생각합니다. 머리로 생각하는 것이 아니라 마음으로 와인을 느껴야 하기 때문입니다. 와인은 단순한 음료가 아니며, 사람에게 깊은 영향을 주는 존재입니다. 이렇게 조금 다른 시각으로 와인을 마주하게 되면서 저는 와인에서 느껴지는 무언가를 블라인드 테이스팅의 답으로 낼 수 있게 되었습니다. 그리고 마침내 그것이 정답이었을 때, 와인과 내가 연결된 듯한 감동을 얻게 됩니다. 와인이 나에게 말을 걸고, 와인과 내가 마음으로 통한 것 같은 느낌을 받게 되는 것이지요.

블라인드 테이스팅은 와인으로부터 감동을 느낄 수 있는 가장 좋은 방법입니다. 한 번도 가본 적 없는 지역의 와인을 내가 이해하게 된다니! 이러한 놀라운 경험을 할 수 있다는 점이 블라인드 테이스팅의 매력입니다. 이러한 과정을 통해 인간적인 성장도 할 수 있다고 생각합니다. 블라인드 테이스팅을 진행하며 많은 실패와 반성을 반복함으로써 우리는 자신을 더욱 잘 이해할 수 있게 됩니다. 또한 함께 블라인드 테이스팅에 도전하는 많은 동료들과 인연도 맺을 수 있습니다.

저의 지난 10년간의 노력 속에서 배우고 느낀 것들을 이 책에 담았습니다. 블라인드 테이스팅을 어렵게 느끼는 분, 관심이 있는 분, 도전해보고 싶은 분, 좀처럼 성과를 내지 못하는 분, 한 단계 더 도약하고 싶은 분 그리고 와인을 사랑하는 많은 분들에게 이 책이 도움이 되었으면 합니다. 이 책이 여러분과 와인이 새롭게 만나는 계기가 되기를 바랍니다.

condents

제1장

블라인드 테이스팅

제4장　와인을 알다

제5장　와인의 평가 항목

제6장 지식을 활용하다: 양조 방법

제7장　지식을 활용하다: 포도 품종

이 책에 대하여

이 책은 블라인드 테이스팅을 하는 데 필요한 다양한 지식과 노하우를 수록하고 있습니다. 여러 책에 실린 정보를 익히고, 개인적으로 궁금했던 것들을 조사하며, 10년간의 블라인드 테이스팅 경험에서 제가 직접 배운 내용들을 담았습니다. 무엇보다 와인을 과학적인 관점에서 이해하고 블라인드 테이스팅에서 정답을 맞히는 것을 목표로 하고자 합니다.

1장에서는 블라인드 테이스팅이 무엇인지 살펴보고, 2장에서는 블라인드 테이스팅에 활용할 수 있는 인간의 능력에 대해서, 3장에서는 블라인드 테이스팅의 방법, 4장에서는 와인의 성분, 5장에서는 와인의 분석과 평가 방법, 6장과 7장에서는 와인의 양조 방법과 포도 품종을 공부합니다. 특히 7장에서는 블라인드 테이스팅에 자주 출제되는 39가지 포도 품종에 대해 자세히 설명합니다.

본문에서 중요하다고 생각되는 부분은 굵은 글씨로 표시했습니다. 글과 함께 사진과 그림도 풍성하게 실었으니 눈으로 보며 이해해보세요. 칼럼이나 토막 상식이 실린 페이지는 부담 없이 재미있게 읽을 수 있는 페이지입니다. 전문 용어에 대해서는 각 페이지 하단에 적어두었습니다. 양조와 와인, 포도에 대한 용어는 266쪽을 참고하시기 바랍니다. 262쪽부터는 이 책에서 사용한 시음 와인 목록을 수록하였으니 와인 선택에 참고하시기 바랍니다.

1장

블라인드 테이스팅

전 세계 많은 나라에서 생산되는 와인은 다양한 향과 맛이 매력적입니다.

와인은 마실 때마다 새로운 점을 발견할 수 있어 사람들을 즐겁게 하기도 하지만, 만약 여러분이 눈 앞의 잔에 담긴 와인의 포도 품종과 생산국, 빈티지까지 맞힐 수 있다면 다들 어떤 반응을 보일까요? 마치 마술 같다고 생각할 거예요. 블라인드 테이스팅은 매우 놀라운 능력이자 세계 곳곳의 와인을 식별하는 기술입니다.

블라인드 테이스팅이란

블라인드 테이스팅(이하 블라인드)은 와인을 이해하기 위한 가장 효과적인 방법으로서 와인을 과학적으로 평가하기 위한 관능 평가[*], 와인을 품평하기 위한 대회에서의 평가, 그리고 와인 전문가로서 소믈리에의 기량과 능력을 측정하기 위해 콩쿠르 등에서 활용되는 기법입니다. 와인을 이해하는 데 블라인드보다 더 좋은 방법은 없습니다.

블라인드는 다양한 목적으로 실시되지만, 일본 소믈리에협회의 각종 자격 시험에서는 블라인드를 통해 와인을 분석하여 그 특성(포도의 품종, 생산국, 빈티지 등)을 답하게 합니다. 또한 여러 와인 콘테스트나 와인 아카데미에서 열리는 블라인드 대회에서는 참가자들끼리 정답 맞히기를 겨루기도 합니다. 블라인드는 세계 대회로도 열리고 있으며 영국에는 블라인드 협회가 존재하기도 합니다. 이처럼 와인 블라인드는 매우 전문적인 과정으로서 전 세계에서 다루어지고 있습니다.

사실 블라인드에 남들보다 집념을 불태우며 노력하던 저 역시 그동안 거듭 좌절을 맛보았습니다. 그래도 포기하지 않고 계속 도전한 것이 저의 강점이라고 생각합니다. 어쩌면 그때의 좌절 덕분에 이 책을 집필할 수 있었는지도 모릅니다. 그래서 책을 시작하기 전에 먼저 여러분께 제가 어떻게 블라인드에 계속해서 도전해 왔는지를 말씀드리고자 합니다.

좌절의 연속이었던 블라인드

과거의 저는 술은 마셔서 취하기만 하면 된다고 생각하는 애주가였고, 와인은 저렴한 것밖에 마셔본 적이 없었습니다. 그러다 2012년, 새해 목표로 와인 공부를 시작해 보자는 생각이 들었습니다. 본격적으로 알아보니 마침 회사 근처에 일본 최대 규모의 와인 스쿨이 있었고, 와인 전문가 과정에도 응시해 보기로 마음먹었습니다. 하지만 꿈꾸던 것과는 달리 제 앞에는 블라인드라는 커다란 벽이 가로막고 있었습니다. 처음에는 블라인드에서 무엇을 어떻게 해야 할지 전혀 몰라서 새하얀 동그라미가 가득한 시험지를 바라보기만 했습니다. 애당초 와인 용어의 의미도 모르겠고, 적혀 있는 향도 모르는 단어뿐이었습니다. 액체의 색깔과 디스크(와인을 잔에 부었을 때 표면의 상태로 점도를 확인할 수 있다.

 ●관능 평가　인간의 오감(시각, 청각, 후각, 미각, 촉각)을 사용하여 사물을 평가하는 것.

- 옮긴이), 점성 등을 살펴보는 방법은 남들을 따라 하며 조금씩 터득해 나갔지만, 무엇을 위해서 하는지 왜 그것을 알아야 하는지는 이해하지 못했습니다. 와인에서 자몽 향이 나면 석회도 함께 기록해야 한다는 등 기준을 알 수 없는 나만의 규칙도 찾아냈지만 왜 그러한 향이 나는지에 대해서는 전혀 생각해보지 못했습니다.

포도 품종도 그저 짐작으로 넘겨짚었을 뿐입니다. 우연히 맞히면 기뻐하고, 나는 틀리고 동료가 맞으면 풀이 죽었습니다. 많은 시간을 들이고 투자를 하며 수업을 들었지만 어떤 날에는 보람을, 어떤 날에는 좌절감을 느끼며 집에 돌아가곤 했습니다. 블라인드 시험 날짜가 다가올수록 여전히 와인을 잘 모르는 저 자신에게 조바심이 났습니다.

특히 신경이 쓰였던 점은 포도의 품종을 특정하기 전까지 마음이 계속 흔들리고 망설이는 바람에 답도 계속해서 달라졌다는 것입니다. 아무리 생각해도 정답이 뭔지 모르겠고, 지금까지 학교에서 겪어온 시험과는 전혀 다른 방식의 시험이라는 점, 답을 내는 방법을 모르는 것은 아니지만 아무튼 정답이 잘 정해지지는 않는, 마치 미로 속에 있는 것 같은 느낌이었습니다. 답을 알 수 없어 불안한 저의 마음은 거친 파도에 떠내려가는 작은 배와 같았습니다.

시험 전날 연습을 하면서 샤르도네를 빠뜨리는 등 마지막까지 명확히 알지 못하는 상태에서 시험을 치렀습니다. 기적적으로 합격은 했지만 개인적으로는 만족할 수 없었는데, 스스로 한심했던 이유가 무엇인지 돌이켜 보니 시험의 목적을 제대로 이해하지 못하고 분석 항목의 의미나 포도 품종의 특징에 대한 이해 역시 부족했기 때문이라고 생각합니다. 합격은 했지만 아무것도 아는 게 없는, 와인을 이해하지 못하는 제 자신이 원망스러웠습니다. 이때의 경험이 이후 블라인드 탐구를 계속하게 되는 원동력이 되었습니다.

합격 이후의 재시작

시험에 합격은 했지만 저 스스로 와인 전문가라는 타이틀과는 거리가 멀다고 느껴졌고, 자격증을 딴 이상 이 부분을 어떻게든 해결해야겠다는 생각에 2013년에 동료들과 함께 블라인드 스터디 모임을 만들었습니다. 비슷한 시기인 2014년부터 원래 다니던 와인 스쿨에서도 블라인드 대회가 시작되어 우선 그곳에서 결과를 내는 것을 목표로 연습을 시작했습니다. 2014년 9월에 열린 제1회 대회에서는 당연히 예선 탈락이었습니다. 이해하고 있는 포도 품종의 폭이 좁았던 것이 문제여서, 시험에 출제되는 품종에 대해 보다 폭넓게 이해해야 할 필요성을 느꼈습니다.

2015년 3월에 열린 제2회 대회에서 운 좋게 예선을 통과한 것이 저에게는 가장 큰 전환점이 되었습니다. 결과적으로는 4위에 그쳤는데, 여기에 넘을 수 없는 큰 벽이 있다는 것을 깨달았습니다. 결승전 무대에서는 참가자들 앞에 서서 답을 모두에게 공개해야 합니다. 이때 저 스스로에게 큰 편견을 가지게 되었습니다. 와인을 마주하기도 전에 '모두가 보는 앞에서 공개할 내 답변이 부끄럽지 않을까?', '저 사람은 아는 것이 하나도 없다고 생각하지 않을까?' 등 불필요한 긴장감이 점점 커져서 그 자리에서 무슨 대답을 했는지 전혀 기억이 나지 않을 정도였습니다. 결과적으로 와인과 제대로 마주하지 않고 머릿속으로 계속 생각만 거듭하고 말았습니다. 당연히 그런 상태로 제대로 된 답이 떠오를 리가 없었고, 1위와의 격차도 너무 크게 느껴졌습니다. 막연한 경험만 가지고는 맞혔다, 맞히지 못했다를 반복해봤자 블라인드에서 좋은 결과를 낼 수 없다는 것을 깨달았습니다.

2015년부터는 훈련 방법을 크게 바꾸었더니 서서히 결과가 나오기 시작했고, 안정적으로 예선을 통과할 수 있게 되었습니다. 그리고 드디어 2016년, 2017년 대회에서는 우승까지 하게 되었습니다.

어떻게 저는 단기간에 이런 놀라운 성과를 낼 수 있었을까요? **결과를 계속 재검토하는 것, 분석의 힘**이었습니다. 2013년부터 2015년까지는 연습을 수십 번씩 해도 시험의 결과는 그대로 방치해두었습니다. 당시 제가 실시한 블라인드 결과를 집계해보니 재미있는 사실을 발견할 수 있었습니다. 시라와 카베르네 소비뇽, 산지오베제와 템프라니요를 상당히 높은 확률로 서로 반대로 답하고 있다는 것, 메를로는 열 번 대답해서 한 번만 정답이었다는 것, 그뤼너 벨트리너는 단 한 번도 정답을 맞히지 못했다는 것 등 문제점이 명확했습니다. 여기서부터는 막연하게 연습하는 것이 아니라 집에서 정확도가 낮은 품종을 비교하면서 시음하는 연습을 반복했습니다. 나란히 비교해보니 왜 틀렸을까 싶을 정도로 뚜렷한 차이를 발견할 수 있었습니다. 또한 당시에는 전혀 정답을 맞히지 못했지만 출제율이 높은 품종, 특히 그뤼너 벨트리너, 알바리뇨, 알리고테 등은 서로 다른 생산자의 상품을 각 6병씩 구입해서 매일 비교하며 마셔보았습니다. **직접 마셔보지 않고서는 제대로 알 수 없다는 당연한 사실을 깨달았기 때문입니다.** 그러다보니 포도 품종이 가진 공통적인 특징이 보이기 시작했습니다. 그뤼너 벨트리너는 흰 후추라고들 하는데, 저에게는 아스파라거스와 같은 줄기의 향이 느껴진다는 점을 깨달았습니다. 알바리뇨도 짠맛이 난다고 하는데 저는 오렌지와 같은 귤색 과일의 향이 특징으로 느껴졌습니다. 이렇게 제 안에서 포도 품종의 특징을 찾아낸 것이 가장 큰 발견이었습니다.

그 다음으로 한 것은 편향에 대한 대책이었습니다. 긴장해서 나다운 마음가짐을 잃지 않게 되기 위해 비즈니스 스킬에 나오는 문제 해결 방법을 도입했습니다. 우선 **최종 판단을 내리기 전에 여러 가지 선택지를 만들고 최종적으로 한 가지로 좁혀보자**고 생각했습니다. 또한 지금까지는 답을 찾지 못한 상태에서 와인을 마시고, 그러고도 정답을 알 수 없어 막다른 골목에 빠진 적이 많았기 때문에 와인을 마시기 전에 즉 외관과 향만 보고 선택지를 도출한 다음 마셔보고 판단하는 '큥큥법'의 원형을 고안했습니다. 새로운 방법을 시도해보니 와인의 외관과 향만으로도 어느 정도 선택지를 떠올릴 수 있어서, 답을 빠르게 찾아야 한다고 조급해질 필요가 없으니 정신적으로 안정이 되었습니다. 처음에는 선택지가 잘 나오지 않아 힘들었지만 포기하지 않고 반복하다 보니 점차 답이 떠오르기 시작했습니다. 또한 스스로 블라인드에서 실수하는 패턴을 분석한 것이 큰 도움이 되었는데, 예를 들어서 내가 시라라고 생각하면 카베르네 소비뇽일 가능성이 있다는 등 경우의 수를 늘려가면서 가설을 확장할 수 있게 되었습니다. 이 방법을 도입한 결과 블라인드에서 정답률이 크게 향상되었고, 2018년에는 다른 와인 스쿨 대회에서도 처음으로 우승을 차지할 수 있었습니다.

<h1 style="text-align:center">과학적 관점에서 생각하다</h1>

2017년에는 시니어 와인 전문가(현 와인 전문가 엑설런스*, 이하 엑설런스) 과정에 응시하면서 과학적인 관점에서 와인을 보는 것이 얼마나 중요한지 깨닫게 되었습니다.

엑설런스의 3차 시험은 시간 내에 논술문을 작성하는 시험으로, 이때 많은 와인 관련 서적에 근거가 되는 인용문이 잘 제시되어 있지 않다는 점을 깨달았습니다. 과학의 세계에서는 근거가 중요하고, 인용문을 제시함으로써 정보의 정확성과 맥락이 서로 이어지며 연구를 연결시켜 나갑니다. 논술문의 주제를 고민하며 모범 답안을 준비하던 중 야마나시 대학과 교토 대학, 홋카이도 대학, 주류종합연구소 등 일본에서 와인 연구를 선도하는 연구 기관의 논문을 접하게 되었습니다. 이 논문에는 세계 각국 연구 기관의 연구 내용이 인용으로 수록되어 있었고, 제 호기심은 이윽고 세계 와인 연구에 대한 호기심으로 확장되었습니다. 와인의 성분과 양조에 의해서 어떤 화학적 변화가 일어나는지 퍼즐을 맞추듯이 연결이 되자, **과학적인 관점을 블라인드에도 적용**시킬 수 있게 되었습니다.

이렇게 저는 지난 10년 동안 와인에 대해 많은 것을 배우고 또 발견했습니다. 블라인드를 통해 실력이 뛰어난 동료를 만나며 많은 자극을 받았고, 지금도 지치지 않고 블라인드를 계속하고 있습니다. 또한 보다 다양한 블라인드 대회가 개최되면서, 이제는 아시리티코 같은 지역 토착 품종까지 맞히는 광경을 볼 수 있게 되었습니다. 하지만 블라인드에서 뛰어난 성과를 내는 사람은 극히 일부분에 불과하고, 그 격차가 좀처럼 좁혀지지 않는다고 생각하는 사람이 더 많을 거라고 생각합니다. **애초에 블라인드에 뛰어난 사람은 극소수이며, 대부분의 사람들은 제가 그랬듯이 블라인드가 여전히 어렵게 느껴질 것 같습니다.**

<h1 style="text-align:center">블라인드의 어려움</h1>

일본 소믈리에 협회의 자격 시험에 합격하기 위해서는 와인의 관능 평가 그리고 와인의 속성과 특징을 알아내는 2차 시험이 있는데, 여기서도 블라인드는 피할 수 없습니다. 와인을 전혀 배우지 않은 사람부터 와인 경력이 긴 베테랑, 와인을 직업으로 삼고 있

는 사람까지 동일한 조건 하에서 블라인드에 도전하게 됩니다. 1차 시험은 와인에 대한 지식을 물어보기 때문에 와인 라벨과 생산지, 생산자, 품종, 빈티지 등의 정보를 바탕으로 와인을 이해하는 능력이 요구됩니다. 이는 소믈리에가 고객에게 와인을 설명할 때 필요한 지식이라고 할 수 있습니다. 이러한 지식은 공부하면 얻을 수 있지만 블라인드는 그렇지 않습니다. 간단하게 말해 **사람이 감각적으로 느끼는 와인의 특징과 지식을 연결시켜 포도의 품종과 생산 지역, 빈티지를 파악하는 것이 필요**합니다. 대부분의 사람들이라면 난생처음 해보는 **감성과 지성의 공동 작업**으로, 고도의 능력을 요구합니다.

이러한 시험에 도전해보면 분명하게 드러나는 것이 있습니다. 바로 블라인드를 잘할 수 있을 것 같다는 사람과 못할 것 같다는 사람으로 참가자들이 나뉜다는 것입니다. 포도의 품종을 거침없이 맞힐 수 있는 사람은 모두에게 칭찬을 받습니다. 자신의 감각이 뛰어나다는 사실에 기쁨이 샘솟고, 다시 칭찬을 받기 위해서 더욱 노력하게 됩니다. 한편 잘하지 못할 것 같다고 생각하는 사람은 자신의 블라인드 결과에 실망하고 내가 남보다 떨어지는 것이 아닌가 하는 의구심을 갖게 됩니다. 고슈를 샤르도네라고 대답했을 때, 피노 누아를 카베르네 소비뇽이라고 답했을 때, 점점 어둠은 깊어만 갑니다. 그리고 스스로 도출한 답을 믿을 수 없게 되면 완전히 막다른 골목에 접어들게 됩니다. 블라인드 따위 하지 않는 쪽이 와인을 즐길 수 있다고 생각하게 되겠지요.

블라인드의 우열은 감각으로 결정되지 않는다

저는 블라인드를 잘하고 못하고는 그 사람이 가진 감각적인 우열, 더군다나 후각이나 미각의 민감도로 결정되는 것이 아니라고 생각합니다. 인간에게는 개인차 없이 자극을 포착하는 감각 기관, 수용체가 갖추어져 있으며 여기에 우열은 없습니다. 물론 일부 자극에 대한 개인차(유전적인 결함으로 인해 특정 향에 반응하지 않는 경우)나 질병, 신체적인 영향(예를 들어 비강의 변형 등)은 있을 수 있지만, 일반적인 상황이라면 크게 영향을 받지

● **와인 전문가 엑셀런스** 와인 전문가의 상위 자격. 일본에서 와인 전문가 자격 인증 후 5년 이후, 협회가 정한 기준일 이후 만 30세 이상일 경우 응시 가능하다. 1차 시험은 필기, 2차 시험은 테이스팅, 3차 시험은 논술로 총 3단계 시험을 치른다.

않습니다. 애초에 **블라인드에서는 느끼는 것과 머리로 생각하는 것을 명확하게 구분해서 두뇌를 쓰는 것이 매우 중요합니다.** 저는 이 사실을 깨달은 후에야 시야가 확 트였습니다. 혹시 블라인드에 약한 사람이라면 이 부분이 잘되고 있지 않을 가능성이 높습니다.

관능 평가와 속성 파악

여러분은 와인의 관능 평가를 100% 정확하게 했다면 포도의 품종을 맞힐 수 있다고 생각하시나요? 저는 충분조건이기는 하지만 절대조건은 아니라고 생각합니다. 예를 들어 전 세계에서 열리는 소믈리에 대회는 TV로도 중계되는데, 세계 최고 수준의 테이스팅 코멘트를 하고 정확한 서비스를 할 수 있는 소믈리에라도 블라인드는 맞히기 쉽지 않습니다. 저는 품종을 정확하게 맞히는 것을 목적으로 하는 블라인드와 관능 평가는 50미터 달리기와 장애물 달리기 수준으로 다르다고 생각합니다. 품종을 정확하게 맞히는 것은 50미터 달리기로, 분석이나 표현하지 않아도 내 안에서 답을 찾아 정답을 맞힐 수 있습니다. 반면 관능 평가는 와인의 외관과 향, 맛의 평가 항목을 정확하고 전달력 있는 표현으로 답해야 합니다. 이는 와인을 정확하게 분석하기 위해 필요한 중요한 요소입니다. 블라인드 시험의 어려움은 정확한 관능 평가를 하면 품종의 정답을 맞힐 수 있지 않을까 하는 오해를 불러일으킨다는 점에 있다고 생각합니다. 포도의 품종을 특정하기 위해 필요한 것은 품종의 특징을 정확하게 느끼는 것, 그리고 느낀 정보를 바탕으로 답을 도출하는 것입니다. 여기에는 관능 평가 항목으로는 포괄할 수 없는 복잡하고 다양한 정보를 이용해 종합적으로 정답에 도달하는 능력이 필요합니다. 즉 시험에서는 관능 평가의 분석력을 높이는 것이 필수적이지만, 품종의 정답을 이끌어내려면 블라인드 실력을 향상시키는 것이 필요합니다.

제가 강조해서 말씀드리고 싶은 것은 **블라인드 능력을 키우면 분석력은 저절로 따라온다는 것입니다. 반대로 분석력을 높여도 블라인드 실력을 높이기는 쉽지 않습니다.** 접근법이 다르기 때문입니다.

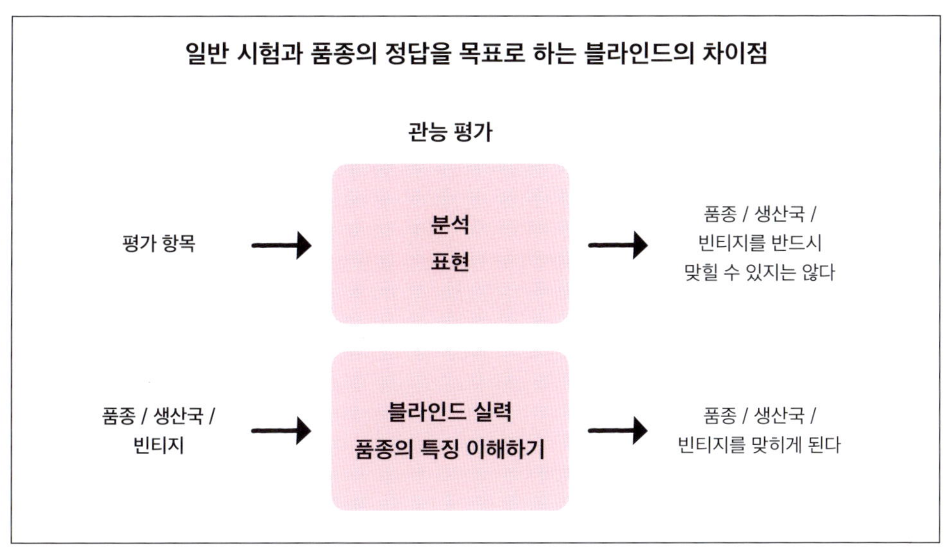

블라인드 능력 향상에 대한 생각

블라인드에서 가장 먼저 해야 할 일은 자세를 정하는 것입니다. 자기 나름대로의 방식이 있다면 그것도 좋겠지만 우선 올바른 자세로 해야 합니다. 야구의 자세를 떠올리면 되는데, 그냥 막연하게 방망이를 휘두르는 것이 아니라 자신의 능력을 극대화시킬 수 있는 방법으로 해야 효과적입니다.

이 책에서는 블라인드 방법론을 체계적으로 정리하고자 합니다. 블라인드의 어려움은 인간의 진정한 능력을 알 수 없다는 데 있다고 생각합니다. 그래서 우리 인간이 어떤 능력을 갖추고 있는지, 어떤 특징이 있는지 그리고 그 특징을 살린 효과적인 블라인드 테이스팅 방법은 무엇인지에 대해 설명하려고 합니다. 또한 종합적으로 블라인드 능력을 향상시키기 위해 지속적으로 노력하는 방법에 관해서도 다룰 것입니다.

이 책의 2장에서는 인간의 능력에 관해 이야기합니다. 책을 통해 '블라인드 테이스팅은 재미있다', '와인과 마주하고 싶다'라고 생각하는 동료가 많아지길 기대합니다. 그럼 이제부터 함께 블라인드 여행을 시작해볼까요?

이산화황(SO_2)이 건강에 미치는 영향에 대해서는 많은 논의가 있지만 '이산화황은 첨가하지 않는 것이 좋다'라는 의견이 마치 미신처럼 퍼져나가고 있습니다. 이산화황이 와인에 사용되어온 역사는 기원전까지 거슬러 올라갑니다. 현대에는 과학적인 검증에 기초한 이산화황 첨가량의 정도나 사용하는 시기 등에 관해 명확한 체계가 확립되어 있습니다. 이산화황은 안전한 와인을 만드는 데 필수 작용을 합니다. 와인의 산화 방지와 색의 안정화 외에도 유해한 미생물의 살균과 번식을 방지하는 작용을 합니다. 이는 와인에 바람직하지 않은 오염 미생물인 산막 효모(産膜酵母) 등의 야생 효모와 젖산균, 아세트산균 등의 박테리아가 번식하는 것을 방지하기 위한 것이기도 합니다.

다만 와인이 건강에 미치는 영향에 대해 우려되는 점은 생체 아민(아미노산에서 생성되는 화합물), 특히 티라민과 히스타민 같은 성분이 와인 속에 존재한다는 것입니다. 생체 아민은 본래 체내에서 생성되는 물질이기 때문에 소량이라면 문제가 되지 않지만, 와인 내의 생체 아민은 주로 야생 유산균에 의해서 발생하며 그중에서도 히스타민, 티라민이 특히 강한 작용을 하는 것으로 알려져 있습니다. 히스타민은 삼나무나 편백나무, 돼지풀 등 꽃가루 알레르기의 원인으로 잘 알려져 있는데 재채기와 콧물, 코막힘 등의 알레르기 증상과 두드러기, 구토, 설사, 복통, 혀와 얼굴의 부종, 두통, 발열 등을 유발합니다. 티라민은 치즈에도 많이 함유되어 있는데 혈관 수축 작용으로 뇌혈관을 수축시켜 두통을 유발할 수 있습니다. 와인을 마신 후 몸이 가렵거나 갑작스러운 메스꺼움, 두통이 발생한 적이 있나요? 이는 생체 아민에 의한 증상일 수 있습니다.

물론 치즈나 말린 과일 같은 건조식품에도 생체 아민이 함유되어 있을 수 있습니다. 다량의 생체 아민을 섭취하면 알코올과 더불어 숙취의 원인이 될 수 있습니다. 독일과 벨기에, 프랑스, 스위스 등 유럽 국가에서는 레드 와인의 생체 아민(히스타민 등) 함유량이 2~10mg/L 이하여야 한다는 등 상한치가 규정되어 있지만 일본에는 이러한 규정이 없습니다.

생체 아민의 생성을 억제하기 위해서는 적절한 시기에 이산화황을 첨가해서 불필요한 미생물을 억제해야 합니다. 건강에 피해가 가는 것을 예방하기 위해 와인에는 이산화황이 필요하며, 현실은 미신과는 정반대라는 것을 이해할 필요가 있습니다.

2장

인간을 이해하는 과학적 접근

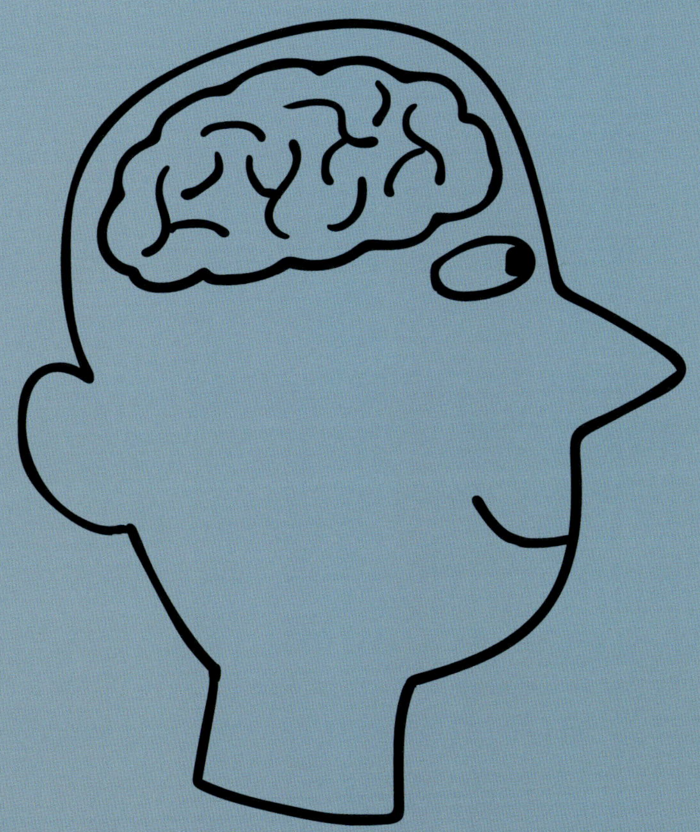

블라인드를 하는 여러분은 어떤 능력을 지니고 있습니까?
인간에게는 와인을 대면함으로써 발견할 수 있는 많은 능력
이 있습니다. 인간이 가진 진정한 능력을 알면 블라인드 실력
을 향상시킬 수 있는 방법이 보입니다.

인간의 오감

　인간은 외부 세계를 감지할 때 다섯 가지의 감각 기능을 통해서 정보를 얻습니다. 이를 오감이라고 하며 시각, 후각, 미각, 촉각, 청각으로 구성됩니다. 그렇다면 테이스팅에서는 어떤 감각을 사용할까요?

　와인의 외관은 시각, 향은 후각, 맛은 미각으로 확인합니다. 그렇다면 일상에서 가장 많이 사용하는 촉각은 어떨까요? 테이스팅에서 촉각은 제한적으로 활용되는데, 와인을 입에 넣었을 때 느껴지는 타닌에 의한 떫은맛, 즉 입안이 단단히 조여드는 듯한 느낌(수렴성)을 받게 됩니다. 즉 여기에서 말하는 떫은맛은 미각이 아닙니다. 이 부분은 중요하기 때문에 2장의 오미 이외의 맛: 떫은맛, 매운맛 편(38쪽)에서 다시 한번 설명하겠습니다. 그렇다면 청각은 어떨까요? 스파클링 와인에서 거품이 이는 소리는 희미하게 들리지만 블라인드에서 이를 활용하지는 않습니다.

　블라인드에서 오감 중에 가장 활용해야 할 감각은 후각입니다. 와인은 맛을 즐기는 음료인데 왜 후각이냐고 의문을 가질 수 있습니다. **후각은 와인을 풍부하게 즐기기 위해**

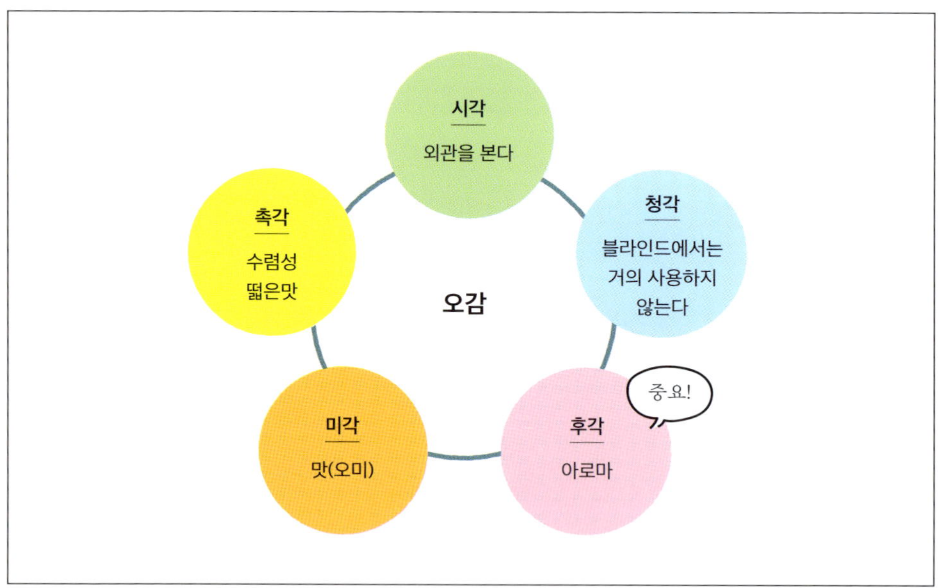

반드시 필요한 감각입니다. 하지만 **후각 정보는 인간이 무언가를 판단하기 위해서 평소 사용하는 빈도가 적기 때문에**, 만일 우리가 와인을 배우지 않는다면 그다지 사용할 일이 없는 감각일 수도 있습니다. 하지만 제 경험상 후각은 블라인드를 통해서 향상되고, 연습을 계속하면 향을 명확하게 세분화할 수 있게 됩니다. 마치 1950년대에 유행했던 인베이더 게임처럼 조악한 화질로 보였던 화면이 플레이스테이션 5처럼 고해상도 화질로 입체적으로 보이게 되는 것과 같습니다. 생활 속에서는 쓸 일이 별로 없는 후각은 동물에게 있어서 가장 중요한 감각입니다.

후각의 중요성

후각은 오감 연구 중 가장 뒤처진, 아직 미개척인 영역이자 모르는 부분이 많은 감각으로 평가받습니다. 냄새가 나는가, 나지 않는가를 느낄 뿐인 감각이라고 무시당하는 일도 있습니다. 많은 포유류에게 후각의 가장 중요한 역할은 위험을 감지하는 것으로, 생존을 위해 필수적인 감각입니다. 왜냐하면 후각으로 얻은 정보를 통해 위험을 빠르게 감지하고 스스로를 보호하기 위한 행동을 하는 동물이 많기 때문입니다. 예를 들어 여러분이 아프리카의 얼룩말이라고 가정해봅시다. 천적은 당연히 사자입니다. 여러분은 자신을 보호하기 위해서 사자를 빨리 감지해야 합니다. 육안으로만 사자를 찾는다면 사자를 발견했을 때 이미 도망칠 수 없을지도 모릅니다. 그렇지 않으려면 사자의 냄새를 재빨리 감지하고 놀란 토끼처럼 도망쳐야만 살아남을 수 있습니다.

그렇다면 우리 인간은 냄새를 통해 위험을 느끼는 일이 없을까요? 예를 들어 무언가 타는 냄새, 혹은 가스가 새는 냄새[•], 물건이 썩었을 때 나는 부패한 냄새 등이 있습니다. 이런 냄새를 맡았을 때 온몸에 전류가 흐르는 듯한 경험을 한번쯤은 해본 적이 있을 것입니다. 이처럼 후각은 인간에게도 위험을 알리는 감각으로서 중요한 역할을 합니다. 인간은 얼룩말과 달리 느닷없이 사자에게 습격당할 일은 없지만, 일상 속에서 후각으로 위험을 감지할 가능성은 적지 않습니다.

●**가스 냄새** 대부분의 가스는 무색무취이기 때문에 가스가 누출되면 알아차릴 수 있도록 불쾌한 냄새를 주입한다.

아로마가 인체에 미치는 영향

후각으로 얻는 자극은 인체에 좋은 영향을 미칠 수 있습니다. 식물과 과일, 그리고 동물의 추출물로 많은 향료가 생산됩니다. 향료의 역사는 기원전부터 시작되었고, 그 향기는 고대인을 매료시켰습니다. 매우 귀중한 향료는 고가에 거래되고, 막대한 부를 얻기 위해 향료를 찾아다니거나, 남획으로 인해 동식물이 멸종되기도 했습니다. 최근에는 다양한 향료를 합성으로 만들어낼 수 있게 되었습니다.

향료에 관한 연구는 계속 진화하고 있습니다. 아로마 중에는 인간의 정신 상태에 긍정적인 영향을 미치는 성분이 있어서 아로마 테라피 요법도 주목받게 되었습니다. 예를 들어 라벤더나 캐모마일 등의 향기 성분이 만드는 자극을 통해 뇌의 기능과 정신 상태가 개선된다는 보고가 있습니다. 또한 알츠하이머형 치매 환자 등 인지 기능이 저하된 환자에게 여러 종류의 에센셜 오일을 뿌리자 인지 기능이 개선되는 것이 확인되었습니다. 항불안 작용과 항우울 작용, 진정 작용 등 릴랙스 효과가 있다는 보고도 있습니다. 그렇다면 어째서 향기를 맡으면 이러한 효과가 발생하는 것일까요?

향기 성분이 후각 세포에 도달하면 신경 자극이 전달되어 대뇌변연계에 도달합니다. 대뇌변연계는 학습과 기억, 감정 등의 기능과 밀접한 관련이 있는 부위입니다. 그리고 향의 자극은 시상하부로 전달됩니다. 시상하부는 자율 신경계와 내분비계를 지배하고 있습니다. 자율 신경계는 교감 신경계와 부교감 신경계로 이루어져 있는데, 교감 신경계는 스트레스나 긴장 상태에 대비하는 역할을 하며 심박수, 호흡수, 혈류량 증가, 혈압 상승, 소화 운동 억제 등을 유발합니다. 부교감 신경계는 이완된 상태에 작용하며 심박수와 호흡수, 혈류량, 혈압을 낮추고 소화 운동이 활발해지게 합니다. 미량의 아로마에 의한 자극은 부교감 신경에 자극을 주거나 교감 신경계를 이완시키는 작용을 하여 인체에 큰 영향을 미치게 됩니다.

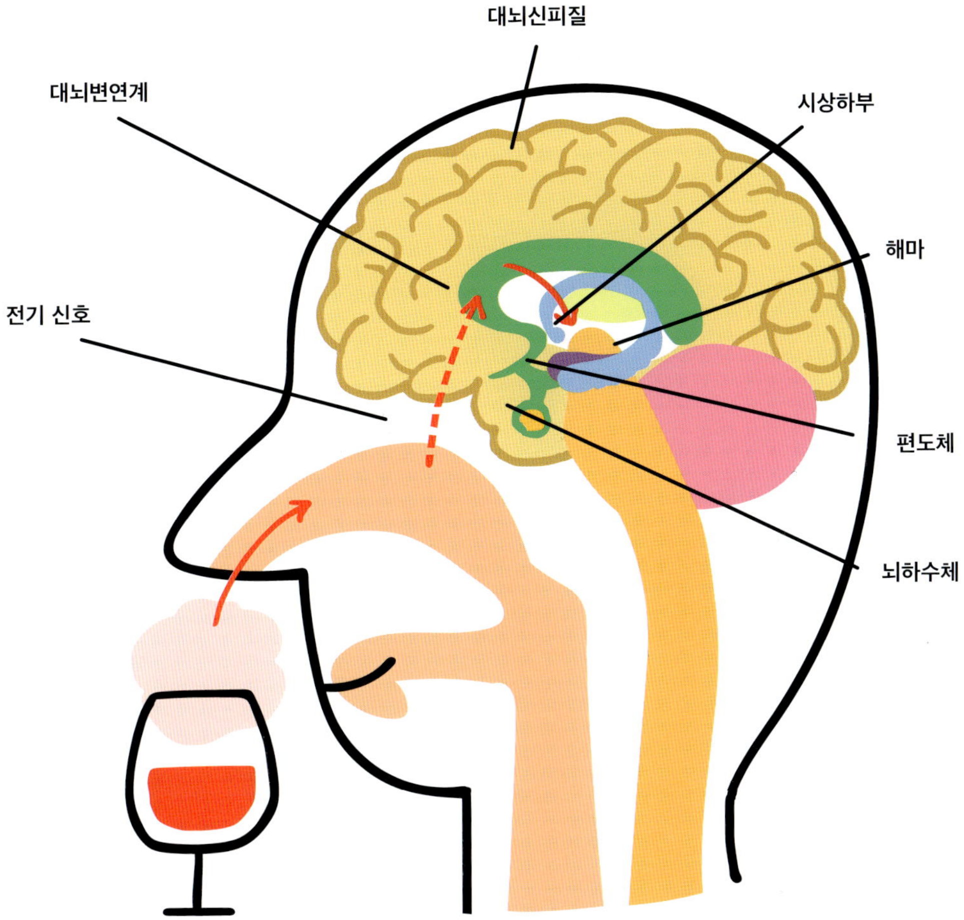

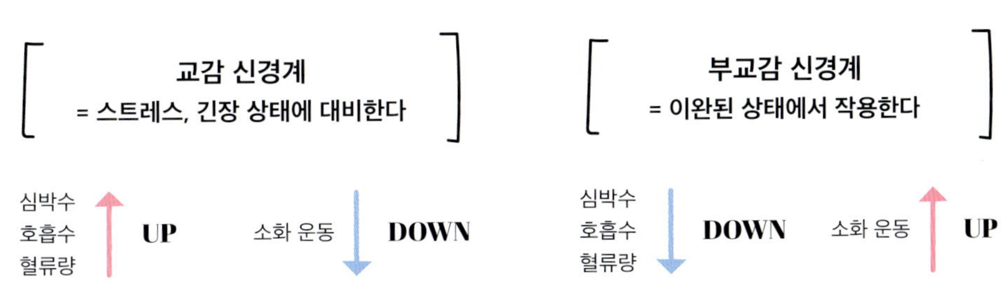

대뇌신피질
대뇌변연계
시상하부
해마
전기 신호
편도체
뇌하수체
교감 신경계
= 스트레스, 긴장 상태에 대비한다
부교감 신경계
= 이완된 상태에서 작용한다
심박수
호흡수
혈류량
UP
소화 운동
DOWN
심박수
호흡수
혈류량
DOWN
소화 운동
UP

후각 상실로 인한 위험

지금까지 후각의 긍정적인 측면에 대해서 이야기했습니다만, 후각이 상실되면 생명에 큰 영향을 미칠 수 있습니다. 아래의 데이터는 후각이 완전히 상실된 후맹(嗅盲) 환자와 건강한 사람을 비교하여 5년 내의 사망 위험이 얼마나 커지는지를 조사한 데이터로, 그 위험은 약 3.4배에 달합니다. 또한 심부전, 당뇨병, 뇌졸중, 심장마비, 암, 폐기종, 만성폐쇄성 폐질환 등 다른 심각한 질환에 비해 사망 위험이 높은 것으로 나타났습니다. 이렇게 위험이 높아지는 이유는 후각이 손상되면 위험을 감지할 수 없게 되고, 후각 저하는 알츠하이머병이나 파킨슨병 등 신경 퇴행성 질환의 징후가 되며, 식사를 맛있게 느끼지 못하는 등 일상생활을 즐기지 못하게 되니 정신적으로 큰 스트레스를 받아 정신 질환을 앓게 되는 것 등이 원인이 될 수 있다고 합니다.

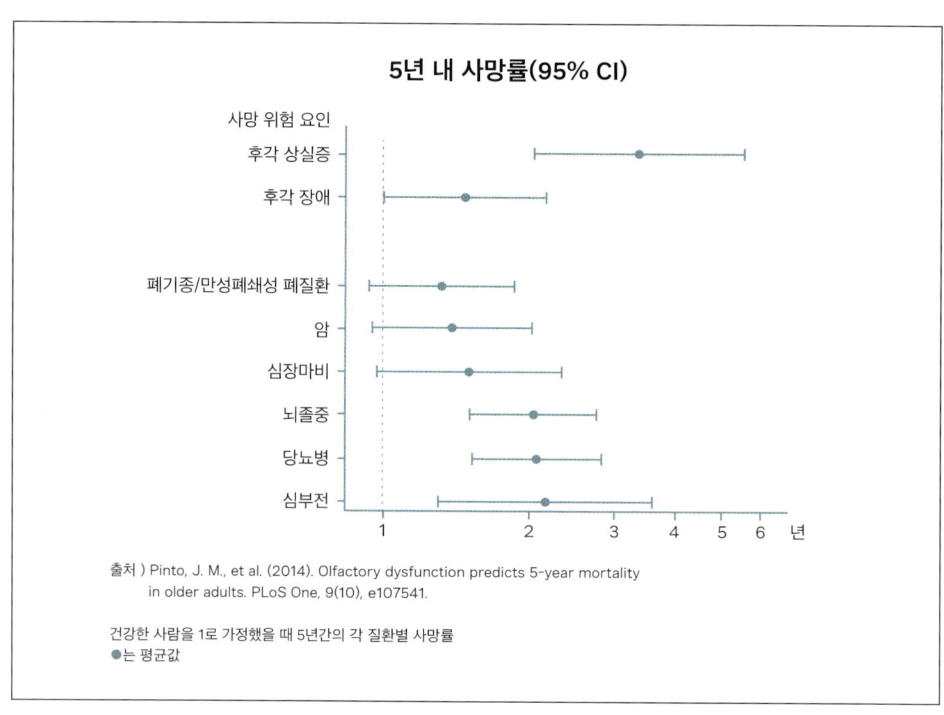

출처) Pinto, J. M., et al. (2014). Olfactory dysfunction predicts 5-year mortality in older adults. PLoS One, 9(10), e107541.

건강한 사람을 1로 가정했을 때 5년간의 각 질환별 사망률
●는 평균값

후각과 노화

이처럼 후각은 생명에 큰 영향을 미치지만, 와인의 향을 오랫동안 즐기고 싶은 인간에게도 이로운 면이 있습니다. 바로 **비교적 나이가 든 후에도 후각 기능이 잘 유지된다는 것**입니다. 남성은 60대, 여성은 70세 정도까지 안정적인 후각이 유지된다고 합니다. 나이가 들면서 시력이 떨어지고 귀가 잘 들리지 않게 되는 인간에게는 매우 고마운 감각입니다. 또한 후각은 젊은 사람보다 나이가 많은 사람의 기능이 더 좋습니다. 이는 다양한 향기를 통해 경험을 쌓으면서 향에 대한 판단력이 향상되었기 때문입니다.

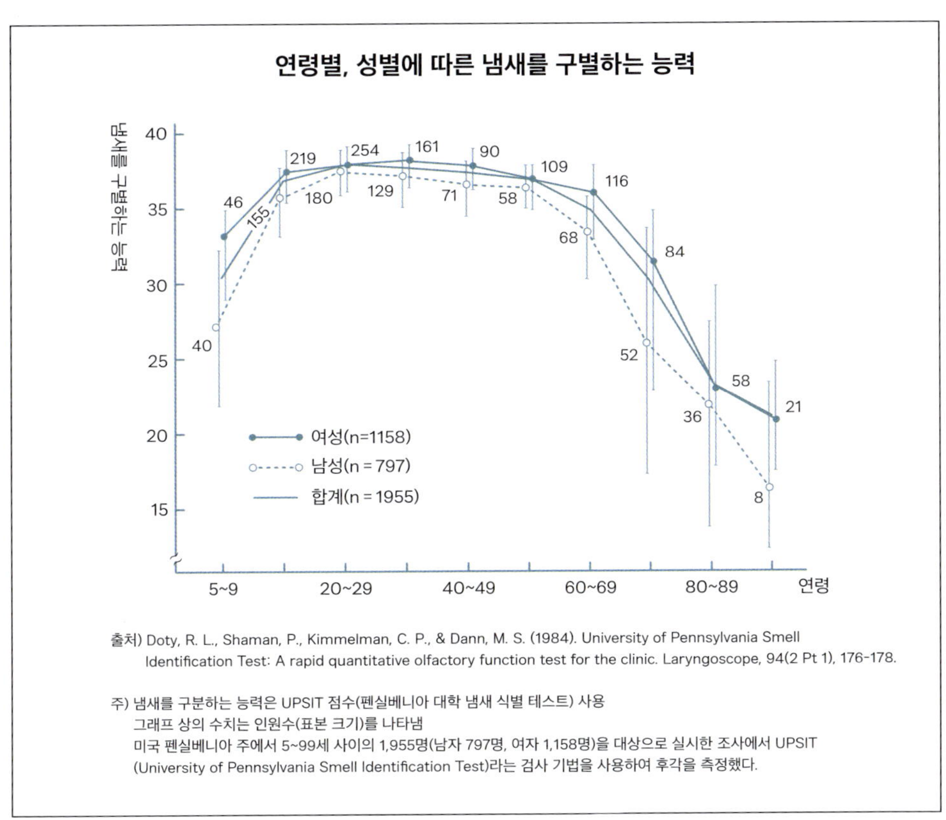

출처) Doty, R. L., Shaman, P., Kimmelman, C. P., & Dann, M. S. (1984). University of Pennsylvania Smell Identification Test: A rapid quantitative olfactory function test for the clinic. Laryngoscope, 94(2 Pt 1), 176-178.

주) 냄새를 구분하는 능력은 UPSIT 점수(펜실베니아 대학 냄새 식별 테스트) 사용
그래프 상의 수치는 인원수(표본 크기)를 나타냄
미국 펜실베니아 주에서 5~99세 사이의 1,955명(남자 797명, 여자 1,158명)을 대상으로 실시한 조사에서 UPSIT (University of Pennsylvania Smell Identification Test)라는 검사 기법을 사용하여 후각을 측정했다.

아로마를 느끼다

인간은 어떻게 아로마를 느끼는 것일까요? 인간의 코에는 396개의 후각 수용체가 존재하는데, 이는 오감을 담당하는 수용체 중 가장 많은 숫자입니다. 즉 가장 세밀한 센서인 셈입니다. 여러분이 꽃향기를 맡았다고 가정해봅시다. 꽃의 향기 성분은 공기 중에 돌아다니고 있습니다. 그러다 향를 내는 성분이 코 안의 후상피로 흡입됩니다. 그리고 후각 수용체에 열쇠와 열쇠 구멍과 같은 관계성으로 결합하면서 두뇌에 전기 신호가 발생하게 됩니다. 뇌가 그 자극을 인지함으로써 이 향기가 제비꽃이라는 것을 인지하는 매커니즘이 발생합니다. 하나의 향기 성분은 그 구조적인 특징에 따라 여러 개의 수용체와 결합합니다. 이를 통해 수만 가지의 향기 성분을 인식할 수 있게 되고, 수십만 종류나 있다는 아로마를 맡아서 구별할 수 있습니다.

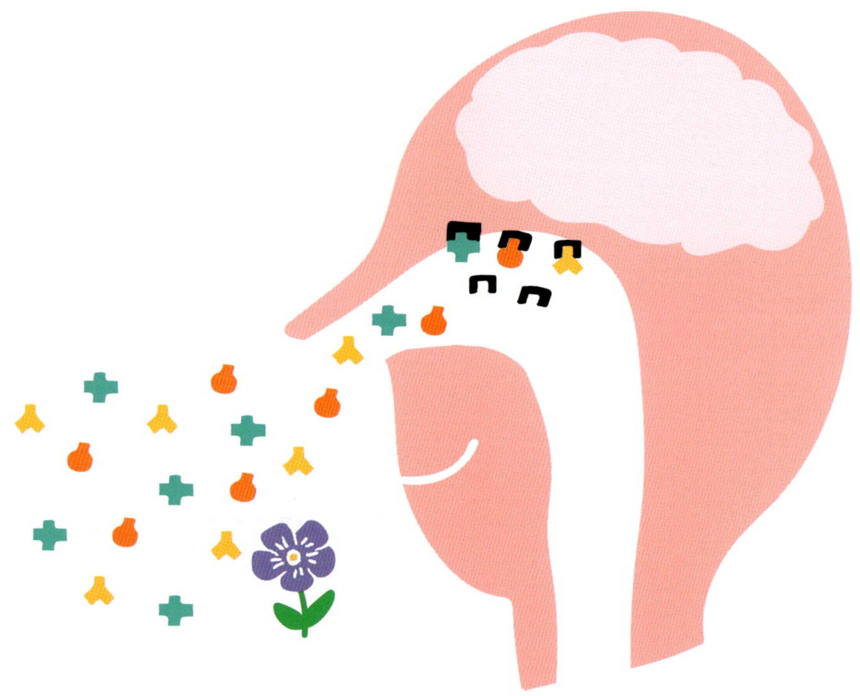

인간의 아로마 기억

그렇다면 우리는 언제부터 향기를 인식하게 될까요? 향이란 좋다 또는 싫다는 감각으로 어느새 기억 속에 자리 잡게 된다고 생각합니다. 저는 다섯 살 때 부모님의 일 때문에 할아버지 댁에서 살았는데, 지금도 정원의 석류 향이나 할아버지의 손수건 냄새 등을 어린 시절의 기억과 함께 떠올릴 수 있습니다. 이처럼 아로마는 선천적으로 기억되는 것이 아니라 태어난 후의 경험과 함께 후천적으로 기억되는 것입니다. 즉 성장 환경과 식생활, 문화의 영향을 받게 됩니다.

일본인과 독일인을 대상으로 각각의 문화에 대한 익숙한 향, 두 문화에 공통적으로 있을 법한 향에 대한 호불호를 수치화한 흥미로운 데이터가 있습니다. 특히 차이가 두드

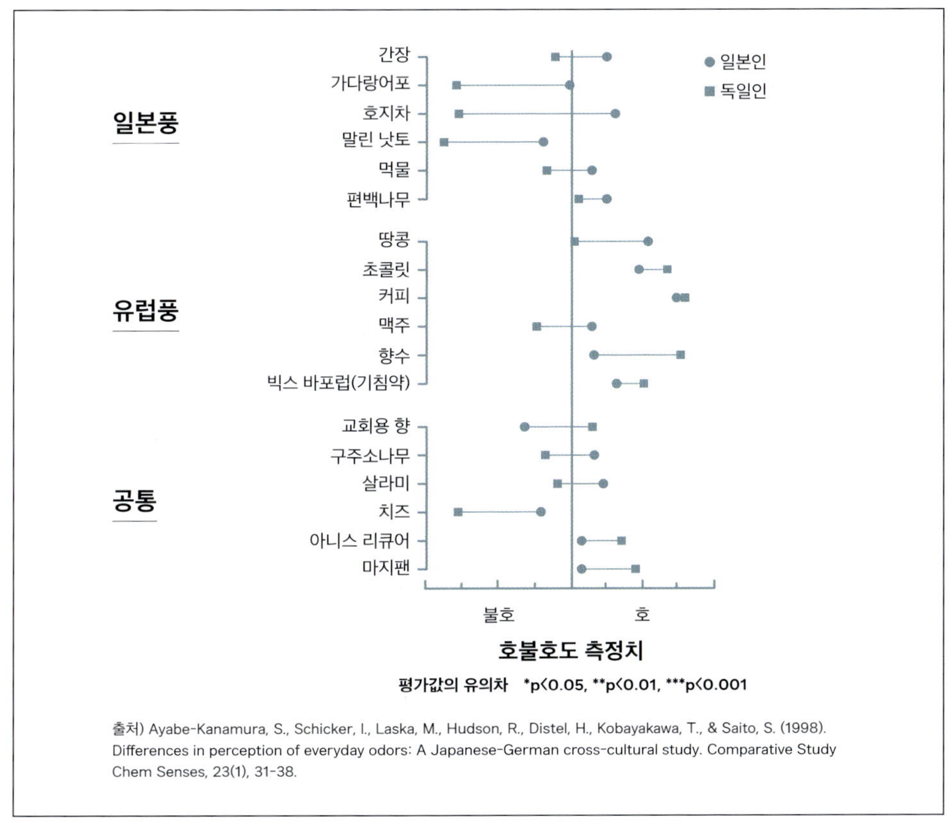

출처) Ayabe-Kanamura, S., Schicker, I., Laska, M., Hudson, R., Distel, H., Kobayakawa, T., & Saito, S. (1998). Differences in perception of everyday odors: A Japanese-German cross-cultural study. Comparative Study Chem Senses, 23(1), 31-38.

러진 것은 가다랑어포와 호지차로 일본인은 불쾌감을 느끼지 않는 향이지만 독일인에게
는 익숙하지 않은 불쾌한 냄새였던 것 같습니다. 이렇듯 태어난 환경에 따라 향에 대한
선호도가 달라집니다. 라벤더 향을 좋은 향이라고 생각하는 사람이 있는가 하면 화장실
냄새라고 느끼는 사람도 있습니다. 무엇이든 한번 화장실 냄새라고 생각하면 좋은 향이
라고 인식하기는 쉽지 않습니다. 즉 같은 향을 맡아도 사람에 따라 같은 느낌을 받을지는
모른다는 것, 겪어온 경험에 따라 후천적으로 인식이 달라진다는 것입니다. 물론 같은 와
인의 향을 맡았다 하더라도 열이면 열 모두 다르게 느낄 것입니다. **당연히 향기의 표현에
는 정답이 없고 각자의 답은 다양하다고 생각해야 합니다.**

후각은 유일하게 감성을 관장하는 부위인 대뇌변연계의 편도체와 해마 등 본능적
인 행동과 감정, 기억, 정서를 관장하는 부위에 직접적으로 전달됩니다. 다른 감각은 이
성을 담당하는 시상, 대뇌신피질 등을 거쳐 변연계로 정보가 전달되기 때문에 후각과 비
교했을 때 전달 경로가 다릅니다. 이러한 특성으로 인해 한번 싫은 냄새로 인식하면 그
냄새를 이유 없이 싫어하게 되거나, 과거의 사건이 연상되기도 합니다. 이처럼 **냄새는 인
간의 감성을 강하게 자극**합니다.

아로마가 맛에 미치는 영향

향기 성분에는 또 다른 큰 역할이 있습니다. 바로 향은 맛에 영향을 미친다는 것입
니다. 여러분이 감기에 걸려 코가 막혀 맛을 잘 못 느꼈던 경험을 떠올려보세요. 사실 생
각해보면, 코가 막혀도 맛 자체는 파악할 수 있습니다. 즉 여러분이 **맛이라고 느끼는 인
식 과정은 아로마의 영향을 많이 받고 있으며 우리가 평소에 느끼는 맛이란 맛과 향에
의해서 만들어지는 것**입니다. 이처럼 후각은 인체에서 많은 역할을 하는 중요한 감각이
라는 것을 알 수 있습니다. 그러니 우리는 후각을 블라인드에서도 효과적으로 사용해야
합니다. 미각은 후각에 비해 일교차 등 다양한 요소에 크게 변동하는 감각입니다. 와인의
맛을 파악하는 것은 매우 중요하지만, 다양한 요인에 의해서 그 맛을 제대로 인식하지 못
할 수도 있습니다. 따라서 우선 미각과 인간의 특성을 충분히 이해한 다음, 신중하고 정
확하게 감각을 파악하는 것이 필요합니다.

미각 지도

　여러분은 미각 지도를 본 적이 있으신가요? 이 지도는 미국 하버드 대학의 심리학자 에드윈 보링의 〈실증 심리학의 역사에서의 감각과 지각〉(1942년 출간)에 실리면서 학교 교과서뿐 아니라 의학 전문 서적에까지 실리며 널리 퍼진 것으로 알려져 있습니다.

　이 이론을 알린 에드윈 보링은 영양학자도 생리학자도 아닌 심리학자로, 이 그림의 바탕이 된 실험 방법에는 문제점이 있다고 지적됩니다. 현재는 혀의 부위나 미뢰에 따라 맛을 분담하는 것이 아니라 하나의 미뢰가 다섯 가지의 기본 맛에 모두 반응하는 것으로 판단되고 있습니다. 그러나 미뢰의 분포, 맛보기의 신경 전달 속도의 차이 등을 고려하면 실제로 인간의 지각과 미각 지도에는 큰 차이가 없다는 보고도 있습니다. 그러니 혀의 위치에 의식을 집중해서 맛을 느끼는 것보다는 **입안 전체에서 맛을 느끼도록 함으로써 결과적으로 어떻게 미각이 지각되는지를 정확하게 파악하는 편이 맛을 더욱 쉽게 이해할 수 있다**고 생각합니다.

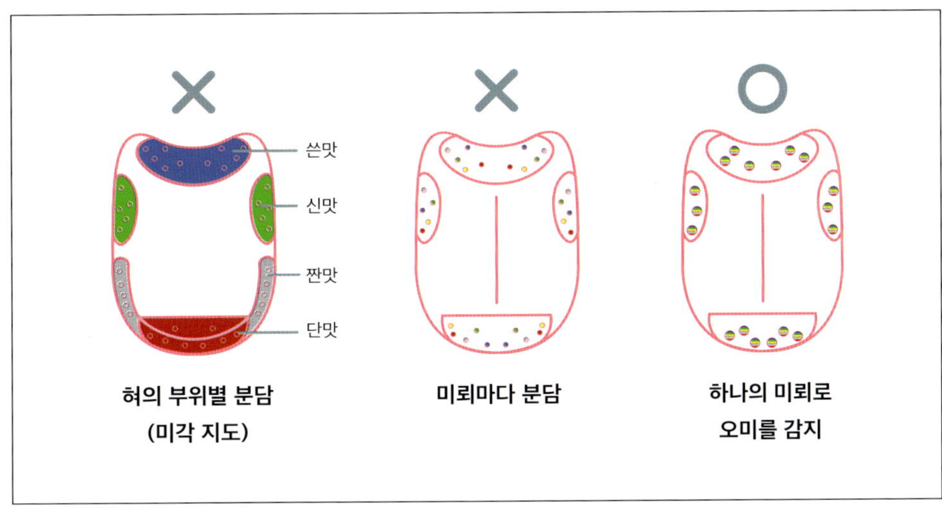

오미

이제 오미(五味)에 대해 알아보겠습니다. 오미에는 단맛과 짠맛, 신맛, 쓴맛, 감칠맛이 있습니다. 단맛을 내는 성분은 자당과 과당, 포도당 등입니다. 와인에도 함유되어 있으며 소량이면 드라이, 양이 많으면 스위트로 표기가 됩니다.

짠맛을 내는 성분으로는 식염(염화나트륨)이 있습니다. 일반적으로 와인에는 염분이 함유되어 있지 않다고 말할 수 있지만, 일부 해풍의 영향을 받는 생산지에서 만들어진 와인에서는 짠맛이 느껴지는 경우가 있으며 미량이지만 염분이 함유된 와인도 존재합니다. 이 부분은 4장의 기타 성분: 염분 편(99쪽)에서 설명하겠습니다.

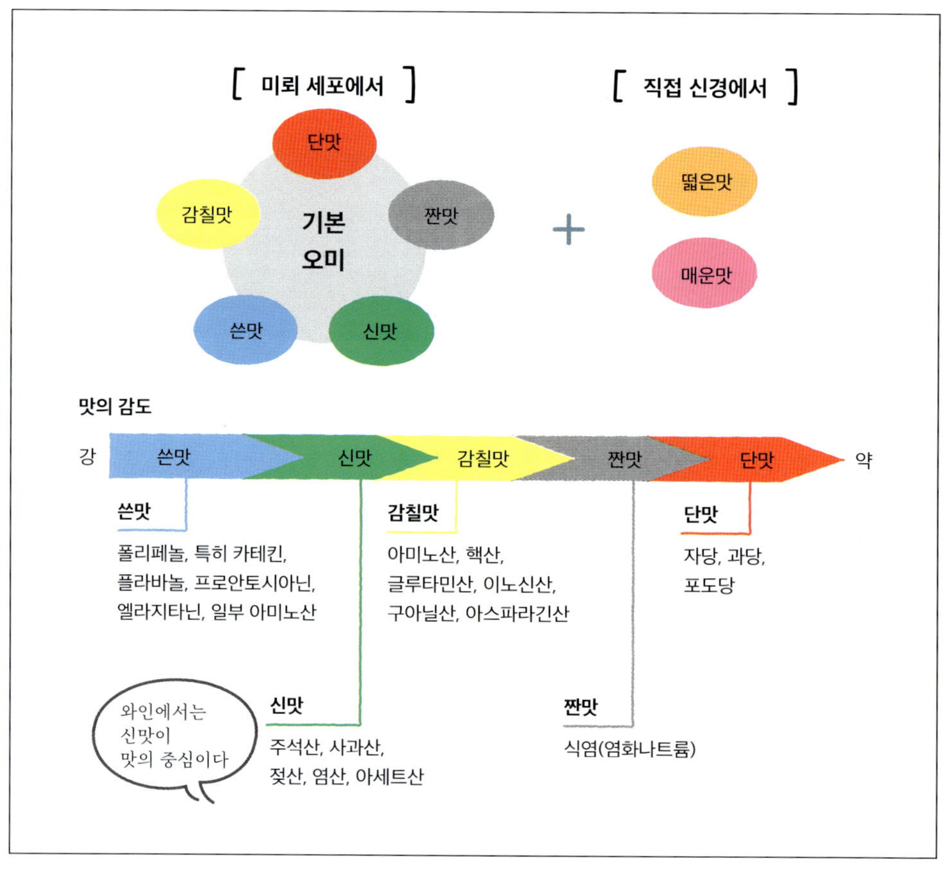

신맛을 내는 성분으로는 주석산(포도), 사과산(사과), 젖산(요구르트), 구연산(감귤류), 아세트산(식초) 등이 있습니다. 음식이 부패하면 산이 증가하기 때문에 부패 여부를 확인하기 위하여 인간은 산을 예민하게 감지합니다. 그리고 무엇보다 와인 맛의 중심은 신맛이기 때문에 매우 중요한 존재입니다.

쓴맛을 내는 성분은 여러 가지가 있지만 와인과 관련된 성분으로는 포도의 껍질과 씨에서 나오는 폴리페놀, 그중에서도 카테킨과 플라바놀, 프로안토시아닌, 엘라지타닌, 일부 아미노산 등의 성분이 쓴맛을 냅니다. 독극물 등 유해 물질을 감지하는 데 중요한 역할을 하며, 산과 마찬가지로 인간이 예민하게 감지합니다. 인간은 선천적으로 '쓴맛 = 독이 들어있는 위험한 음식', '신맛 = 부패한 위험한 음식'으로 인식하기 때문에 어린아이들은 이 두 가지 맛을 싫어합니다. 어른이 된 후에 쓴맛을 즐길 수 있는 것은 주변이 안전하다는 경험을 쌓았기 때문입니다.

감칠맛을 내는 성분으로는 글루탐산(다시마 등), 이노신산(가다랑어포, 멸치), 구아닐산(말린 표고버섯, 버섯류), 아스파라긴산(콩류, 참치)이 있습니다. 글루탐산은 아미노산계, 이노신산과 구아닐산은 핵산계의 감칠맛 성분입니다. 와인에서는 샴페인 등 병에서 2차 발효를 하는 스파클링 와인에 많이 함유되어 있는데, 이는 효모의 사체(찌꺼기)와의 장기적인 접촉에 의해 발생합니다. 따라서 쉬르 리 등 효모 찌꺼기와 접촉한 와인에 많이 함유되어 있습니다. 감칠맛을 발견한 사람은 도쿄제국대학의 이케다 기쿠나에 박사입니다. 이케다 박사는 다시마 국물 맛의 정체를 밝히는 연구를 시작했습니다. 그리고 마침내 1908년에 다시마에서 글루탐산을 추출하는 데에 성공했습니다. 현재 감칠맛을 뜻하는 '우마미'는 세계 공통의 용어가 되었습니다.

맛의 전달 속도

지금까지 오미에 대해서 설명했는데, 그렇다면 인간에게 맛은 어떻게 인식되는 것일까요? 오미는 각각 감도가 다르기 때문에 맛의 지각에도 차이가 있습니다. 앞서 말했듯이 인체에 해로울 수 있는 성분은 무엇보다 빠르게 뇌에 전달됩니다. 신맛 역시 부패 가능성이 있기 때문에 빠르게 전달됩니다. 반면 단맛 등 안전한 맛은 인체에 천천히 전달

됩니다. 따라서 맛을 느끼는 민감도는 쓴맛 → 신맛 → 감칠맛 → 짠맛 → 단맛 순으로 약해집니다. 쓴맛이 가장 빨리 인지되는 셈입니다.

그렇다면 와인에서는 어떨까요? **와인은 신맛을 많이 함유하고 있기 때문에 맛 중에서 산이 가장 빨리 감지됩니다.** 와인에 따라서는 신맛보다 단맛이 먼저 느껴지는 경우도 있습니다. 이 경우에는 상당히 단맛이 강한, 즉 당분이 많이 함유된 와인이라고 볼 수 있습니다. **와인의 쓴맛은 화이트 와인에는 극히 소량이지만, 레드 와인에는 포도 껍질에서 유래한 폴리페놀에 의한 쓴맛이 상당히 많이 포함되어 있기 때문에 와인을 입에 넣는 순간 강한 쓴맛이 느껴지기도 합니다.**

오미 이외의 맛: 떫은맛, 매운맛

떫은맛과 매운맛은 오미에 포함되지 않습니다. 이 두 가지 맛은 미뢰 세포를 거치지 않고 직접 신경을 자극해 인지되기 때문에 오미로 분류되지 않습니다. **떫은맛은 미각의 쓴맛과 혀에 흡착하는 듯한 감각(촉각)이 합쳐져서 느껴집니다.** 이러한 맛을 나타내는 성분으로는 와인 속의 타닌, 녹차에 함유된 카테킨, 떫은 감의 시부올 등이 있습니다. 떫은맛에 대해서는 5장 와인의 평가 항목 중 와인의 맛 편(151쪽)에서 자세히 설명하겠습니다.

매운맛은 미각이라기보다는 통증, 통각으로 생각됩니다. 따끔따끔 아픈 자극의 통각과 체온 상승을 동반한 온각이 합쳐져서 느껴집니다. 고추의 캡사이신, 생강의 진저롤 등의 성분이 있습니다. 어느 쪽이든 와인에서 느껴지는 것은 아닙니다.

미각을 변화시키는 요인

미각은 많은 요소에 의해 변화하기 쉬운 감각으로 여겨집니다. 예를 들어 아침과 밤에는 맛이 다르게 느껴지고, 아침보다 밤에 미각의 감도가 더 뛰어납니다. 밤에 잠을 자는 동안에는 입안의 혀 움직임이 줄어들기 때문에 잠에서 막 깼을 때에는 맛을 느끼기 어렵습니다. 낮에는 활동하면서 타액이 분비되고 대화를 통해 입안의 움직임도 활발해지면서 미각의 감도가 높아지기 때문에 밤이 되었을 때 맛을 더 잘 느낄 수 있습니다.

또한 공복일 때와 배가 부를 때도 미각은 달라집니다. 공복일 때에는 맛을 느끼는 힘이 강해지기 때문에 더 민감하게 맛을 느낄 수 있습니다. 배가 부를 때는 맛을 느끼는 힘이 약해져서 미각이 둔해집니다.

온도에 의해서도 영향을 받습니다. **단맛과 감칠맛은 체온에 가까울수록 강하게 느껴지고 짠맛과 쓴맛은 온도가 낮을수록 강하게 느껴지며 신맛은 온도의 영향을 덜 받습니다.** 사케의 단맛은 저온에서는 깔끔하고 날카롭게 느껴지고, 따끈하게 데워 온도를 높이면 농후하고 부드러운 맛으로 느껴집니다.

그 외에 나이에 따라서도 맛이 크게 달라집니다. 저도 젊은 시절과 비교하면 맛에 대한 취향이 많이 변화했다는 것을 실감하고 있습니다.

맛의 상호 작용

맛에는 다양한 상호 작용이 일어나는데, **단맛과 신맛은 서로를 중화시키는 작용을** 합니다. 예를 들어 화이트 와인인 리슬링의 잔당이 높아서 단맛이 강하게 느껴지는 경우에는 산의 양이 많아도 이를 느끼지 못할 수 있습니다. 또한 **단맛은 쓴맛을 감소시키지만 신맛은 쓴맛을 강화**합니다. 레드 와인은 포도의 껍질에서 오는 쓴맛이 강하기 때문에 와인의 산도가 높으면 쓴맛도 강화되어서 젖산 발효(MLF)를 통해 산도를 낮춰야 할 필요가 있습니다. 와인에서 과일의 단맛이 잘 느껴지는 경우에는, 예를 들어 캘리포니아산 레드 와인이라면 쓴맛이 비교적 부드럽게 느껴집니다. **짠맛도 쓴맛을 완화**시킵니다. 또한 오미에는 들어가지 않지만 기름도 쓴맛을 완화시키는(유화시키는) 작용을 하기 때문에 기름기가 많은 요리, 마블링이 좋은 고기 등 재료 자체에 기름기가 많은 식재료와 레드 와인은 서로 궁합이 좋습니다.

이처럼 미각은 다양한 영향을 받아 인식하게 됩니다. 이러한 맛의 상호 작용은 와인과 요리의 페어링을 생각할 때 중요한 요소가 됩니다. 블라인드에서는 특히 맛의 변화라는 요소를 고려해야 할 필요가 있습니다.

아로마의 영향

앞서 후각 부분에서 언급했듯이 향은 맛에 큰 영향을 미칩니다. 여러분은 빙수에 사용하는 시럽이 전부 같은 맛이라는 사실을 알고 계신가요? 미각 센서 '레오'가 어느 회사의 시럽을 분석한 결과에 따르면 딸기맛, 멜론맛, 블루하와이맛 제품의 단맛, 감칠맛, 짠맛, 쓴맛, 신맛이 전부 동일했습니다. 즉 딸기와 멜론, 블루하와이는 향료와 착색제가 다를 뿐이라는 것입니다. 사용된 향료와 착색제에 따라 인간은 전혀 다른 맛이라고 착각하게 될 수 있다는 것을 아주 쉽게 이해할 수 있는 예시입니다.

향이 맛에 영향을 미친다는 사실이 과학적으로 밝혀진 것은 비교적 최근의 일입니다. 1980년에 발표된 한 연구는 20명의 건강한 사람을 대상으로, 레몬이나 오렌지에 함유되어 있으며 레몬 인공 향료로도 사용되는 시트랄을 주제로 진행되었습니다. 참고로 시트랄에는 맛이 존재하지 않습니다.

① 시트랄만

② 시트랄과 염화나트륨(소금)

③ 시트랄과 자당(설탕)을 각각 액체로

위처럼 3가지로 구분한 실험군을 사람들의 입에 넣어서 향과 맛의 연관성을 평가했습니다.

결과에서 주목할 점은 맛을 내는 성분인 염화나트륨(소금), 자당(설탕)이 포함되지 않았음에도 불구하고 향기 성분인 시트랄의 농도에 비례해 사람들이 느끼는 맛이 증가했다는 점입니다. 또한 이 연구를 통해 시트랄 향이 있으면 사람들이 인지하는 맛이 더욱 강화된다는 사실도 확인했습니다.

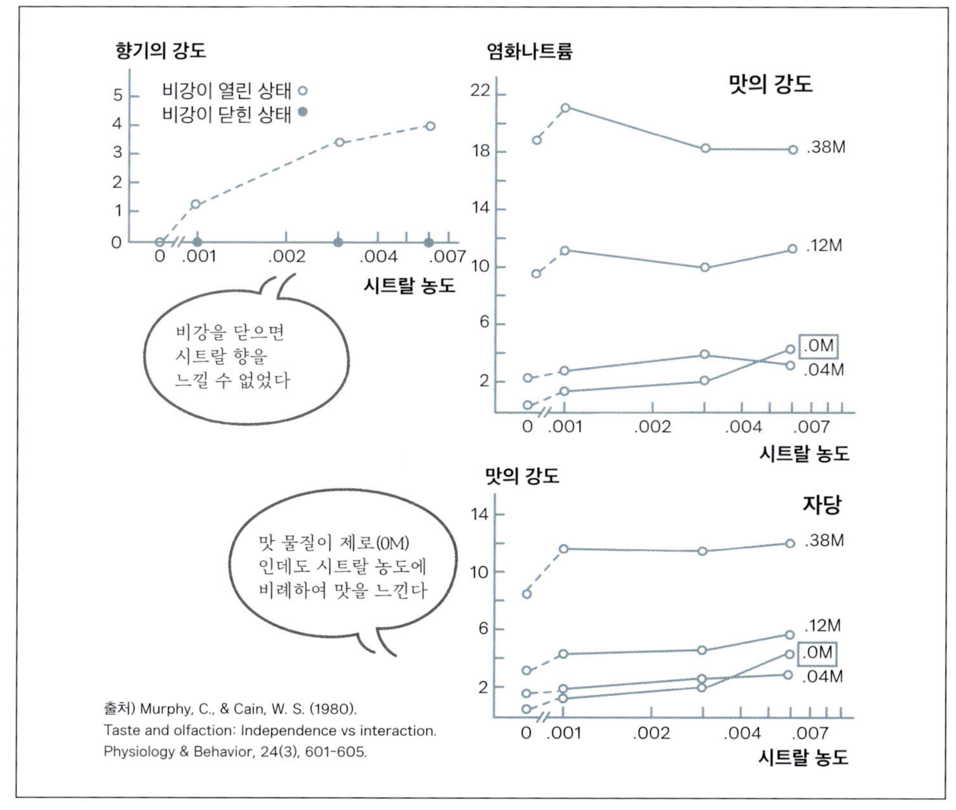

이 연구 이후 과일 향료를 이용한 다양한 종류의 껌과 사탕 등의 과자, 청량음료가 개발되었습니다. 그중에서도 과일 향료가 함유된 미네랄 워터는 물인데도 과일 맛이 나는 것처럼 느껴져서 다이어트 음료 등에 활용되고 있습니다.

와인 역시 향의 영향을 받을 수 있습니다. 예를 들어서 딸기 향이 나는 품종인 머스캣 베일리 A나 캠벨 얼리 등 아로마가 강한 포도는 실제보다 더 단맛이 나는 것처럼 착각하게 됩니다. **화려한 향이 느껴지는 와인에서는 이렇게 미각의 착각이 발생할 가능성이 높기 때문에** 정확하게 맛을 느끼는 것이 중요합니다.

아로마가 맛에 영향을 미치는 메커니즘

그렇다면 어째서 아로마가 맛에 영향을 미치는 것일까요? 이것은 인간의 머리 구조로 설명할 수 있습니다. 인간의 얼굴부터 목까지의 단면을 개의 구조와 비교한 옆 페이지의 그림을 봐주세요. 개는 사람과 구조가 크게 다르다는 것을 알 수 있습니다. 우선 코와 목의 길이가 다릅니다. 개는 코가 길어서 목으로부터 멀리 떨어져 있지만 사람은 목과 코가 가까이 있습니다. 이것은 인간이 사족 보행을 하다가 두 발로 걷도록 진화한 것과 큰 관련이 있습니다.

인간을 제외한 동물은 대부분 네 발로 걷기 때문에 호흡기가 지면과 가까운 곳에 있습니다. 그래서 세균을 흡입하는 것을 막기 위해 비강이 정화 필터처럼 진화하여 코가 길게 튀어나온 것입니다. 그러나 인간은 두 발로 걷게 되면서 공기 정화의 필요성이 줄어들어 코가 점점 짧아지도록 진화했습니다. 이로 인해 인간에게는 하나의 기능이 추가되었습니다. 폐로 가는 기도와 위로 가는 식도가 목구멍에서 교차하면서, 식도를 통과하는 음식물의 향이 목구멍에서 코로 넘어가게 되어 음식물을 삼킬 때 향을 느낄 수 있게 된 것입니다. 코를 막고 음식을 먹으면 맛이 무미건조하게 느껴지는 것은 이러한 목구멍의 구조 때문입니다. 개는 삼킨 음식의 냄새가 비강으로 잘 전달되지 않기 때문에 인간과 똑같이 맛을 느낄 수가 없습니다.

이러한 신체 구조의 변화로 인해 인간은 **레트로네잘**(Retronasal, **구강 아로마**)라는 **기능을 가지게 됩니다. 레트로네잘은** 입안의 냄새와 숨을 내쉴 때 향이 느껴지는 감각으로 '귀향', '입안향', '후향' 등으로 불리기도 합니다. **인간은 한번 목구멍을 통과한 음식의 향을 레트로네잘을 통해 맛으로 느끼게 되는 것입니다. 한편 통상적인 일반 후각과 달리 숨을 들이마시면서 느껴지는 감각은 오르소네잘**(orthonasal, **비강 향기**), **'전비향'** 등으로 구분하여 부르고 있습니다. 그런데 테이스팅에서는 레트로네잘과 오르소네잘은 같은 향이라도 다르게 느껴질 수 있기 때문에 구분해서 파악할 필요가 있습니다. 이 내용은 3장의 블라인드 테이스팅하기 편에서 설명하겠습니다.

여담이지만 이러한 진화가 일어난 인간은 한 가지 새로운 발상을 떠올리게 됩니다. 바로 식재료를 요리하는 것입니다. 육식성 포유류는 고기를 날것으로 먹습니다. 그러나 인간이 고기를 그대로 먹지 않고 굽거나 삶고 절이는 등 많은 노력을 기울이는 것은 좋은 아로마를 만들어내기 위해서이기도 합니다. 이것은 맛에 향을 더하면 더욱 맛있어진다는 것을 깨달았기 때문입니다. 이는 인간을 미식으로 이끈 놀라운 진화로, 레트로네잘 덕분에 인간은 다양한 방법을 활용해 정교한 요리를 만들게 되었습니다. 이 모든 것의 기원을 거슬러 올라가면 인간이 두 발로 일어선 사건에 닿는다는 점이 흥미롭습니다.

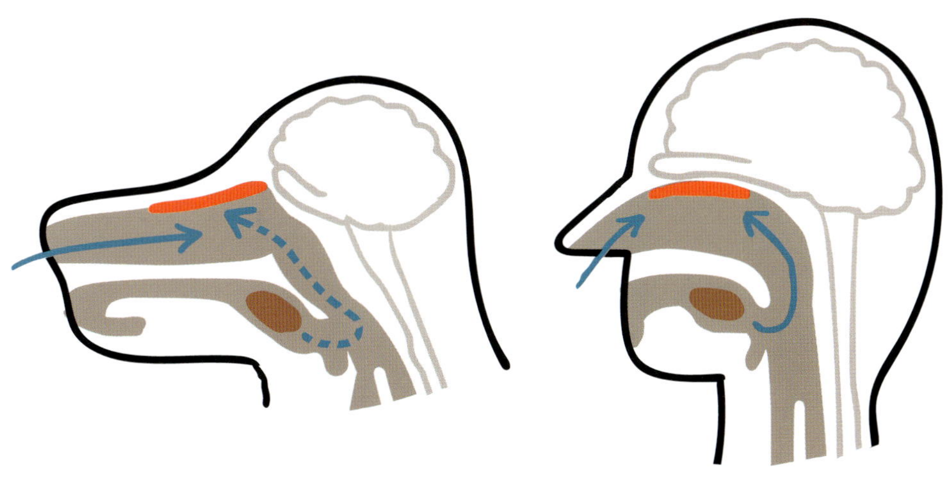

시각이 맛에 미치는 영향

블라인드를 할 때 시각은 유용한 정보를 제공합니다. 특히 와인의 외관으로 파악할 수 있는 점성과 액성, 색소에 의한 색조는 매우 중요한 정보입니다.

시각적 정보는 인간에게 착각을 불러일으킬 수 있습니다. 보르도 대학의 연구에서 54명의 양조학과 학생을 대상으로 와인의 관능 평가를 시행했습니다. 실험은 총 2회 진행되었는데, 첫 번째는 일반 화이트 와인과 레드 와인, 두 번째는 일반 화이트 와인과 착색제로 붉게 물들인 화이트 와인으로 평가를 했습니다. 그 결과 붉게 물들인 화이트 와인의 관능 평가에는 레드 와인의 용어가 많이 사용되었습니다. 구체적으로 꼽자면 향신료와 나무, 블랙커런트, 산딸기, 체리, 말린 자두, 딸기, 바닐라, 후추, 동물성, 감초 등의 단어였습니다. 이는 외관이 주는 인상에 따라 향에 대한 평가가 달라진다는 것을 의미합니다.

이 대학의 또 다른 연구에서는 동일한 와인의 한쪽 라벨에는 테이블 와인, 다른 라벨에는 그랑 크뤼라고 표기해서 두 와인을 비교하는 관능 평가를 실시했습니다. 그 결과

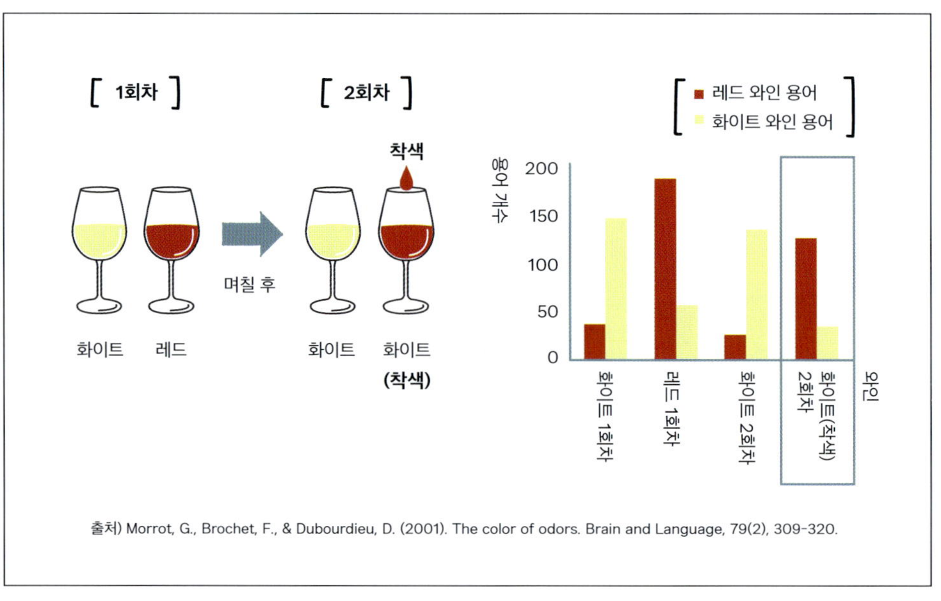

출처) Morrot, G., Brochet, F., & Dubourdieu, D. (2001). The color of odors. Brain and Language, 79(2), 309-320.

그랑 크뤼는 Good, Balanced, Premier, Complex 등 긍정적인 표현이 많이 나왔고 테이블 와인에는 A little, Not, Weak, Without 등의 부정적인 표현이 많다는 결과가 나왔습니다. 이러한 연구를 보면 우리가 얼마나 시각적 편견에 영향을 받기 쉬운지를 알 수 있습니다.

이를 통해 우리는 와인 평가에 블라인드가 필요한 이유를 알 수 있습니다. **인간은 편견에 빠지기 쉬운 존재**이기 때문입니다.

뇌의 작용

오감의 자극을 인지하는 것은 뇌의 역할이며, 뇌의 작용을 이해하는 것이 블라인드 실력을 향상하는 데 도움이 됩니다. 오감을 통해서 얻은 정보는 뇌로 전달되어 처리됩니다. 그리고 그 정보를 바탕으로 우리는 와인을 평가하고 품종을 특정합니다. 이때 머리를 굴리는 방식과 사고방식은 사람마다 지닌 성향이 다르기 때문에 유형화할 수 없습니다. 언어 중추가 좌반구, 공간 인지가 우반구를 중심으로 삼고 서로 다른 역할을 하므로 어느 쪽 두뇌를 주로 사용하는지에 따라 우뇌형, 좌뇌형으로 분류할 수 있습니다. 그러나 인간은 언제나 양쪽 뇌를 모두 활용해 매일매일 판단을 내리고 있으며, 특별히 한쪽 뇌만 작용하는 것은 아닙니다.

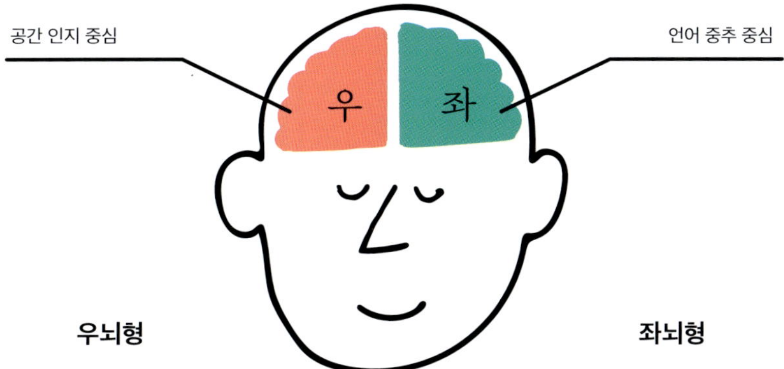

우뇌와 좌뇌의 역할

'생각한다', '느낀다'라는 것은 무엇을 의미할까요? '생각하는 것'은 지성과 지식을 수반하는 사고 과정으로, 주로 언어와 계산력, 논리적 사고를 담당하는 좌뇌에서 이루어집니다. 블라인드에서는 과거의 경험을 바탕으로 생각을 하고, 이미 기억하고 있는 와인에 대한 지식을 불러내어 최종 판단을 내리는 것을 좌뇌가 담당합니다.

반면 '느끼는 것'은 감성과 감각을 인지하는 우뇌에 의해서 이루어집니다. 우뇌는 심상화나 기억력, 상상력, 영감 등을 관장하며 시각, 청각, 후각, 촉각, 미각의 오감과 관련되어 감정을 컨트롤합니다. 소리나 색의 차이를 인식하고 무언가에 감동하는 것은 우뇌의 작용에 의한 것입니다. '정말 맛있다', '지금까지 경험한 적 없는 우아함이야'라고 와인에 감동하는 일이 있을 것입니다. 이는 우뇌의 작용에 의한 것입니다.

비즈니스에서의 우뇌와 좌뇌

이러한 우뇌와 좌뇌의 역할 차이는 우리의 일상과 비즈니스에서 문제 해결에 도움이 됩니다. 사물을 생각할 때 우뇌와 좌뇌를 번갈아 사용하면 문제 해결이 더 쉬워집니다. 먼저 우뇌적 관점에서 정보를 입력합니다. 예를 들어 길거리 조사나 인터뷰 등 사람에 대한 관찰을 통해 마케팅 리서치를 하는 경우를 떠올려보세요. 관찰을 통해 우리는 정보에 대한 영감을 얻을 수 있습니다. 그렇게 얻어낸 정보와 영감을 바탕으로 좌뇌를 이용해 분석하고, 논리적으로 해결책을 생각해냅니다. 그리고 다시 우뇌를 사용하여 더욱 매력적인 표현으로 클라이언트 또는 경영진에게 제안하는 것입니다. 이러한 과정은 소믈리에가 고객에게 와인을 프레젠테이션하는 것과 공통점이 있지 않을까요? 테이스팅에서는 먼저 와인의 외관과 향, 맛에서 우리가 느끼는 정보를 수집합니다. 이때 오감을 총동원해 와인의 외관을 주의 깊게 관찰하고, 다양한 향을 맡으며, 입안에 퍼지는 맛의 변화를 우뇌가 감지합니다. 그리고 충분히 관찰이 끝나고 나면 그 정보를 바탕으로 좌뇌가 분석을 합니다. 이 와인이 어떤 와인인지 오감에서 얻어낸 정보와 함께 지식과 경험에 비추어 답을 도출해내는 것입니다. 그리고 여러분이 소믈리에라면 이 와인이 얼마나 훌륭한 와인인지 알기 쉽게, 때로는 고객의 공감을 불러일으킬 수 있는 감성적인 표현으로 전달할 것입니다. 이 순간이 다시 한 번 우뇌가 매력적인 표현을 가져오는 타이밍입니다.

이처럼 와인 테이스팅에서는 우뇌와 좌뇌를 구분하여 사용하는 것이 중요하며, 특히 블라인드에서는 각 두뇌의 역할을 알고 효과적으로 사용하는 것이 성공의 지름길입니다.

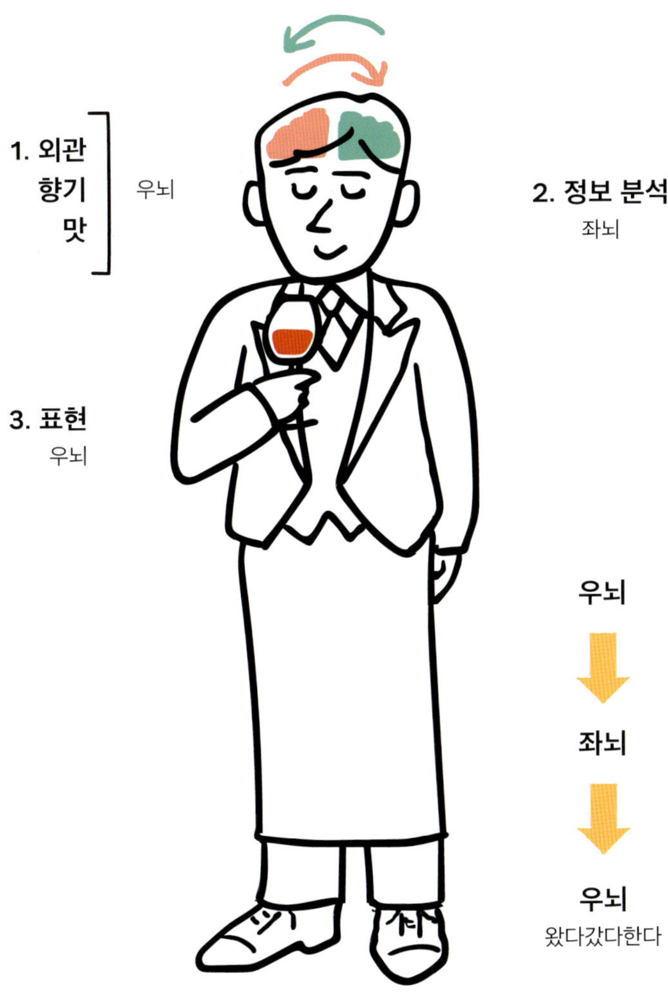

그러면 여러분이 우뇌형인지 좌뇌형인지 간단하게 진단해봅시다.

우뇌형 / 좌뇌형 진단 방법

1. 아무것도 생각하지 않은 채로 자연스럽게 팔짱을 끼어보세요.

2. 위의 그림을 참고하여 팔짱을 꼈을 때 어느 쪽 팔이 위로 올라오는지 확인합니다.

왼쪽 팔이 위로 올라오는 사람은 우뇌형, 오른쪽 팔이 위로 올라오는 사람은 좌뇌형입니다. 우뇌가 왼손을 제어하고 좌뇌가 오른손을 제어하기 때문에 팔짱을 낄 때 쉽게 움직일 수 있도록 미리 준비하기 위해 특정 팔을 사용하기 편한 위치인 위쪽에 두는 것입니다. 무의식적으로 뇌의 성향이 반영되는 것이기 때문에 팔짱을 끼는 모양을 보고 우뇌형과 좌뇌형을 판단할 수 있습니다. 한번 무의식적으로 낀 팔짱을 반대로 바꿔보세요. 잘 맞지 않아서 불편할 것입니다.

블라인드에서는 오감을 관장하는 우뇌를 활용하는 것이 매우 중요합니다. 좌뇌형인 사람이라면 이것은 무슨 품종인지 와인을 느껴보지 않고 와인에 대한 지식, 과거의 경험이나 추억 등을 떠올리며 판단하는 경향이 있지 않나요? 혹은 우뇌형인 사람이라면 생각이 딱 떠오른 동시에 정답을 대뜸 결정해버리는 경향이 있지 않나요? 어느 쪽이든 자신의 성향을 이해하고 두뇌를 최대한 활용해야 합니다.

우뇌와 좌뇌를 구분하기

와인을 정확하게 파악하기 위해 가장 중요한 것은 **좌뇌를 이용해 이 와인이 무엇인지 생각하기 전에 우뇌를 활용해 내가 이 와인에서 무엇을 느끼고 있는지를 알아내는 것**입니다. 이 와인에서 어떤 일이 일어나고 있나요? 내가 이 와인을 어떻게 받아들이고 있으며 내 몸이 어떻게 변화하고 있는지 스스로 알 필요가 있습니다. 와인은 우리의 오감에 강하게 호소합니다. 그리고 그 호소하는 부분이 무엇인지를 정확하게 느끼는 것이 중요합니다. 이를 위해 저는 **와인에 대해 느낀 것을 느낀 그대로 메모**하고 있습니다. 이때 **머리로 생각해낸 결과를 쓰는 게 아니라는 것이 중요한 포인트**입니다. 흔히 샤르도네라고 생각했기 때문에 샤르도네에 있을 법한 테이스팅 코멘트를 작성하는 사람이 있습니다. 그래서는 좌뇌가 생각한 결과를 우뇌가 강화하는 식이 되어서, 순서가 뒤바뀌게 됩니다. 좌뇌에 의한 두뇌의 통제가 강한 사람은 우뇌를 효과적으로 사용할 수 있도록 이 제어를 풀어줄 필요가 있습니다. 이는 나중에 소개할 방법론에서 설명하겠습니다.

그 다음 단계는 내가 기록한 메모를 바탕으로 이 와인이 무엇일지 생각해보는 것입니다. 느끼면서 생각하고, 생각하면서 느끼는 것은 매우 어려운 작업입니다. 머릿속이 어지럽고 어떻게 하면 좋을지 점점 더 막막해집니다. 그 이유는 뇌의 구조와 역할이 서로 다르기 때문입니다. 그렇기 때문에 와인의 복잡한 정보를 논리적으로 정리하기 위해서는 **먼저 아무것도 생각하지 않고 느낀 것을 메모해보는 것, 그리고 그것을 보면서 이것이 무엇인지 생각해보는 것**, 이렇게 순서를 미리 정해두는 것이 매우 중요합니다.

블라인드의 가장 큰 적, 인지 편향

블라인드를 하면 아무래도 정답을 맞히고 싶은 마음이 강해지기 때문에 여러 가지 편견에 빠지기 쉽습니다. 그래서 저는 블라인드의 가장 큰 적은 인지 편향이라고 생각합니다.

인지 편향이란 사물을 직관이나 지금까지의 경험에 근거한 선입견에 의해 비합리적으로 판단하게 되는 심리적 현상으로, 아주 기본적인 **통계적 오류나 사회적 귀속 오류, 기억의 오류(거짓 기억) 등 인간이 범하기 쉬운 문제**라고 정의할 수 있습니다. 인지 편향으로 인해 발생하는 문제는 비단 블라인드에만 국한된 것이 아니라 일상생활에서도 흔히 볼 수 있습니다.

아래에서 자주 발생하는 사례를 소개하겠습니다.

처음에는 소비뇽 블랑이라고 생각했는데 리슬링으로 바꿔버렸다!

시험 답안을 작성할 때 자주 듣게 되는 대화로, 블라인드에서 흔하게 발생하는 일이라고 생각합니다. 여러분도 마지막 순간에 답을 바꿔서 오답을 낸 경험이 적지 않을 것입니다.

저도 이런 패턴으로 틀린 적이 있습니다. 화이트 와인의 향을 맡았을 때 살짝 허브 향이 났다. 그때 순간적으로 소비뇽 블랑이라는 생각이 머릿속에 떠올랐지만 와인을 입에 머금어보니 생각했던 것보다 단맛이 나고 산도가 높은 것 같다. 이것은 페트롤의 향이 약한 알자스의 리슬링이 아닐까? 라는 생각이 든다. 그러고 보니 허브 향은 점점 약해지는 것도 같다. 하얀 꽃향기처럼 느껴진 것 같기도 하다. 역시 이건 페트롤 향이 적은 리슬링인 것 같은 기분이 들어! 이런저런 고민을 하다 보니 머릿속이 복잡해졌다. 예전에도 같은 실수를 한 적이 있으니 오늘은 그냥 리슬링으로 하자! 시간도 없어!

결과는 놀랍게도 프랑스 루아르 지방의 소비뇽 블랑...... 바꾸지 말았어야 했어.

이것은 인지 편향이 답변에 영향을 미친 사례입니다. 블라인드에서 실수를 하는 원인은 애초에 그 품종의 특징을 잘 모르는 경우를 제외하고는 무언가에 대한 편견이 많은 부분을 차지한다고 생각합니다. 그렇다면 어째서 이런 일이 일어나는 것일까요? 블라인드는 지성과 감성의 협업으로 매우 어려운 작업입니다. 게다가 시간 제약 속에서 결론을 도출해야 하기 때문에 생각이 정지되어버리기 쉽습니다. 계속해서 생각하는 것이 괴로워져서 타성에 젖은 결론을 내리게 되는 경우도 있습니다. 직관 혹은 와인의 인상에 의한 결론이라고 이야기하는 분도 있지만 아마도 의도적으로 깊게 생각하는 것을 피하는 경우가 아닐까 생각합니다.

다음은 쉽게 빠질 수 있는 인지 편향의 예시입니다.

● 확증 편향

자신에게 유리한 정보를 우선시하고 자신의 선입견을 뒷받침할 수 있는 정보만 수집하려는 편향입니다. 자신에게 유리한 정보만 수집하다 보면 선입견의 정도가 강해져 객관적으로 파악해야 하는 정보를 놓치게 될 수 있습니다.

예시: '출제자는 이탈리아 와인을 좋아하니까 이탈리아 포도 품종일 거야.'

'아까 샤르도네가 나왔으니까 이제 출제되지 않을 거야.'

● 실패 편향

우연히 실패한 일을 끌어들여서 합리적인 판단을 하지 못하게 되는 편향입니다.

예시: '아까 샤르도네라고 썼다가 틀렸으니까, 알리고테로 하자.'

● 후광 효과

눈에 잘 띄는 특징에 이끌려서 다른 특징을 포착하지 못하게 되는 것. 외관의 색조나 독특한 향이라는 한 가지 요소만으로 결론을 내리는 것은 블라인드에서 흔하게 겪게 되는 일입니다.

예시: '사케처럼 투명하니까 고슈 품종일거야.'

'이 동물성 냄새는 론의 시라임이 틀림없어.'

● 과거 미화 편향(추억 편향)

과거의 좋았던 기억이 많아서 과거에 얽매이게 되는 편향입니다. 인간은 좋은 일보다 나쁜 일을 더 빨리 잊어버리는 경향이 있습니다. 추억은 중요하지만 블라인드에서는 생산자의 스타일, 기후의 변화에 따라 와인의 맛이 변화하기 때문에 현재의 상태를 놓치게 되는 일이 있습니다.

예시: '예전에 마셨던 진판델은 더 달콤했어.'

'옛날 아르헨티나의 말벡은 타닌이 더 강했어.'

이렇게 다양한 편향이 있지만, 편견에 빠진 상태에서 정답을 맞혔다고 하더라도 다음에 같은 정답을 도출할 수 있을지 알 수 없습니다. 중요한 것은 눈앞의 와인을 그대로 느끼는 것이며 와인을 보지 않고 답을 내서는 블라인드 실력을 향상시킬 수 없습니다.

그렇다면 이러한 인지 편향에 휘둘리지 않으려면 어떻게 해야 할까요? 다음과 같은 해결책이 있습니다.

● 다른 사람의 의견을 들어라

타인의 의견을 들으면 객관적인 시각을 얻을 수 있습니다. 자신이 당연하다고 생각했던 것이 뒤집어져서 올바르게 검토하기 위한 자료를 얻을 수 있습니다. 반대 의견도 적극적으로 듣고 전체적으로 다시 검토하는 습관을 들이는 것이 중요합니다.

예를 들어서 테이스팅 세미나에서 강사의 의견을 듣고 자신의 의견과 비교해봄으로써 부족한 부분을 발견하는 기회가 될 수 있습니다.

● 비판적 관점을 가지자

자신의 판단에 대해 항상 비판적인 사고를 하면서 전제를 의심하는 습관을 들이면 인지 편향에 쉽게 빠지지 않을 수 있습니다. 예를 들어서 '이 와인에서는 향이 전혀 나지 않아. 결함이 있는 제품이라 무엇인지 파악할 수 없을 거야'라고 단정 짓지 않고 '향이 나지 않는다는 것은 특징이 없는 품종이거나 양조 과정에서 향이 억제된 것은 아닐까?' 라고 생각하는 등 전제를 의심해보도록 합시다. 뮈스카데나 알리고테 등 특징이 적은 것이 특징인 품종이 대표적인 예시입니다.

● 사실과 의견 구분하기

애매한 표현은 인지 편향을 불러일으키기 쉽습니다. 사실과 의견은 별개의 것이라고 생각하고 구분해서 판단하도록 합시다.

예를 들어서 '이 품종은 잔당이 느껴지는 것이 특징입니다'라는 설명을 들었다고 합시다. 이때 잔당은 어느 정도의 양일까요? 산과의 밸런스는 어떠한가요? 정말 이것이 그 품종의 특징이라고 할 수 있을까요? 실제로 수치를 확인하고 요인을 분석해서 결론을 내리면 인지 편향에 빠지지 않고 올바른 판단을 할 수 있습니다.

● 판단 기준 세우기

자신만의 판단 기준을 가지는 것은 인지 편향에 빠지지 않기 위해 필요한 마음가짐입니다. 예를 들어 저 나름대로의 블라인드 자세를 미리 정해두는 것도 판단 기준을 세우는 하나의 방법이 될 수 있습니다. 흔들리지 않는 판단 기준을 가지고 있으면 스스로 납득할 수 있는 판단을 반복해서 내릴 수 있게 됩니다.

저는 **인지 편향을 방지하기 위해 제가 무언가를 맹목적으로 단정 짓지 않았는지, 결론을 성급하게 내리고 있지는 않은지 항상 스스로에게 질문**하고 있습니다. 또한 테이스팅 노트에 내가 미처 눈치채지 못한 힌트가 있는지 여러 번 확인합니다. 와인의 외관과 향도 한 번만 확인하는 것이 아니라 시간이 흐른 후에 다시 한 번 확인합니다. 객관적인 입장에서 와인을, 그리고 자기 자신을 바라보는 것이 매우 중요하다고 생각합니다.

와인의 숙성에 따른 변화는 와인을 사랑하는 모든 사람들에게 중요한 주제입니다. 화이트 와인과 레드 와인은 숙성에 따른 변화에도 큰 차이가 있습니다. 일반적으로 화이트 와인은 레드 와인에 비해서 시간에 따른 변화가 더욱 크게 느껴집니다. 화이트 와인은 레드 와인에 비해서 페놀 화합물의 양이 적고 환원적인 양조법을 따르고 있습니다. 숙성에 의해서 산화가 촉진되면 페놀 화합물이 갈색으로 변하게 됩니다. 화이트 와인 쪽이 원래 투명도가 높기 때문에 색조의 변화가 커보이는 것입니다.

숙성이 된 화이트 와인은 신선한 과일 향에서 벗어나 견과류, 아몬드처럼 묵은 향이 생기기 시작합니다. 와인 속의 당분과 아미노산에 의한 마이야르 반응, α-케토부티르산과 아세트알데히드에 의한 화학 반응으로 소톨론과 푸르푸랄이라고 불리는 향기 성분이 발생하는 것입니다. 이 향은 소흥주와 셰리, 귀양주 사케에서도 발생하기 때문에 비교적 쉽게 파악할 수 있습니다.

숙성 중인 레드 와인에서도 화이트 와인과 마찬가지의 반응이 일어나지만 레드 와인에는 폴리페놀이 다량으로 함유되어 있기 때문에 시간의 경과에 따른 변화의 속도나 정도가 화이트 와인보다 느립니다. 와인 속의 타닌은 아세트알데히드를 통해서 안토시아닌과 중합하여 고분자 결합체(polymeric pigments)가 되고, 이 반응에 의해 텁텁한 타닌에서 부드러운 맛으로 변하게 됩니다. 또한 색소 성분이 감소하기 때문에 와인의 색이 옅어집니다. 다만 맛이 변하는 정도는 와인에 따라 완전히 다르기 때문에 숙성에 시간이 얼마나 걸릴지는 정확하게 예측할 수 없습니다. 폴리페놀 함량이 높은 진한 와인일수록 부드러운 맛이 되기까지 상당한 시간이 걸린다고 생각하는 것이 좋습니다.

온도가 높으면 숙성으로 인한 와인의 변화가 촉진됩니다. 반면 저온에서는 숙성이 억제되어 잘 진행되지 않습니다. 와인 평론가들이 마시기 좋은 숙성 시기를 정해 놓은 와인도 있는데, 보르도 지방의 훌륭한 와인은 최소한 10년 후, 길게는 60년 후가 시음 적기입니다. 저온에서 숙성시키면 변화가 매우 느리기 때문에 숙성에 긴 세월이 필요한 것입니다.

와인이 숙성되기까지는 비교적 오랜 시간이 걸리며 그 과정에서 예측할 수 없는 변화를 가져옵니다. 와인은 일단 개봉하고 나면 거기서 끝입니다. 그야말로 어른의 기호품이지요.

블라인드 테이스팅을 하다

지금까지 인간의 오감과 뇌의 작용, 사고 과정, 편향에 대해서 알아보았습니다. 이제 본론으로 들어가서 블라인드 실력을 향상시키는 방법을 알려드리겠습니다. 기술 향상 매커니즘으로서 방법의 명확성, 지식의 활용, 경험의 축적이라는 세 가지를 강화함으로써 블라인드 실력을 향상시킬 수 있습니다.

그럼 먼저 블라인드를 하는 방법에 대해서 이야기해보겠습니다.

블라인드를 하는 방법: 블라인드 킁킁법

실력 향상 매커니즘을 와인에 적용하면 아래의 표와 같은 항목이 됩니다.

[실력 향상 매커니즘]

방법의 명확성	지식의 활용	경험의 축적
●와인이 나에게 미치는 영향을 정확하게 파악한다 ●느낄 때와 생각할 때를 구분한다 ●자신만의 자세를 만든다	●품종의 특징을 명확하게 정리한다 ●산지의 특징을 명확하게 정리한다 ●양조 방법의 특징을 파악한다	●반복 연습을 한다 ●결과를 재검토한다

지금부터 구체적으로 인간의 능력을 극대화하는 블라인드 방법을 설명하겠습니다. 2장에서 우뇌와 좌뇌의 작용, 느끼는 것과 생각하는 것을 구분하는 일에 대해 이야기했습니다. 블라인드에서는 먼저 와인의 외관과 향기, 맛을 통해 우리에게 전달되는 정보를 수집합니다. 이때 오감을 총동원해서 와인의 외관을 주의 깊게 관찰하고 다양한 아로마를 맡아서 구분하며, 입안에 퍼지는 맛의 변화를 우뇌에 입력합니다. 그리고 충분히 관찰을 한 정보를 바탕으로 분석을 합니다. 이 와인이 무엇인지 정보를 바탕으로 답을 도출해내는 것입니다.

[블라인드 테이스팅의 사고 과정]

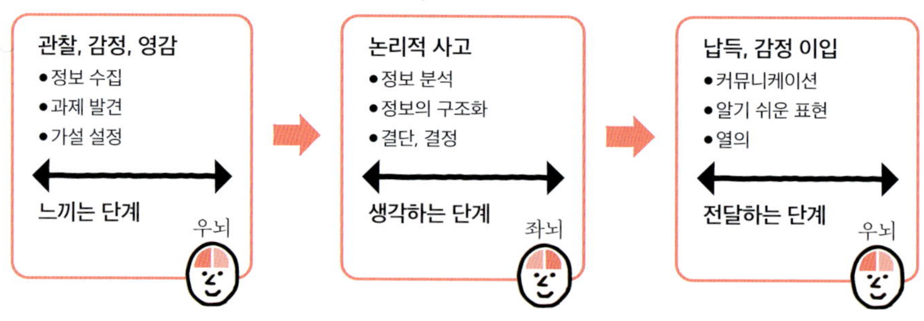

이처럼 **오감을 이용해 얻은 다양한 정보를 우뇌가 먼저 수집한 다음 좌뇌의 논리적 사고를 통해 정답을 도출해내는 것**이 블라인드에서 성공하는 궁극적인 방법입니다. 블라인드에서 인간의 능력을 극대화하기 위한 중요한 포인트는 다음과 같습니다.

- 후각을 최대한 활용한다
- 미각의 특성을 이해하고 정확하게 오미를 파악한다
- 우뇌로 충분히 느끼고 나서 좌뇌로 생각한다
- 미각으로 얻은 정보와 후각으로 얻은 정보를 구분한다
- 편견에 빠지지 않는다
- 결과를 재검토하고 앞으로의 과제를 파악한다

그리고 위의 성공 포인트를 포함하면서 합리적으로 실행해볼 수 있는 방법으로 제가 고안한 것이 바로 블라인드 킁킁법, 줄여서 킁킁법입니다. 이 방법을 기초 삼아 연습하면 자신의 능력을 최대한 발휘하여 블라인드를 할 수 있습니다.

블라인드에는 여러 가지 방식이 있지만 여러 종류의 와인을 평가하고 답하는 방식(Comparative Blind Wine Tasting)에서 이 방법이 유용합니다. 일본 소믈리에 협회의 2차 시험이나 자격 시험에서 사용되는 일반적인 방식입니다. 한편 하나의 와인만을 평가하고 답하는 방식(Single Blind Wine Tasting)도 있는데, 블라인드 테이스팅 대회나 소믈리에 콩쿠르에 적용하며 좀 더 난이도가 높습니다. 이 방식들의 차이점에 대해서는 다음 페이지에서 설명하겠습니다.

구체적인 방법을 아래에 그림으로 정리했습니다. 외관과 향기를 느끼는 STEP 1과 가설을 세우는 STEP 2, 맛을 보면서 검증하는 STEP 3으로 나누어서 생각해보겠습니다.

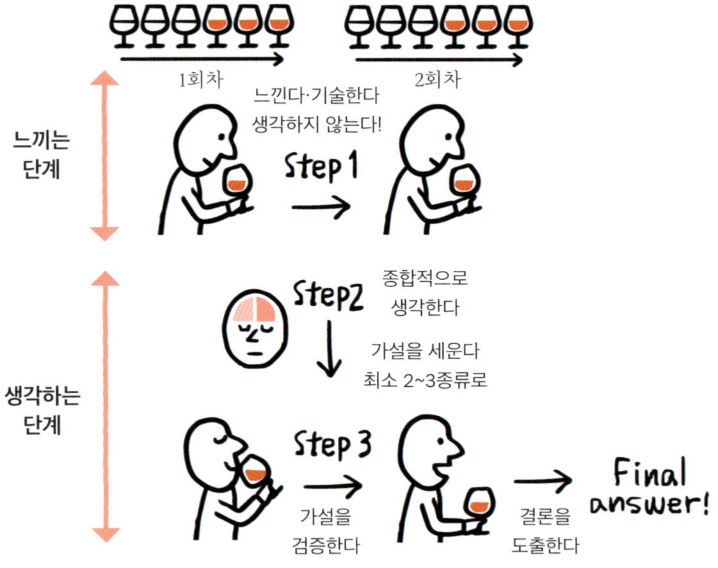

킁킁법의 과정 : STEP 1

STEP 1은 눈앞의 와인이 어떤 품종인지 전혀 생각하지 않고 자신이 와인에서 무엇을 느끼고 있는지 기록합니다. 이때 중요한 것은 **생각하지 않고 느끼는 일에 집중하는 것**입니다. 와인과 마주한 순간부터 좌뇌를 이용해 무슨 품종일지 생각하기 시작하는 것을 막고, 우뇌를 이용해 느끼는 것에 집중해야 합니다. 집중력을 좀 더 높이고 싶다면 자신이 분석 기계가 되었다고 생각해봅시다. 와인이 자신에게 미치는 영향을 정량적으로, 수치로 측정하듯이 파악하는 것이 중요합니다.

앞서 말했듯이 후각의 발전 가능성은 무궁무진하며, 반복적인 연습을 통해 더욱 다층적인 아로마를 느낄 수 있게 됩니다. 이 가능성을 극대화하고 싶다면 **출제된 와인의 외관과 향을 모두 평가**해보세요. 예를 들어 와인이 총 6가지 출제되었다면 외관과 향으로

만 6종을 모두 평가하는 것입니다. 화이트 와인뿐 아니라 레드 와인이 포함된 경우에도 같은 방식으로 진행합니다.

일반적으로 알려져 있는 방법은 외관과 아로마, 맛을 하나씩 평가하는 것입니다. 이 방법은 와인을 입에 머금고 나면 상태가 변화하기 때문에 1번 와인의 평가와 6번 와인의 평가가 달라질 수 있습니다. 1장에서도 언급했지만 코에는 약 400여개의 후각 수용체가 존재하며, 화이트 와인과 레드 와인이 발산하는 아로마에는 공통되는 물질과 각각 따로 존재하는 물질이 있습니다. 즉 다양한 종류의 와인의 향을 맡음으로써 후각 수용체가 더욱 자극을 받아서 첫 번째 와인에서는 파악하기 어려웠던 향을 찾아낼 수 있게 됩니다. '와인의 향이 열렸다'라고 코멘트를 하는 경우가 있는데, 이는 와인이 변화하는 것 이상으로 와인으로부터 자극을 받은 여러분 자신의 후각 민감도가 높아진 것이라고 생각합니다.

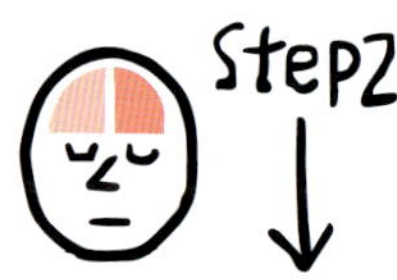

STEP 2에서는 외관과 아로마를 통해 느낀 정보가 축적되면 그 **정보를 바탕으로 가설을 세웁니다. 이 STEP 2가 쿵쿵법의 핵심**입니다. 이 작업을 직접 해보면 포도의 품종을 특정하기 위해서 더 많은 정보가 필요하다는 것을 깨닫게 될 것입니다. 예를 들어서 여러분이 형사라고 가정해봅시다. 수사하는 과정에서 증거를 수집하고 취조를 하면서 범인의 단서를 찾습니다. 이때 정보가 더 많이 있으면 범인의 모습을 더 정확하게 추측할 수 있습니다. 블라인드도 마찬가지여서, **STEP 1 단계에서 단서를 많이 포착하면 STEP 2 단계에서 확률이 높은 가설을 세울 수 있습니다.** 예를 들어서 외관을 자세히 관찰하면 특유의 색조를 보이는 품종이 있습니다. 아르헨티나의 토론테스나 호주의 세미용 등은 투명도가 강하고 점성이 높으며 연한 에메랄드 그린색의 외관을 지닌 것이 특징입니다. 이렇게 와인을 주의 깊게 관찰하면 간과했던 정보를 발견할 수 있습니다.

가설에서는 최소 2~3개의 품종을 제시하는 것이 좋습니다. 더 많아도 상관없습니다. 최종적으로 STEP 3단계에서 한 가지로 좁혀지게 되므로 가능성은 넓게 가져가도록 합니다. 이때 자신이 과거에 실수를 반복한 패턴을 파악할 수 있다면 보다 유력한 후보를 제시할 수 있습니다. 예를 들어 호주산 시라즈와 카베르네 소비뇽, 템프라니요를 서로 헷갈린 적이 있다면 시라즈라고 단정하기 전에 카베르네 소비뇽과 템프라니요를 후보군에 올려보세요. 결과적으로 시라즈가 아니라 템프라니요였다고 하더라도 방향성은 틀리지 않았다는 것을 알 수 있고, 시라즈와 템프라니요를 오해한 부분이 있었다는 것을 알 수 있습니다. 또한 이탈리아의 아르네이스처럼 개성을 찾아내기가 어려운 품종의 경우에는 가설이 5~6개까지 떠오르기도 합니다. 그럴 경우에는 무리하게 두세 가지 품종으로 좁힐 필요 없이 후보군을 넓게 가져갑니다. 연습을 반복하고 경험이 쌓이다 보면 후보군도 점점 좁혀지게 될 것입니다.

쿵쿵법에서 가장 주의해야 할 점은 **1단계와 2단계가 완료되기 전까지 절대로 와인을 입에 넣지 말라는 것**입니다. 와인을 입에 넣는 순간, 미량의 아로마는 측정하기 어려워지고 미각의 자극과 후각의 자극을 구분하기가 어려워집니다. 또한 와인에 포함된 알코올에 의해 사고 능력이 저하될 가능성도 있습니다. STEP 3이 되기 전까지 와인을 입에 넣는 일이 없도록 합시다.

STEP 3에서는 **가설이 맞는지 검증하기 위한 목적**으로 와인을 입에 넣습니다. 이는 앞서 언급했듯이 마시는 행위에 의해 후각이 객관적으로 기능하기 어려워지는 것, 마셔보고도 무엇인지 알 수 없으면 더 이상 손을 쓸 방법이 없어지는 것 등의 사태를 피하기 위해서입니다. 레트로네잘이라는 입안에서 나오는 향에 의해 맛이 영향을 받기 때문에, 그 영향을 의식하면서 정확하게 맛을 평가해야 합니다.

STEP 3에서 중요한 포인트는 **자신이 가설로 제시한 품종을 마실 때를 상상하면서 출제된 와인을 마시면 검증의 효과가 높아진다는 것**입니다. 예를 들어서 시라즈, 카베르네 소비뇽, 템프라니요를 가설로 제시했다면 '시라즈라면 과실감이 풍부하게 느껴질 것이다', '카베르네 소비뇽이라면 높은 산미와 함께 강한 수렴성이 입안에서 느껴질 것이다', '템프라니요라면 숙성된 부드러운 맛이 느껴질 것이다' 등을 머릿속으로 이미지화한 다음 그 이미지에 맞는 품종을 선택합시다. 머릿속에 이미지를 떠올린 다음 와인을 마시면 생각했던 것과의 차이점이 드러나게 됩니다. 만일 떠올린 이미지와 전혀 다른 느낌이라면 STEP 1단계부터 다시 시작해 다른 가능성을 생각해보거나 블라인드의 정답을 확인해본 다음 재검토해보시길 바랍니다.

재검토

　블라인드 실력을 효율적으로 향상시키기 위해서는 자신의 분석 결과를 보며 재검토를 하는 것이 지름길입니다. 정답을 맞혔을 때는 내가 어떤 정보를 바탕으로 올바른 가설을 세울 수 있었던 걸까? 그리고 최종적으로 정답을 도출할 수 있었던 원인은 무엇일까? 그 이유를 찾아봅니다. 포인트가 되었던 정보에는 선을 긋는 등 노트에 체크를 해 두는 것이 좋습니다.

　만약 틀렸을 때는 포도 품종의 특징을 제대로 파악하지 못한 게 아닌지 확인합니다. 품종이 지닌 어떤 특징적인 부분을 포착하지 못한 경우가 있을 수 있습니다. 예를 들어 카르메네르를 말벡이라고 답했을 경우, 돌이켜보면 아로마 부분에서 줄기나 토마토 등 채소에 맞는 코멘트를 작성했던 일이 있었습니다. 이러한 사실을 깨달으면 본인이 카르메네르 특유의 향을 포착하고 있다는 자신감을 얻을 수 있고, 말벡이라는 가설을 세울 때 카르메네르를 후보로 함께 올리면서 그런 향이 없는지를 확인하며 그 다음 수를 쓸 수 있게 됩니다. 시간을 충분히 들여 블라인드 재검토를 하는 것은 자신의 실력을 빠르게 도약시킬 수 있는 좋은 기회입니다.

　블라인드에서는 어떤 식으로든 기록을 남기는 것이 좋습니다. 스마트폰의 사진 기능을 이용해 전자 기기에 보관하는 것도 좋고 수기로 노트에 남겨 보관하는 것도 좋습니다. 또한 자신이 어떤 실수를 하고 있는지 그 패턴 등을 엑셀 같은 표 계산 프로그램을 이용해 분석하는 것도 효과적입니다. 이러한 실수의 패턴을 알면 STEP 2에서 가설을 세울 때도 도움이 되고, 두 가지 포도 품종을 비교함으로써 차이점을 이해하기 쉽게 됩니다.

킁킁법의 예시

<table>
<tr><td>Step1</td></tr>
</table>

A 와인	B 와인	C 와인
●**외관** 자줏빛이 도는 루비색, 색소량이 많고 점도가 높으며 잔의 테두리가 핑크빛을 띤다. ●**아로마** 농축된 검은 체리, 말린 자두 같은 달콤한 향, 바닐라 등 오크통의 향, 검은 후추, 화약, 멘톨 같은 시원한 향이 있다.	●**외관** 잔 벽면에 남아 있는 강한 색소, 루비 레드색을 띤다. ●**아로마** 검은 체리, 카시스, 말린 자두 향, 말린 허브, 풋고추, 피망, 제비꽃, 로스팅, 시가, 검은 후추 향이 있다.	●**외관** 붉은빛이 도는 루비색이다. 가장자리가 오렌지색으로 퇴색하는 경향이 있다. ●**아로마** 건포도, 말린 과일, 그리고 오크통에서 유래한 코코넛 밀크, 커피, 육류의 지방, 손질한 가죽, 담배와 같은 훈연 향이 있다.

Step2

A 와인	B 와인	C 와인
외관의 색소량이 많고 특유의 멘톨 향이 있으며 오크통의 향이 강하게 느껴지므로 후보는 호주산 시라즈 또는 카베르네 소비뇽이다. STEP 3에서 시라즈라면 과일 맛이 풍부해서 프루티한 인상이 있을 것이며 카베르네 소비뇽이라면 타닌이 강하고 산도가 높을 것이다 등으로 맛을 예측해 둔다.	말린 허브와 피망 등 메톡시피라진 계열의 향이 느껴지고 색소가 많으므로 카베르네 계열, 그 중에서도 특히 카베르네 소비뇽과 카르메네르가 후보에 올라간다. 로스팅, 시가 등 칠레에서 특징적으로 느껴지는 향이 있기 때문에 산지 후보로는 칠레가 유력하다. 따라서 메를로와 카베르네 프랑은 가능성이 제로는 아니지만 후보에 올리지 않는다. STEP 3에서는 카베르네 소비뇽과 카르메네르는 과실과 타닌의 밸런스가 다르기 때문에 타닌이 강하면 카베르네 소비뇽, 과실의 인상이 강하고 타닌의 수렴성이 중간 정이하라면 카르메네르일 것으로 맛을 예측해본다.	숙성감이 강하게 느껴지기 때문에 템프라니요와 네비올로가 후보에 오른다. 또한 코코넛 밀크 등 아메리칸 오크에서 느껴지는 향이 있기 때문에 캘리포니아의 메를로도 후보에 올린다. STEP 3에서 숙성에 따른 부드러운 타닌이 느껴지면 템프라니요, 강한 수렴성을 수반하는 타닌감이 있다면 네비올로로 정하도록 한다. 어린 과실감이 있다면 메를로를 고려할 수 있다.

Step3

A 와인	B 와인	C 와인
맛은 잼처럼 농축된 과일의 단맛이 뚜렷하게 느껴지며 높은 산도로 인해서 프루티한 인상을 준다. 타닌의 수렴성은 강하지 않고 쓴맛이 입안에 남는다. 따라서 과일 맛이 주를 이루는 이 와인은 호주의 시라즈라고 답한다.	맛은 타닌의 수렴성이 매우 강하다. 산미도 강하지만 과일의 단맛으로 균형이 잡혀 있다. 코끝에서 느껴지는 민트 등 허브 향이 특징이다. 따라서 수렴성이 두드러지는 이 와인은 칠레의 카베르네 소비뇽이라고 답한다.	맛은 과일의 단맛과 산의 균형이 잘 잡혀 있으며 오크통에서 유래한 쓴맛이 느껴진다. 떫은맛은 강하지 않고 숙성에 의한 부드러운 맛의 변화가 느껴진다. 따라서 숙성의 변화가 맛에 잘 드러나는 이 와인은 스페인의 템프라니요라고 답한다.

A 와인	B 와인	C 와인
시라즈(호주)	카베르네 소비뇽(칠레)	템프라니요(스페인)

향과 맛의 절대적인 차이

와인의 아로마는 매우 섬세합니다. 향의 농도를 측정하는 단위로는 ppm과 ppb, ppt가 있는데 이는 각각 100만분의 1, 10억분의 1, 1조분의 1을 의미합니다. 예를 들어서 암모니아의 후각 역치는 1.5ppm으로 1리터의 물(1리터는 1,000g)에 암모니아가 1.5mg(1g은 1,000mg) 있으면 냄새로 인식된다는 의미입니다. 참고로 코르크의 곰팡이 오염인 트리클로로아니솔(TCA)의 후각 역치는 10ppt 단위로 이는 25m짜리 수영장(물 500톤)에 5mg을 떨어뜨린 농도입니다. 이러한 초미량의 물질을 향으로 느낄 수 있는 후각의 능력은 대단하다고 볼 수 있기 때문에 와인에서 발산되는 향을 최대한 정보로서 수집할 필요가 있습니다.

와인을 마시는 행위에 대해서도 조금 더 생각해봅시다. 인간이 입에 넣는 와인의 양은 한 입에 10~15ml(10~15g)인데, 앞서 후각으로 느낄 수 있는 양과 비교하면 그 차이가 엄청납니다. 이 정도의 양을 입에 넣으면 인간의 감각은 강한 자극을 받게 됩니다. 미량의 물질을 포착하는 후각의 정확성에도 상당한 영향을 미치게 됩니다. 제 경험상 일단 와인을 입에 넣으면 미각으로부터의 인상이 강하게 전해져, 머금기 전에 얻었던 후각의 정보가 영향을 받아 정확하게 평가할 수 없게 됩니다. 즉 와인을 입에 머금기 전에 향으로 얻은 정보를 먼저 충분히 평가할 필요가 있습니다.

종합적인 실력을 높인다: 실력 향상의 단계

블라인드의 실력 향상은 단계가 있어서 한번에 훌쩍 뛰어넘을 수는 없습니다. 그러니 지속적으로 연습을 하며 자신이 어느 단계에 있는지를 파악하고, 실력을 향상시키도록 합시다.

초급자

먼저 나만의 블라인드 자세를 만들어봅시다. 콩콩법을 참고해서 자신에게 맞는 방법을 찾아보세요. 블라인드 연습을 할 때는 자신의 언어로 표현하는 것이 중요합니다. 그러나 와인의 아로마 표현은 언어화하기 어려워서 처음부터 쉽게 하는 사람은 거의 없을 것입니다. 처음에는 테이스팅 시트의 용어를 참고하면서 코멘트를 해보세요. 테이스팅 시트의 용어에 없는 단어라도 전혀 문제가 되지 않으며, 점점 스스로 느낀 것을 단어로 정확하게 표현할 수 있게 됩니다.

포도 품종의 특징이나 양조 방법은 이 책을 참고해서 기억하도록 합시다. 지속적인 연습을 통해 품종의 특징을 파악하는 일은 매우 중요한데, 이를 정리하며 익히는 것이 포인트입니다. 제가 예전부터 계속 추천하는 방법은 품종 정리 노트를 만들어서 자기 나름대로 느끼고 있는 품종의 특징을 정리하는 것입니다. 이는 품종별로 적어둘 수 있도록 분류한 노트나 스마트폰의 메모 기능 등을 활용할 수 있습니다.

중급자

기본적인 자세가 완성되고 포도 품종의 특징을 이해할 수 있게 되면 다음 단계로 넘어갑니다. 자신이 느낀 와인에 대한 표현을 정확하게 해야 하므로 와인을 올바르게 표현하고 있는지 확인합니다. 예를 들어서 산도가 높고 산뜻한 화이트 와인인데 매우 진하고 프루티하다고 쓴다면 와인을 올바르게 표현하고 있다고 할 수 없습니다. 올바른 테이스팅 표현을 할 수 있도록 자신이 와인을 느끼는 방식을 되돌아보도록 합시다.

그리고 재검토를 철저하게 해야합니다. 블라인드에서 오답을 내었을 때 아쉬운 점은 없었는지 확인하고 기억합시다. 아로마로 파악한 부분을 마신 다음에 변경하거나, 그 향에 대한 평가를 충분히 하지 않아서 결과적으로 오답을 내버린 경우가 있습니다. 이는 내 안에서 아로마에 대한 우선순위가 낮기 때문일 수 있으므로 재검토가 필요합니다. 조금이라도 실수를 줄이기 위한 노력을 계속하는 것이 중급자입니다. 또한 자신의 테이스팅 코멘트가 와인의 특징을 제대로 파악해내고 있는지, 말로 표현해보세요. 동료와 함께 스터디를 하며 서로 코멘트를 발표하고 점검하다 보면 스스로 해결해야 할 과제를 발견할 수 있습니다.

상급자

상급자에게 요구되는 것은 정확한 테이스팅입니다. 누가 들어도 알 수 있도록 와인을 분석하고 기록할 수 있어야 합니다. 자신이 작성한 코멘트를 나중에 읽어봐도 그 와인을 떠올릴 수 있도록 기술해야 합니다. 자신이 정리한 내용으로 스스로 이미지화를 할 수 없다면 누구에게도 제대로 전달되지 않을 것입니다. 객관적이고 정확하게 와인을 파악할 수 있는 분석력을 기르도록 합시다.

아로마의 강약과 산과 당분의 균형, 타닌의 강도를 정확하게 분석할 수 있는지 확인합시다. 가끔씩 아로마가 잘 파악되지 않는 경우가 있는데, 이 또한 와인의 상태나 양조 방법, 품종의 개성인 경우가 있기 때문에 그러한 상황도 염두에 두고 정확하게 파악해야 합니다. 그리고 테크니컬 시트*를 충분하게 활용하세요. 오크통 숙성 여부 등 양조 방법을 정확하게 파악할 수 있는지 봅니다. 와인의 산도와 당도, 알코올 도수 등의 정보가 기재되어 있을 경우 그 수치와 자신이 작성한 내용이 일치하는지 확인합니다. 정답률 향상과 재현성을 높이기 위해서는 자신이 와인을 파악하는 감각이 객관적인 정보와 일치하도록 감도를 맞추는 과정이 필요합니다.

●**테크니컬 시트** 와인 생산자가 공개한 포도 재배, 양조, 와인 성분 분석 수치 데이터 등 와인에 관한 기술적인 정보.

Step1

품종의 특징을 외운다

- 우선은 연습을 거듭한다
- 자신만의 표현을 담아 코멘트를 쓴다
- 자신이 느끼는 품종의 특징을 파악한다

품종별 노트로 정리한다!

Step2

스스로의 감각을 파악한다

- 같은 와인이 출제되었을 때의 자신의 코멘트를 비교한다
- 오답에 대하여 아쉬운 점이 없는지 확인한다
- 코멘트에 모순이 없는지 확인한다

말로 표현해본다!

Step3

자신의 감도를 맞춰나간다

- 자신의 코멘트를 읽고서 그 와인을 떠올릴 수 있는가?

- 아로마 표현, 산과 당, 타닌을 정확하게 느끼고 있는가?

- 양조 과정과 일치하는 코멘트를 할 수 있는가?

테크니컬 시트의 정보와 대조하여 확인한다!

블라인드에 도전하는 스스로를 파악하자

블라인드에서는 자기 자신을 객관적으로 파악하는 것이 중요합니다. 이제부터 블라인드에 도전하는 여러분이 스스로를 이해하고 그에 대처할 수 있는 포인트를 알려드리겠습니다.

정확도와 재현도

와인 스쿨이나 스터디 그룹 안에서 연습을 하다 보면 '알리고테의 여왕', '말벡 아저씨' 등으로 불리는, 특별히 그 품종을 잘 맞히는 사람이 생겨납니다. 하지만 이런 호칭을 들었다면 주의해야 합니다. 저도 '코르테제 아저씨', '네렐로 마스카레제 아저씨' 등으로 불린 적이 있는데 돌이켜보면 이들 품종을 블라인드의 답으로 내놓은 경우가 많았던 것 같습니다. 즉 그 품종이 문제로 출제되었을 때 확실히 정답을 맞히는 경우도 있었지만, 그 품종을 답으로 썼다가 틀린 경우가 더 많았다는 뜻입니다. 이는 결국 정답에 대한 정

[정확도와 정밀도(재현성)] ※중심 부분을 정답으로 본다

정확도 올바른 정답에 가깝다
× : 항상 일단 리슬링이라고 쓰기 때문에 리슬링이 정답일 때 맞히는 경우가 많다.
○ : 리슬링이라고 답했을 때 틀리는 확률이 낮다.

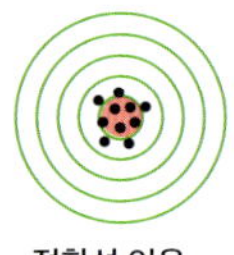 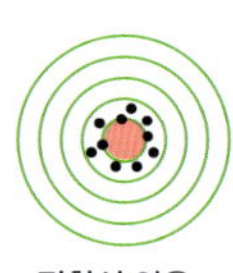 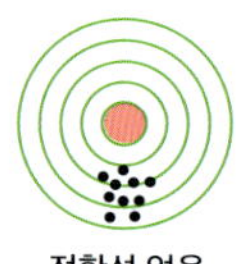 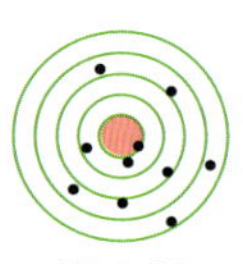

정확성 있음　　정확성 있음　　정확성 없음　　정확성 없음

정밀도(재현성) 편차가 적다
× : 같은 와인인데 항상 다른 품종을 답지에 기재한다.
○ : 알바리뇨를 항상 슈냉 블랑으로 답해버린다.

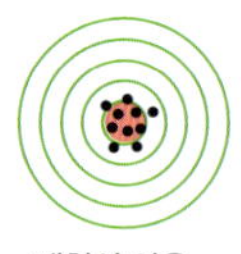 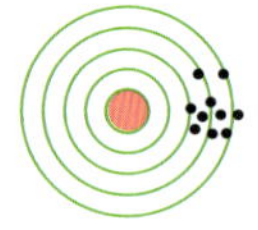 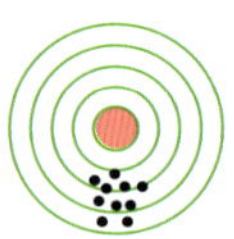 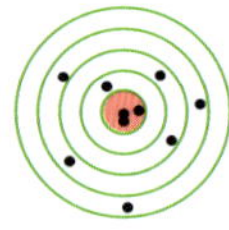

재현성 있음　　재현성 있음　　재현성 있음　　재현성 없음

확도가 낮다는 뜻으로 예를 들어 코르테제라고 다섯 번 대답했을 때 정답이었던 경우는 한 번 정도였습니다. 이런 일이 발생하는 원인은 그 품종에 대해 자신감이 떨어져 있는데도 품종의 명확한 개성을 파악하지 못했기 때문입니다. 이런 상황에서 벗어나려면 여러 생산자가 만든 같은 품종의 와인을 한꺼번에 구입해서 비교해 마셔보는 것을 추천합니다. 거친 방법으로 느껴질지도 모르지만 생산자에 구애받지 않는 자신만의 품종별 개성을 발견할 수 있다면 블라인드의 정확도가 비약적으로 향상될 것입니다.

스스로 실수하는 패턴을 분석해보면 특정 품종끼리 계속 헷갈리는 경우가 있습니다. 예를 들어 가메와 산지오베제, 알바리뇨와 슈냉 블랑을 혼동하는 것입니다. 언뜻 보기에는 오답만 계속 내는 것 같지만 같은 실수를 반복하는 것은 그만큼 그 품종에 대한 정확도가 높다는 것을 의미합니다. 이러한 부분을 본인이 알아차릴 수 있다면 오히려 큰 기회가 됩니다. 즉 그 두 품종의 차이를 스스로 정리할 수 있게 되면 서로 다른 품종 두 가지를 동시에 극복할 수 있는 셈입니다.

실수를 통해 스스로를 이해하라

서두에서도 말씀드렸지만 블라인드는 감성과 지성 모두 높은 수준을 요구하기 때문에 쉽지 않은 일입니다. 처음 블라인드를 했을 때 전혀 정답을 맞히지 못한다면 크게 낙담할지도 모릅니다. 하지만 처음에는 누구나 마찬가지니 너무 실망하지 마세요. 초심자는 지금까지 거의 사용해본 적 없는 감각을 사용하며 경험한 적 없는 사고방식으로 두뇌를 활용해야 하기 때문에 처음부터 잘 되는 경우는 극히 드뭅니다. 하지만 포기하지 않고, 틀린 답을 외면하지 않고 돌아보면서 배우게 됩니다. 와인을 대하는 스스로에게 어떤 특징이 있는지, 와인을 어떻게 느끼는지, 나 자신을 계속해서 새롭게 발견해보세요.

많이 틀린 사람이 정답을 얻는다

저는 블라인드를 반복하면서 셀 수 없을 만큼 많은 오답을 냈습니다. 하지만 다음에는 꼭 맞히고 싶다는 승부욕, 그리고 더 나아가 왜 틀리는 것인지를 계속해서 생각했고, 그 결과 오답을 재점검하는 것이 실력 향상의 중요한 열쇠라는 것을 깨달았습니다. 즉 오답을 반복하는 것이 성공으로 가는 지름길이고, 사람은 실수를 해야 배우게 되는 존재입니다. 이 사실을 깨달은 후부터는 실수하는 일이 더 이상 두렵지 않게 되었습니다. 오히려 스스로의 발전 가능성을 느끼며, 실수를 즐길 수 있게 되었습니다.

맞히고 싶다고 생각하지 말자

'맞히자!', '맞히고 싶어!'라는 마음은 매일같이 끓어오릅니다. 하지만 그 마음을 억누르려고 애쓰고 있습니다. 왜냐하면 정답을 맞히고 싶은 마음이 강하면 강할수록 편견이 생기기 쉽기 때문입니다. 편견에 사로잡히면 와인에 집중하지 못하고, 와인 출제자 쪽으로 눈을 돌리거나 과거의 기출 문제를 떠올리게 됩니다. 와인에서 다른 곳으로 눈을 돌리는 순간 승부는 이미 끝나고 맙니다. '맞히자!'라는 부담감을 갖지 말고 와인과 진지하게 마주한 결과 나온 답이 정답 또는 오답이었다는 편안한 자세로 임하는 것이 좋습니다.

스스로를 믿자

블라인드는 스스로 고안하고 체득하는 과정에서 그 능력이 개발되는 것 같습니다. 자신의 오감을 와인 분석 기계처럼 사용하고, 또 다른 자신이 그 분석 결과를 바탕으로 지식과 경험을 통해 품종을 식별해내는 느낌입니다. 블라인드가 어렵다고 해서 도전을 포기하지 말고, 사람은 누구나 뛰어난 오감을 가지고 있으니 와인에 대한 지식이 충분하다면 스스로 블라인드를 하는 방법을 정립하며 자신만의 능력을 향상시킬 수 있다고 생각해주세요. 포기하는 순간 게임은 끝납니다.

직감의 힘을 빌리자

블라인드에서는 가끔 기적이라고 부를 수 있는 정답을 목격할 때가 있습니다. 저 역시도 '내가 이걸 맞힐 수 있었다니!' 하고 놀랄 정도로 직감이 번뜩이는 경험을 한 적이 있습니다. 그렇다면 그 직감은 어떻게 찾아오는 것일까요? 인간의 뇌의 작용과 기억에 대해 공부하다 보니 직감은 우연히 찾아오는 것이 아니라 어떤 상태까지 스스로를 이끌었을 때 높은 빈도로 번뜩이게 되는 것이 아닐까 하는 생각을 하게 되었습니다.

블라인드뿐만 아니라 여러분도 일상생활에서 갑자기 아이디어가 떠오르거나, 계속 고민해도 쉽게 풀리지 않았던 문제가 느닷없이 순식간에 풀리는 경험을 한 적이 있을 것입니다. 일상 속의 다양한 상황 속에서 직감이 번뜩이는 것처럼 블라인드에서도 같은 현상이 벌어집니다. 직감이란 과거에 축적된 경험과 학습의 데이터베이스에서 무의식이 빠른 속도로 해답을 끌어내는 것이라고 정의합니다. 즉 연습을 반복하고 경험과 학습을 쌓아가는 일이 필요한데 **와인에 대한 기억과 지식, 계속해서 판단하는 경험을 쌓아가는 과정에서 직관력이 향상되는 것**입니다. 하지만 이것만으로는 부족합니다. 직감이 더 많이 번뜩이게 하려면 필요한 조건이 있습니다.

무엇보다 정보를 단정 짓지 말고, 무의식적인 선입견 같은 편견을 없애는 것이 필요합니다. 고정관념에 사로잡히면 직감이 번뜩인 것 같은 기분만 들고 사실은 아무것도 떠오르지 않는 경우가 생깁니다. '어제 마신 와인과 비슷한 것 같아'처럼 직감이 떠오른 기분만 들고 실제로는 선입견에 사로잡혔을 뿐이라는 점을 구분할 수 없게 되는 것입니다. 우선은 선입견을 배제하고 와인, 그리고 나 자신과 마주하는 것이 필요합니다.

'그냥'을 파악하자

직감을 포착하려면 '그냥' 떠오르는 자신의 감각을 파악해 내는 과정이 필요합니다. 이스라엘 텔아비브 대학의 연구에 따르면 직감은 높은 확률로 맞을 가능성이 있습니다. 이 실험에서는 컴퓨터 화면에 두 개의 숫자(예를 들어 1과 2)를 알아차리기 힘들 정도의 빠른 속도로 표시합니다. 그리고 피실험자에게 최종적으로 어떤 숫자가 더 많이 나타났는지 맞히게 합니다. 피실험자는 눈으로 숫자를 셀 수 없기 때문에 대부분 직관(감)으로 대답을 하게 되는데, 그럼에도 6번의 실험에서 적중률이 65%, 24회의 실험에서는 적중률이 90%에 달했습니다. 즉 6번 경험하는 것보다는 24회 경험하는 것이 더욱 정확한 선택을 할 수 있고, 직관이란 '그냥'을 반복함으로써 정확도가 높아질 가능성이 있다는 것을 의미합니다.

두뇌의 여유와 마음의 안정

또한 직감을 쉽게 느끼려면 '두뇌의 여유와 마음의 안정'이 필요합니다. 예를 들어 킁킁법처럼 문제 해결에 필요한 방법을 먼저 정해두고, 이에 따라 우선 느끼는 것에 집중하고 느낀 것을 바탕으로 생각을 한다는 등의 순서를 미리 정해두면 '지금 해야 할 일'이 명확해지고 불필요한 일에 신경을 쓸 필요가 없어집니다. 그러면 뇌에 여유가 생겨서 직감이 더 잘 떠오르게 됩니다. 여러분은 직감이 번뜩였지만 무시해버린 경험이 없으신가요? 왠지 스스로의 직감을 믿지 못하거나 긴장된 상황에서 마음의 여유가 없어 직감을 살리지 못한 적이 있을 것입니다. **'두뇌의 여유와 마음의 안정'을 유지하면서 자신을 믿는 것이 무엇보다 중요**합니다.

블라인드는 자신과의 대화

블라인드에 도전할 때 중요한 것은 '블라인드는 와인을 통해서 스스로와 대화하는 것'임을 깨닫는 것입니다. 저 역시 자주 느끼지만 머리로 생각하고 짜낸 답보다 마음에 떠오른 답이 정답인 경우가 많습니다. 논리적으로 생각하기보다 **마음에 잔물결처럼 떠오르는 품종의 이미지가 느껴질 때가 있지요.** 매우 영적인 경험이지만 그 잔물결과 같은 이미지가 정답이었을 때, 나 자신이 와인으로부터 무언가를 느낄 수 있으며 정답을 아는 사람이라는 생각이 듭니다. 감각을 최대한 살려 우뇌로 와인을 느끼고, 좌뇌로 분석하여 결론을 도출하는 블라인드 연습을 반복하다보면 점차 성과를 느낄 수 있을 것입니다.

효과적인 연습 방법을 위한 팁

블라인드 능력을 향상시키려면 블라인드로 와인을 마주하는 횟수를 얼마나 늘리는 지가 중요합니다. 블라인드는 다양한 방법으로 훈련할 수 있습니다. 와인 스쿨에서 열리는 블라인드 강의에 참가하는 것이 가장 효율적이지만 한정적입니다. 그 외에는 와인숍 등 주류 판매점이나 레스토랑이 주최하는 스터디 모임에 참여하거나 의욕이 있다면 직접 주최하는 것도 좋은 방법입니다.

chapter 3

준비

● 모객

주변에 블라인드를 하는 동료가 없는 경우 SNS 커뮤니티 등을 활용해봅시다. 또는 와인 모임이나 레스토랑에서 주최하는 모임, 와인숍의 이벤트, 일본 소믈리에 협회를 비롯한 와인 단체의 세미나 등을 통해 연결고리를 찾아보세요. 일본 소믈리에 협회는 47개의 도도부현에 지부가 있는 믿음직한 단체입니다. 많은 와인 동료와 교류할 수 있을 것입니다.

● 장소

스터디 모임을 개최하기에 이상적인 장소는 회의실입니다. 형광등 조명은 와인의 색이 잘 보인다는 장점이 있습니다. 회의실에서 개최할 경우 실내에 와인을 반입해도 되는지(주류 반입이 금지된 경우도 있습니다), 세척 가능한 장소가 있는지 미리 확인하는 것이 좋습니다. 개인 주택이나 아파트의 파티룸 등의 공용 시설을 이용해도 됩니다. 레스토랑에서 진행할 경우 음식과 함께 테이스팅을 하면 향과 맛을 평가하기 어려우므로 스터디를 먼저 진행한 후 식사를 하는 것이 좋습니다.

● **준비물**

와인 잔은 참가자 각자가 지참하도록 합니다. 우선은 6가지 아이템을 1세트로 연습하는 것이 좋다고 생각하기 때문에 I.N.A.O.● 테이스팅 글라스를 6개 세트로 구입하는 것을 추천합니다. 블라인드 대회와 동일한 방식으로 연습해보는 것을 목적으로 한다면 주최측에서 답안지를 준비하거나 참가자가 노트를 지참하게 합니다. 스피툰(큼직한 종이컵 등), 물, 물컵, 키친타월, 티슈, 물티슈, 쓰레기 봉지, 필기구, 소믈리에 나이프 등이 필요합니다. 와인이 보이지 않도록 마스킹할 수 있는 봉투도 있으면 편리합니다. 없으면 알루미늄 포일을 이용해서 와인을 감싸기도 합니다.

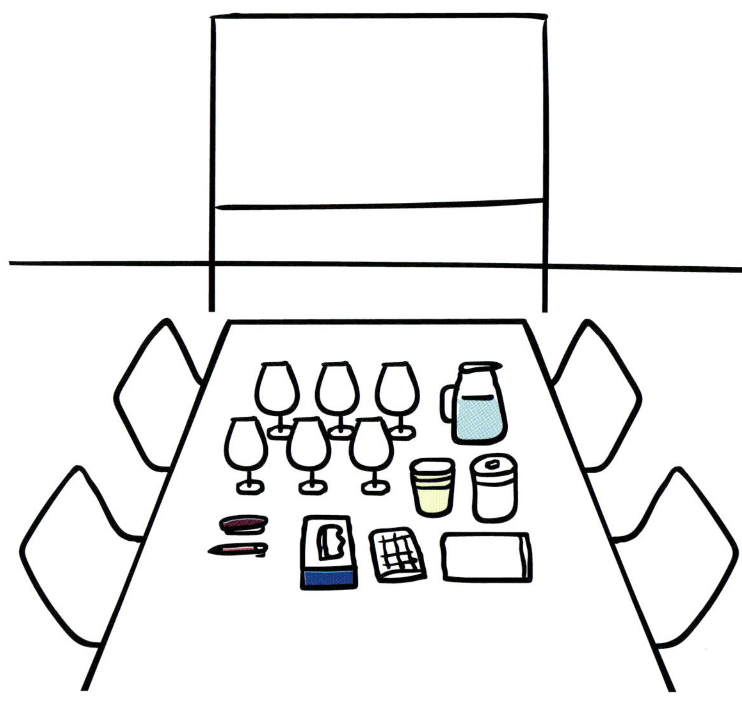

●**I.N.A.O. 테이스팅 글라스** I.N.A.O.(국립 원산지·품질 연구소)에서 인증받은 약간 작은 크기의 와인잔. ISO(국제표준화기구) 규격에 준하는 국제 규격의 테이스팅 글라스로 품종과 산지가 다른 와인을 같은 조건에서 테이스팅할 수 있다.

● 와인

와인은 주최측에서 전부 준비할 수도 있지만 그 경우에는 주최자가 연습을 할 수 없기 때문에 참가자 각각 지참하도록 하는 것을 추천합니다. 제가 진행하는 스터디에서는 각자 화이트 와인과 레드 와인을 한 병씩, 총 2병을 가져오게 해서 진행하는 경우가 많습니다. 블라인드를 할 때 어떤 와인을 가져와야 할지 고민이 될 경우 아래를 참고하면 도움이 될 것입니다.

> ### 블라인드에서 출제하는 와인의 예시
>
> **1** 세계의 대표적인 와인 산지다. (예를 들어 샤블리나 모젤, 리오하, 캘리포니아, 멘도사 등)
> **2** 1의 산지에서 많은 이들에게 존경받는 와인 생산자다.
> **3** 1, 2의 조건을 갖춘 와인 생산자가 산지를 대표하는 포도 품종과 전형적인 양조 방법으로 생산한 와인이다.
> **4** 생산량이 일정해서 쉽게 구할 수 있다.
> **5** 과도하게 숙성시킨 것이 아니라 현재 유통되고 있는 품목이다.

우선 1~5번의 조건을 겸비한 와인으로 연습을 합시다. 생산량이 적은 한정품, 마이너한 품종, 일반적이지 않은 특수한 양조 방법을 사용한 와인 등 예외적인 품목은 전문가 및 애호가로서는 매우 매력적이며 많은 것을 발견하게 되지만, 우선은 기본부터 배우는 것이 좋습니다. 이 책에서 소개하는 와인을 참고해서 연습하는 것을 추천합니다.

실습

● 출제 방법

1. 여러 종류의 와인을 평가하고 답하는 방법
Comparative Blind Wine Tasting

처음 연습을 할 때는 먼저 여러 종류의 품목(3~6종)을 비교해보는 것이 좋습니다. 난이도는 낮지만 각 와인을 비교함으로써 와인 간의 차이를 쉽게 파악할 수 있게 됩니다. 주의할 부분은 비교를 통해서 답을 도출해내는 방식에 너무 익숙해져서 출제된 와인끼리 서로 비교하여 답을 결정해버리게 되는 것입니다. 예를 들어서 가장 산도가 높다고 느껴지는 화이트 와인은 리슬링으로 단정하고, 가장 타닌이 강한 레드 와인은 카베르네 소비뇽으로 결정하는 등 결과적으로 모든 와인이 조금씩 정답에서 벗어나게 되어버리는 경우가 종종 발생합니다. 서로를 비교하지 않고도 각 와인을 파악할 수 있게 되는 것이 목표이므로 너무 비교에 의존하지 않는 것이 좋습니다.

2. 한 가지 와인만 평가하고 답하는 방법
Single Blind Wine Tasting

콘테스트나 블라인드 대회 등에서 상위권을 목표로 한다면 이 방법으로 연습해봅시다. 비교를 할 수 없기 때문에 향과 맛을 정확하게 파악해야 합니다. 자신이 과거에 받았던 인상과 비교하면서 와인을 특정해 내는 작업을 해야 하므로 내 안에 흔들리지 않는 축이 세워져 있어야 합니다. 축이 명확하지 않은 상태에서는 이 방법으로 연습해도 오히려 얻는 것이 적을 가능성이 있기 때문에 이 경우에는 1번 방법으로 먼저 연습을 하는 것이 좋습니다. 2번 방법은 난이도가 높지만 상위권을 목표로 한다면 최종적으로는 이 방법으로 연습해야 합니다.

3. 테마를 정해서 출제한다

의욕이 있는 주최자가 진행하는 스터디라면 더욱 다양한 주제로 기획할 수 있습니다. 1번 방법과 2번 방법을 기본으로 한 다음 품종을 더욱 자세히 알아보고 싶을 때 도움이 되는 방법입니다. 예를 들어 그뤼너 벨트리너와 실바너를 비교하거나 카베르네 프랑과 일본의 메를로를 비교하는 등 식별하기 어려운 포도 품종끼리 비교해보는 스터디는 와인을 깊이 있게 파고들게 합니다. 진판델과 프리미티보의 비교, 프랑스와 남아프리카공화국의 슈냉 블랑의 비교, 비오니에와 게뷔르츠트라미너, 토론테스 등 향이 강한 품종끼리의 비교 등도 흥미로운 주제입니다.

● 시간

하나의 품목에 할애하는 시간은 5분을 기준으로 합니다. 블라인드는 느끼는 것과 생각하는 것을 분리하는 것이 중요하다고, 앞에서 말씀드렸습니다. 블라인드에 익숙하지 않다면 꽤 어려운 작업이라고 생각합니다. 이럴 때는 5분 동안 와인과 계속 마주해보는 것이 집중력을 기르는 데 도움이 됩니다. 이를 반복하다보면 점점 머릿속이 정리가 되어 와인 분석에 시간이 덜 걸리게 됩니다.

와인 스쿨의 블라인드 테이스팅 대회는 답변 시간이 3분인 경우가 대부분입니다. 따라서 빠르게 결론을 내릴 수 있는 능력이 요구됩니다. 처음부터 그 수준에 도달하는 것은 어렵기도 하지만 충분히 시간을 들여 스스로 납득할 수 있는 답변을 도출해 내도록 하는 것이 중요합니다. 처음에는 시간을 충분히 들여서 연습을 해보세요. 참고로 일본 소믈리에 협회에서 주최하는 블라인드 테이스팅 콘테스트 결승전의 답변 시간은 80초입니다. 이 경우에는 앞서 말씀드린 번뜩이는 직감 부분이 결정적인 역할을 합니다. 이 정도 수준에서 승부를 내기 위해서는 많은 연습을 반복해서 두뇌에 많은 데이터베이스를 구축해두어야 합니다. 그래야 답을 순식간에 도출해낼 수 있을 것입니다. 쉽지는 않겠지만 많은 참가자들이 이 수준에 도달하기 위하여 노력하고 있습니다.

연습

● 답변 방법

실전에서는 단 한 번의 답변으로 정답을 맞혀야 합니다. 따라서 답변할 기회가 한 번인 것이 좋겠지만, 제가 추천하는 방법은 우선 답변을 여러 번 할 수 있는 방식으로 연습을 하는 것입니다. 이 방법은 와인을 출제한 사람이 채점을 하게 만드는 방식입니다. 만일 오답이라면 다시 답안을 제출하고 채점하는 식으로, 저는 실제로 이 방법으로 스터디를 진행하고 있습니다. 답변을 할 수 있는 횟수는 최대 3회까지입니다. 이 방법은 맞았다, 틀렸다로 끝내는 것이 아니라 다시 한 번 생각해보고 자신이 실수하는 패턴을 깨닫는 것이 목적입니다. 3번까지 대답한 본인의 답안을 다시 한 번 살펴보면 자신의 사고방식 패턴이 보입니다.

실수하는 패턴이 보이기 시작하면 가설을 세울 때의 선택지가 되기 때문에 매우 중요한 정보가 됩니다. 예를 들어서 시라와 말벡을 자주 헷갈려서 틀린다면 시라라는 생각이 들 때 말벡도 선택지의 후보군에 올려놓는 등의 생각을 할 수 있습니다.

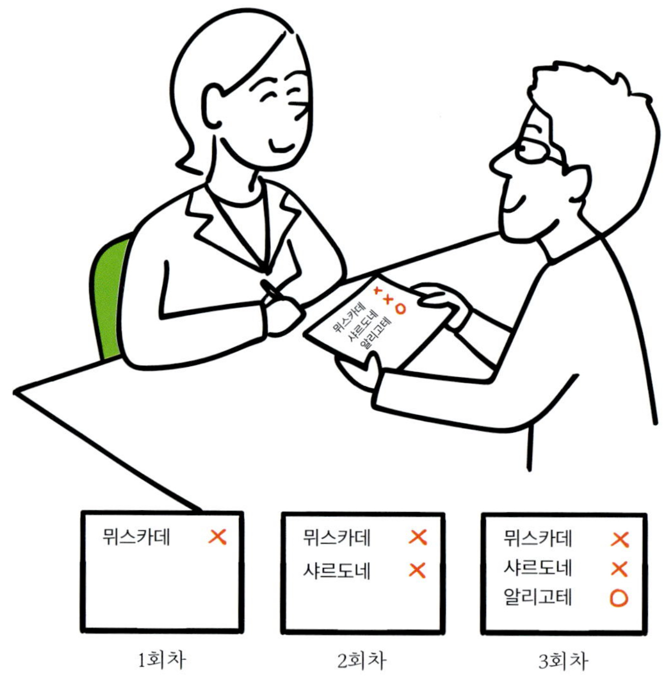

chapter 3

연습 후

● 한 번 출제했던 품목을 다시 출제한다

스터디가 끝난 다음에는 출제된 와인을 가지고 다시 한 번 블라인드를 하면 좋은 복습이 됩니다. 스터디에서는 틀렸다 하더라도 다시 출제되었을 때 정답을 맞힐 수 있다면 본인이 정보를 체득했다는 사실을 확인할 수 있습니다. 반대로 복습을 할 때 틀렸다면 아직 그 와인의 특징을 제대로 파악하지 못했다는 것입니다.

직접 동일한 와인을 구입하는 것도 좋지만, 주최 측의 허락을 받아서 작은 병에 와인을 덜어가는 방법도 있습니다. 작은 병은 생활용품 가게나 인터넷에서 구입할 수 있으므로 미리 준비해두었다가 틀린 품목이나 잘 모르는 품종의 와인을 가져가서 나중에 복습하는 것도 좋은 방법입니다. 단 와인에 따라서는 상태가 빠르게 변화하는 경우가 있습니다. 예를 들어서 이미 변화되어 숙성된 느낌이 강하게 느껴지거나 휘발되는 산미의 인상이 강해지기도 합니다. 이런 경우에는 원래의 와인과는 다른 인상으로 기억되어버릴 가능성이 있으므로 덜어간 와인을 너무 오래 방치하지 않도록 주의해야 합니다.

● 혼자서 연습한다

블라인드는 혼자서 연습하는 것이 쉽지 않고 비용도 많이 듭니다. 하지만 자신이 취약한 부분을 파악할 수 있다면 그 부분에 집중하는 것이 도움이 됩니다. 저는 그뤼너 벨트리너, 알바리뇨, 산지오베제, 말벡 등에 특히 약했습니다. 그래서 이들 품종에 막히는 것을 극복하기 위해 모든 품종을 생산자별로 6병씩 구입해 하우스 와인처럼 매일 밤 마시며 테이스팅 코멘트를 기록했습니다. 그러자 동일하게 느껴지는 코멘트가 있다는 점을 깨닫게 되었습니다. 예를 들어서 아르헨티나 말벡의 경우에는 색소량이 상당히 높은데도 불구하고 타닌이 수렴성이 강하지 않다는 것, 제비꽃과 장미 같은 꽃향기가 난다는 점, 산도가 비교적 높다는 점의 공통점을 발견했습니다. 이러한 특징을 직접 체감하자 스스로 쉽게 이해할 수 있게 되어, 그 이후로는 해당 품종을 파악하는 데 크게 도움이 되었습니다. 싫증이 날 정도로 그저 계속 마신 것이 새로운 깨달음을 얻을 수 있는 계기가 되었던 것 같습니다. 또한 이 방법은 집에서 느긋하게 따라할 수 있다는 것도 장점입니다.

실제로 제가 사용하고 있는 블라인드 테이스팅 시트의 한 예시입니다. 여기서는 와인 ③까지 기재되어 있지만 실제로 마시는 와인 개수만큼 준비해서 작성합니다.

[**블라인드 테이스팅 시트**]

	와인1 (○ ×)	와인2 (○ ×)	와인3 (○ ×)
외관			
아로마			
가설			
맛			
품종			
생산국/지역			
빈티지			
틀린 와인 또는 정답을 맞히게 된 와인			
다음번 정답을 위한 재검토			

4장

와인을 알다

2장과 3장에서는 와인을 대하는 인간의 특징과 블라인드를 하는 방법, 테이스팅 실력을 향상시키는 방법에 대해서 설명했습니다.

지금부터는 와인에 대해서 알아봅시다. 여러분은 '와인이란 무엇일까요'라는 질문을 받으면 어떤 답이 가장 먼저 떠오르나요? 아마도 와인의 생산지, 테루아, 또는 와인메이커 정보를 생각하는 분이 많을 것 같습니다. 저는 와인이 어떤 물질로 구성되어 있는지가 가장 궁금합니다. 그래서 이제부터는 보다 과학적인 관점으로 와인을 분석하고자 합니다. 와인의 성분은 블라인드를 할 때 중요한 지식으로 쓰이므로 함께 확인해보도록 합시다.

와인의 성분

　와인의 향과 맛은 어떤 재료로 구성되어 있을까요? 압도적으로 높은 비율을 차지하는 것은 포도로부터 유래한 성분입니다. **포도는 껍질과 과육, 씨, 줄기로 구성**되어 있습니다. 포도에서 어떻게 성분이 추출되어 와인에 들어가는지, 어느 정도로 추출되는지는 양조 과정에 따라 크게 달라집니다. 또한 청포도인지 적포도인지, 양조 방법에 따라서도 전혀 다른 와인이 완성되지요. 이에 관해서는 6장 양조 방법 편에서 자세하게 설명하겠습니다.

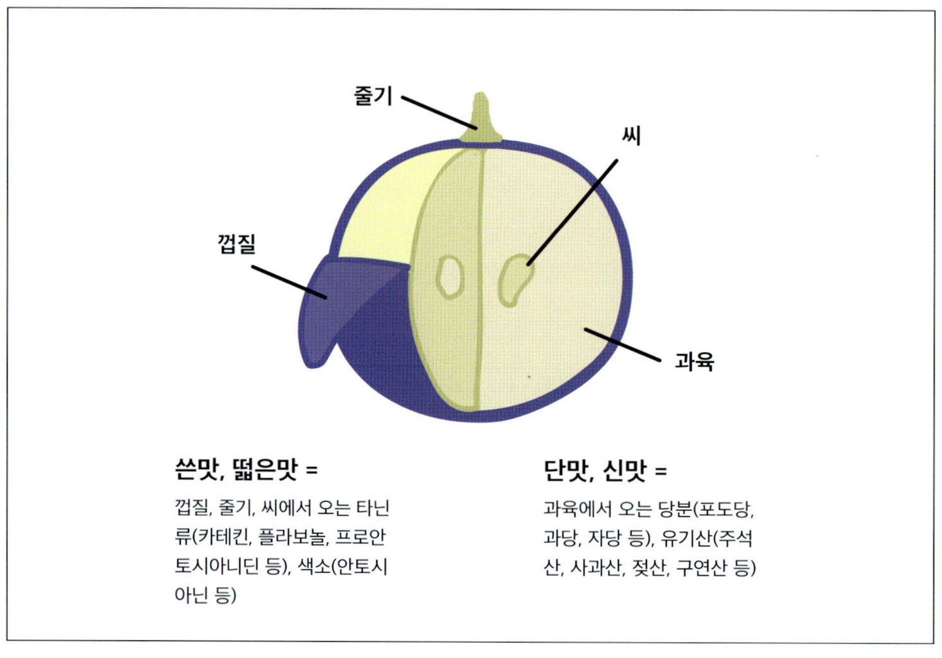

포도 외에 와인을 구성하는 재료로는 무엇이 있을까요? **첫 번째는 포도를 발효시키기 위한 효모(천연 효모, 배양 효모), 두 번째는 오크통입니다. 그리고 세 번째는 젖산균**입니다. 오크통 숙성 과정을 거치지 않았거나 젖산 발효(MLF)를 하지 않고 생산된 와인은 오로지 포도와 효모만으로 만들어집니다. 젖산 발효를 거치고, 오크통에서 숙성시킨 와인은 포도와 효모, 오크통, 젖산균을 재료로 삼기 때문에 좀 더 복잡해집니다. 즉 포도의 과즙과 효모만으로 생산된 화이트 와인이 가장 단순하게 만들어진다고 볼 수 있겠지요.

지금부터 포도와 효모, 오크통, 젖산균이 만들어낸 와인의 향과 맛이 구체적으로 어떤 성분들로 구성되는지 살펴보겠습니다.

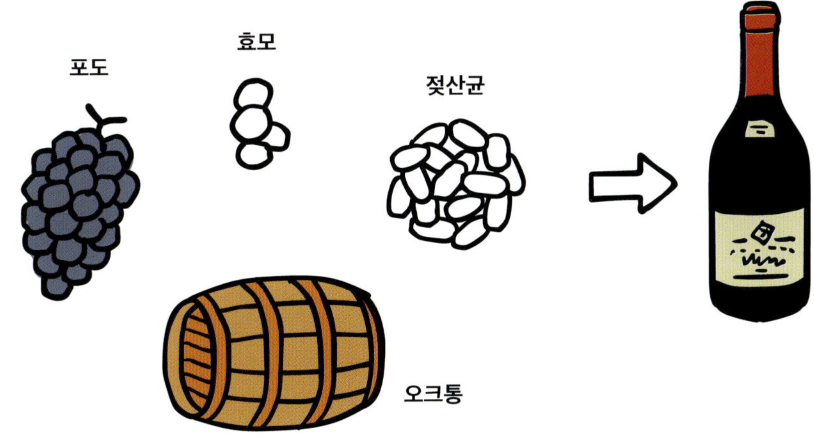

◆ 와인 양조에는 이산화황이나 여과제, 청징제 등 다양한 부재료가 사용되지만 이러한 물질은 향과 맛을 내는 목적으로 사용하는 것이 아니므로 와인의 구성 요소에서 제외했습니다.

◆ 한편 예상하지 못한 미생물의 증가가 와인의 향과 맛에 영향을 미칠 수 있습니다. 와인에 이산화황을 첨가하지 않았거나 너무 적게 넣어서 만든 경우, 코르크로 인한 문제나 위생적이지 않은 양조 시설, 양조 및 보관상의 온도 관리 부실 등 다양한 조건에 의해 와인에 미생물이 번식하고 이로 인한 향 등의 영향이 남을 수 있습니다. 천연(오염) 젖산균 등 예상하지 못한 미생물의 번식으로 콩 냄새(쥐 같은 냄새)가 나거나 아세트산균에 의해 휘발성 산(아세트산, 에틸아세테이트 등)의 결함이 발생해 맛에까지 영향을 미칠 수 있습니다. 그러나 이러한 일은 일반적인 와인 양조에서는 발생하지 않기 때문에(발생하게 만들지 않기 때문에) 구성 요소에서 제외하였습니다.

와인 안의 성분

수분

와인의 주요 성분은 수분입니다. 수분은 포도 과실의 과육에서 유래하며, 이는 포도가 뿌리로 빨아들인 수분으로 구성됩니다. **수분의 가장 중요한 역할은 모든 물질을 녹여서 혼합하는 것입니다.** 포도가 뿌리에서 다양한 물질을 흡수할 수 있는 것은 수분 덕분입니다. 수분은 와인 성분의 80% 이상을 차지하는데, 와인마다 그 비율이 다르기 때문에 수분의 비율이 높아서 물처럼 느껴지는 묽은 와인도 존재합니다.

알코올

알코올은 와인에서 두 번째로 많은 성분으로 대부분 에탄올입니다. 와인에 함유된 알코올의 양은 퍼센트로 표시하도록 의무화되어 있으며, 라벨에 알코올 도수로 표시되어 있습니다. 와인의 종류에 따라 알코올의 양은 다르지만 주정 강화 와인을 제외하면 보통 8~15% 정도입니다. **알코올은 물에 녹지 않는 폴리페놀 등의 난용성 성분을 녹일 수 있습니다.** 또한 미생물로부터 와인을 보호하는 항균 작용을 합니다.

와인에는 에탄올 이외의 알코올도 존재하며 그중 하나인 글리세롤에는 단맛이 있습니다. 귀부균(보트리티스 시네레아)은 글리세롤을 많이 생산하기 때문에 귀부 와인의 단맛은 당분 외에도 글리세롤의 단맛이 가미되어 있는 것입니다.

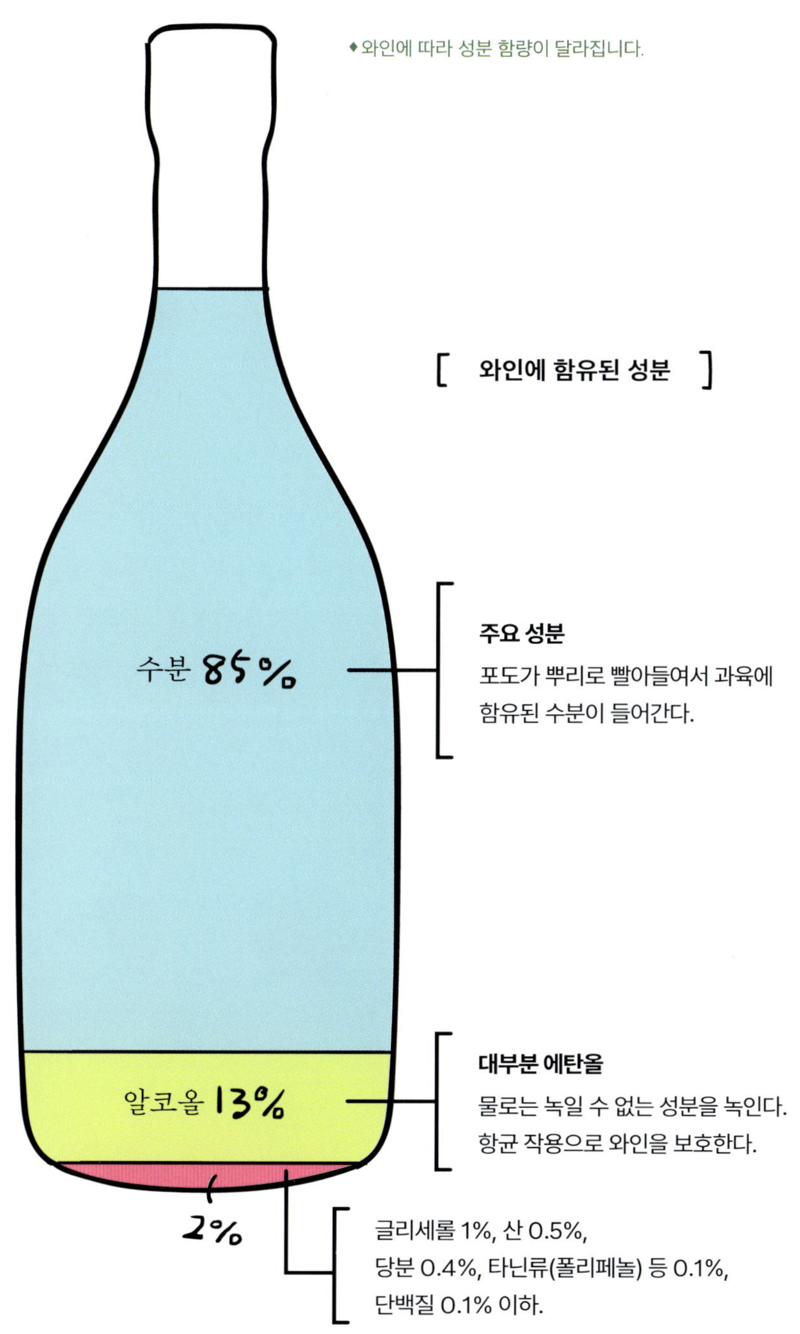
◆와인에 따라 성분 함량이 달라집니다.
[와인에 함유된 성분]
주요 성분
포도가 뿌리로 빨아들여서 과육에
함유된 수분이 들어간다.
수분 85%
대부분 에탄올
물로는 녹일 수 없는 성분을 녹인다.
항균 작용으로 와인을 보호한다.
알코올 13%
2%
글리세롤 1%, 산 0.5%,
당분 0.4%, 타닌류(폴리페놀) 등 0.1%,
단백질 0.1% 이하.

산(유기산)

산은 와인의 맛을 구성하는 중심 성분입니다. 주요 종류로는 포도에 원래 함유된 **주석산을 비롯해 사과산, 구연산, 양조 과정에서 생산되는 젖산, 아세트산, 호박산** 등이 있습니다. 와인에 함유된 산의 양은 5.5~8.5g/L이 적당하다고 알려져 있습니다(주석산 환산 기준). 그중에서도 **와인에 가장 많이 함유된 주석산은 포도 고유의 산**입니다. 주석산은 와인의 화학적 안정성과 색에 크게 관여하며 최종적인 맛에 영향을 미치는 가장 중요한 산입니다. 용해도가 높아 알코올에 녹아 있는 상태이지만 저온이 되면 결정화되기도 합니다. 주석산은 한 번 침전되면 상온에서는 다시 용해되지 않기 때문에 결과적으로 와인 안의 산이 적어져서 양조된 당시의 본래 와인 맛과는 달라지게 됩니다. 따라서 와인을 너무 차갑게 보관하는 것은 금물입니다.

다음으로 중요한 산은 사과산입니다. **사과산은 신선하고 산미가 강하기 때문에** 와인의 풍미에 상쾌함을 선사합니다. 베레종● 전과 익기 직전의 포도에서 가장 농도가 높지만 포도가 숙성되면서 대사되어 그 양이 감소합니다. 사과산은 고온에서도 감소하기 때문에 기후가 서늘한 지역에서는 사과산이 많고 온난한 지역에서는 줄어드는 경향이 있습니다. 레드 와인을 젖산 발효(MLF) 할 경우 사과산이 젖산으로 대체되어 와인에 거의 남아 있지 않게 됩니다.

●**베레종** 포도가 녹색에서 보라색으로 물들어 가는 것을 말한다.

젖산은 주석산이나 사과산보다 약한 산으로 부드러운 신맛을 냅니다. 요구르트의 산이라고 생각하면 쉽게 상상이 될 것입니다. 원래 포도에는 극소량만 들어있기 때문에 젖산 발효를 하지 않는 화이트 와인에는 거의 존재하지 않습니다. 구연산은 레몬 등 감귤류에 많이 함유되어 있지만 포도에도 미량 존재합니다. 이외에도 감칠맛을 내는 호박산, 휘발성이 강해서 식초 향처럼 느껴지는 아세트산이 와인에 미량 함유되어 있습니다.

산의 종류에 따른 맛의 차이에 대해서 설명하자면, 제 느낌으로는 주석산과 사과산이 서로 비슷할 정도로 신맛이 강합니다. 그에 비해 젖산은 상당히 부드러운 맛이기 때문에 앞의 두 가지 산과는 인상이 상당히 다릅니다. 예를 들어 알자스의 리슬링은 사과산과 주석산으로 구성되어 날카로운 산이 주를 이룹니다. 한편 젖산 발효를 거치는 부르고뉴의 샤르도네라면 사과산이 젖산으로 바뀌기 때문에 리슬링보다 산의 맛이 부드럽습니다. 레드 와인은 대부분 젖산 발효를 거치기 때문에 주석산과 젖산에 의한 부드러운 신맛이 나지만, 원래 사과산이 적고 주석산이 많은 적포도를 사용해 만든 레드 와인이라면 산도가 더 높게 느껴질 것입니다. 이처럼 와인 속 산의 구성에 따라 우리가 느끼는 신맛이 크게 달라집니다.

pH와 유기산의 관계

유기산은 수용액 내에서 수소 이온($H+$)을 방출하는 성질이 있습니다. 수소 이온은 물 분자와 반응하기 때문에 수소 이온의 양이 많을수록 수용액의 산도가 높아집니다. 이때 산도를 나타내는 지표가 pH입니다. pH는 수용액 내의 수소 이온의 농도에 따라서 결정되는데, 즉 수소 이온의 농도가 높을수록 pH는 낮아집니다.

유기산의 양이 증가하면 수용액 내의 수소 이온 농도도 증가하게 됩니다. 그에 따라 수용액의 산도는 높아지고, pH는 낮아집니다. 반대로 유기산의 양이 줄어들면 수용액의 산도는 낮아지고 pH는 높아집니다. 즉 유기산의 양과 pH는 반비례 관계입니다. 유기산의 양이 증가하면 pH는 낮아지고, 유기산의 양이 감소하면 pH는 높아집니다.

당분

와인에는 소량이지만 당분이 함유되어 있습니다. 보통의 드라이한 와인의 경우에는 당분이 1~2g/L 이하이지만 알자스 지방의 화이트 와인은 품종과 관계없이 5g/L를 넘는 경우가 꽤 있습니다. 레드 와인에서는 만생종인 네비올로나 당도가 높아지기 쉬운 그르나슈, 진판델 등이 당도 5g/L가 넘는 경우가 있습니다.

포도의 당분은 먼저 이당류인 자당(수크로스)이 광합성에 의해 생성되어 과실 내에 축적됩니다. 자당은 쉽게 말해서 설탕입니다. 그리고 이당류인 자당이 가수 분해되면서 단당류인 포도당(글루코스), 과당(프룩토오스)이 생성됩니다. 와인 양조에서 효모는 단당류를 분해해 에탄올을 생성하는 역할을 하는데, 이때 포도당에서 과당 순서로 분해됩니다. 주정 강화 와인 등 와인에 고농도의 알코올을 첨가해 발효를 중간에 멈추게 하면 분해가 느린 과당이 많이 남게 됩니다. 과당은 포도당보다 단맛이 강하기 때문에 주정 강화 와인은 일반적인 와인보다 단맛이 더욱 강합니다. 포도의 과숙에 의해서도 과당이 증가한다고 알려져 있습니다. 또한 당분은 알코올 발효 과정에서 모두 사라진다고 생각하지만, 포도 속에는 효모에 의해서 분해되지 않는 당분이 미량 존재하기 때문에 와인 속의 당분이 완전히 제로가 되는 일은 없습니다.

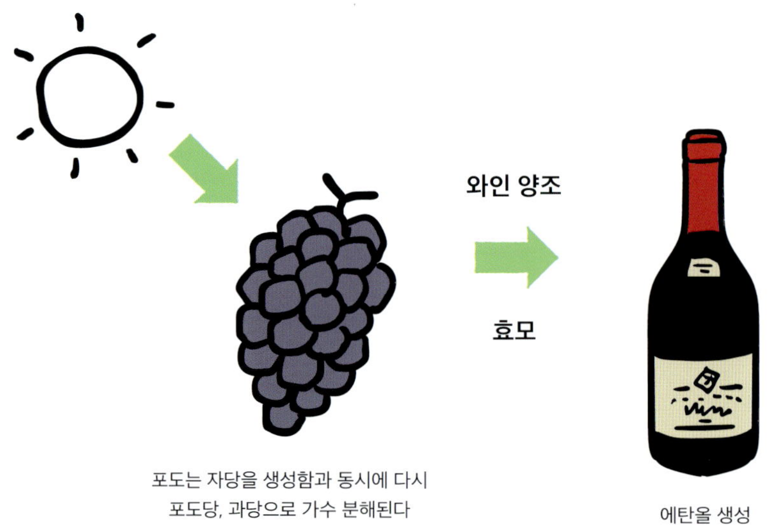

포도는 자당을 생성함과 동시에 다시
포도당, 과당으로 가수 분해된다

에탄올 생성

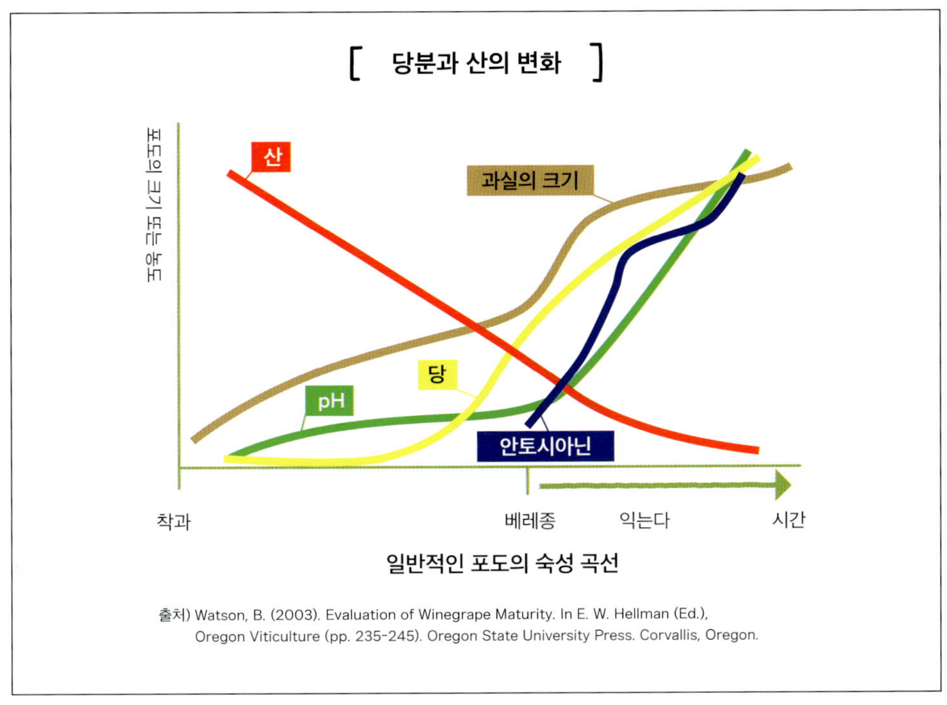

일반적인 포도의 숙성 곡선

출처) Watson, B. (2003). Evaluation of Winegrape Maturity. In E. W. Hellman (Ed.),
Oregon Viticulture (pp. 235-245). Oregon State University Press. Corvallis, Oregon.

폴리페놀: 타닌

폴리페놀(화학 구조 내에서 여러 개의 페놀성 하이도록실기를 가진 물질의 총칭)은 거의 모든 식물이 가지고 있는 쓴맛과 떫은맛, 색소의 성분입니다. 와인에서 사용되는 **타닌이라는 용어는 쓴맛과 수렴성을 동반하는 포도의 껍질 성분**을 뜻하며, 일반적으로 사용되는 타닌이란 식물에서 유래해 단백질 등과 강하게 결합하는 물질의 총칭을 말합니다. 이때 폴리페놀은 페놀 구조를 가진 물질의 총칭이므로 타닌과 동의어가 아닙니다. 폴리페놀이라는 명칭 속에 타닌이 포함되어 있습니다. 폴**리페놀은 포도의 껍질과 씨에 많이 함유되어 있기 때문에 청포도에 비해 적포도의 폴리페놀의 함량이 높고,** 화이트 와인은 폴리페놀이

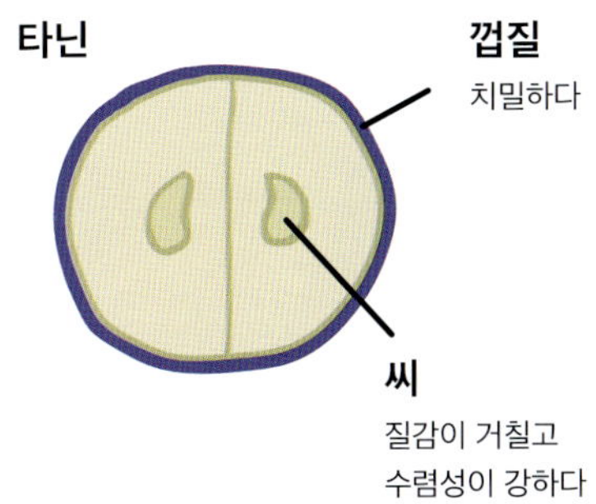

많아봤자 레드 와인의 몇 분의 일 정도에 불과합니다.

폴리페놀은 레드 와인에서 맛의 골격을 구성합니다. 폴리페놀을 비가수분해성 타닌이라고 하는데, 프로안토시아니딘이 주요 물질입니다. 이 성분은 주로 포도의 껍질과 씨에 존재합니다. 6장 양조 편에서 자세히 설명하겠지만, 포도의 껍질과 씨를 함께 양조해서 발효시키면 레드 와인에 타닌이 더 많이 추출됩니다. 껍질에 함유된 타닌은 치밀하고, 씨에 함유된 타닌은 결이 거칠고 수렴성이 강합니다.

오크통에서 용출되는 타닌도 있습니다. 이것은 엘라지타닌, 갈로타닌 등으로 통칭되는 가수 분해형 타닌입니다. 엘라지타닌은 와인이 오크통에서 숙성되는 동안 서서히 용출되면서 와인 맛의 골격을 강화합니다. 또한 엘라지타닌은 강력한 산화 억제 작용을 하기 때문에 오크통에 숙성시킨 레드 와인은 이로 인해 색이 안정화됩니다. 앞부분에서 포도 외에 와인을 구성하는 성분 중 하나가 바로 오크통이라고 이야기했는데, 오크통에서 추출된 타닌과 나무에서 유래한 향기 성분, 나무를 태워서 생기는 성분 등이 와인에 용출되게 됩니다.

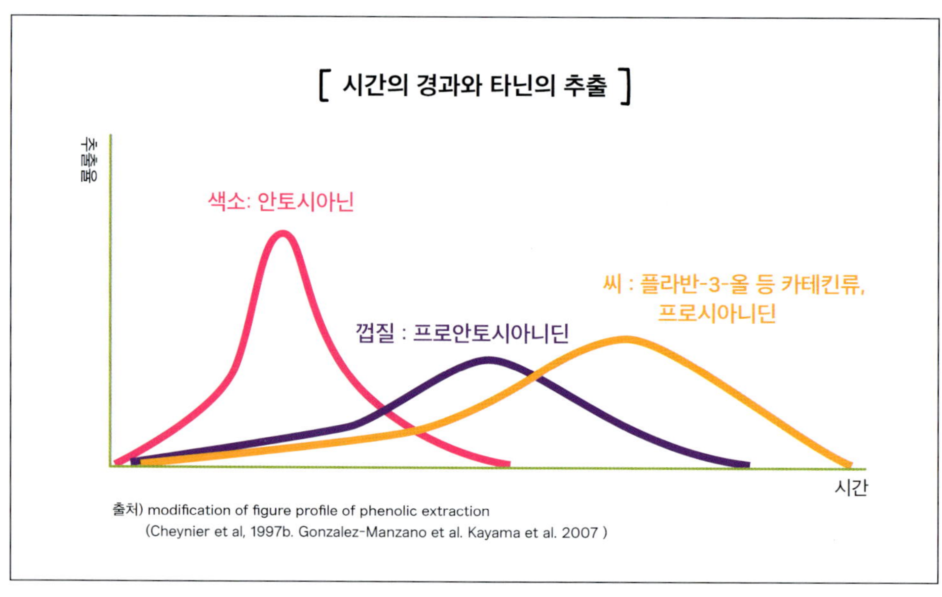

출처) modification of figure profile of phenolic extraction
(Cheynier et al, 1997b. Gonzalez-Manzano et al. Kayama et al. 2007)

폴리페놀: 안토시아닌

안토시아닌은 **폴리페놀의 일종으로 식물을 착색시키는 성분**이며 포도뿐 아니라 거의 모든 식물에 함유되어 있습니다. 포도 껍질의 안토시아닌은 주로 레드 와인에 색을 부여합니다. 안토시아닌은 pH에 따라 색이 크게 변화하기 때문에 와인의 색조에 큰 영향을 미칩니다.

안토시아닌은 포도의 베레종 이후부터 축적되기 시작되며, 포도가 익을수록 착색이 진행됩니다. 와인 양조에서 안토시아닌의 추출은 와인의 외관을 더욱 매력적으로 보이게 할 뿐만 아니라 맛을 풍부하게 만드는 데도 중요한 역할을 합니다. 안토시아닌은 알코올 발효 전의 저온 마세라시옹(저온 침용)이나 스킨 콘택트(껍질과의 접촉)를 거치면서 포도의 과즙과 접촉하는 과정을 통해 와인에 효율적으로 추출됩니다. 이는 레드 와인에만 국한된 현상이 아니라 청포도를 사용한 화이트 와인도 스킨 콘택트나 레드 와인과 유사한 양조 발효 과정을 거치면 안토시아닌을 비롯한 색소 추출이 증가하면서 결과적으로 오렌지색 등의 짙은 색을 띠게 됩니다. 이러한 양조법을 사용하는 와인으로는 조지아의 오렌지(앰버) 와인이 유명합니다.

포도 껍질에 함유된 안토시아닌의 양은 일조량의 영향을 받습니다. 안토시아닌은 자외선으로부터 포도의 과실을 보호하는 역할을 하므로 해발 1,000m와 같은 고산 지대 포도밭의 경우 태양으로부터 자외선을 많이 받기 때문에 포도에 안토시아닌이 증가합니다. 청포도에 비해 적포도의 안토시아닌 함유량이 많으므로 고산 지대의 적포도를 쓰면 와인의 색이 크게 달라집니다. 아르헨티나 멘도사 지역 등 고산 지대에서 재배되는 말벡의 진한 외관이 대표적인 예입니다.

안토시아닌의 색은 pH에 의해 왼쪽 페이지의 그림과 같이 변화합니다. 산지오베제 등 pH가 낮은(산도가 높은) 와인은 붉은색이 더 강하고 안정적인 색조를 띱니다. 반면 시라나 메를로 등 pH가 높은(산도가 낮은) 와인은 푸른색이 강하고 때로는 회색을 띠기도 합니다. 안토시아닌의 색 변화는 블라인드 테이스팅에서 중요한 정보가 되기 때문에 5장 와인의 평가 항목에서 다시 설명하겠습니다.

와인의 외관으로 알 수 있는 것

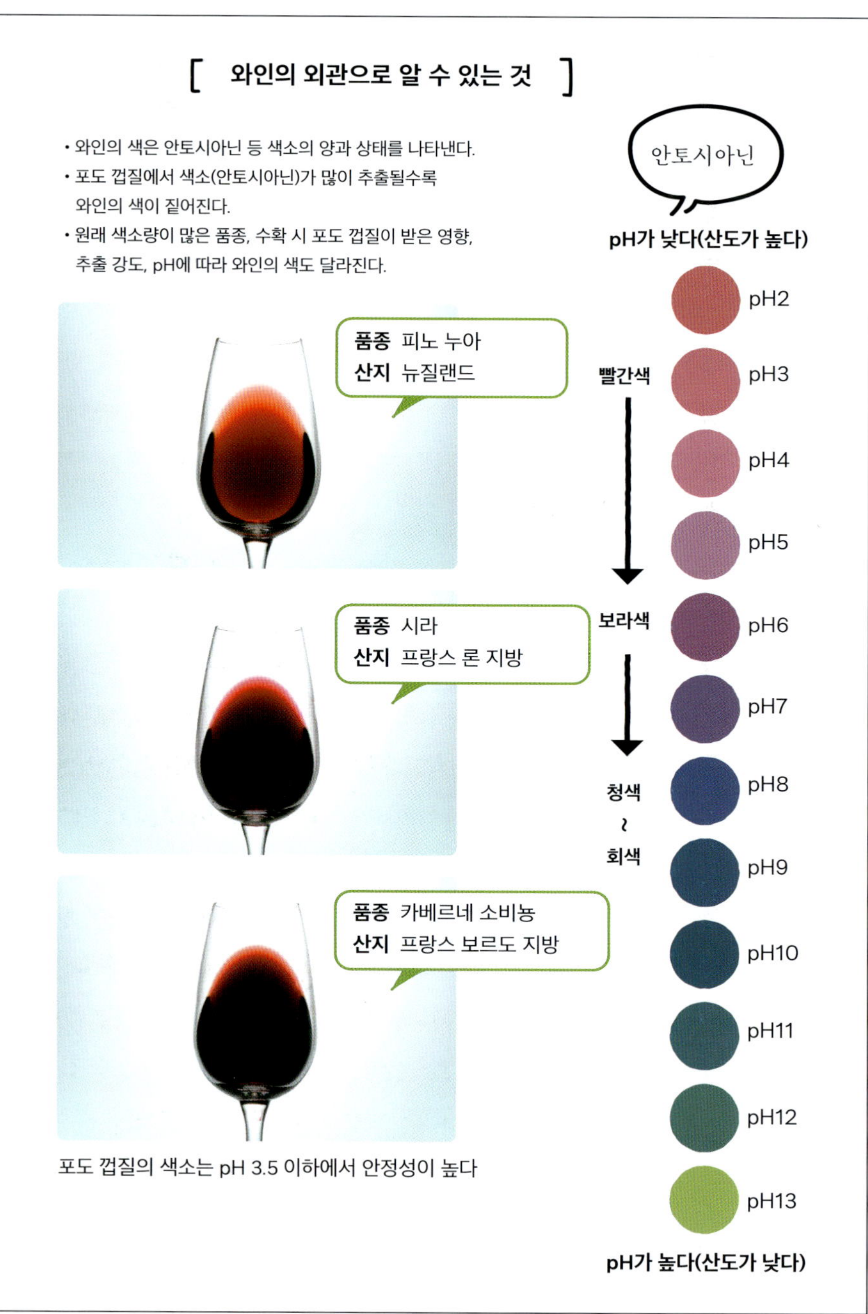

향기 성분

　와인의 향기 성분은 수백 가지로 알려져 있으며, 품종이나 와인에 따라 다양한 성분이 다른 농도로 존재하기 때문에 매우 중요하면서 복잡합니다. 후각 부분에서도 언급했듯이 향을 인지하기 위해서는 향기 성분이 코 안의 후각 수용체와 결합해야 합니다. 즉 아로마를 잘 맡기 위해서는 그 **향기 성분이 가벼운 물질(분자량이 적은)이어야** 합니다. 여러분이 꽃밭을 걸을 때 꽃향기를 잘 느낄 수 있는 것은 꽃의 향기 성분이 가벼워서 공기 중을 떠돌아다니고 있기 때문에 비강 내에서 쉽게 향을 포착할 수 있기 때문입니다.

　반대로 아로마가 없는 상태를 생각해봅시다. 예를 들어 꽃밭에서 꽃 한 송이를 따서 압화를 만든다고 합시다. 꽃을 1주일간 신문지에 끼워 수분을 완전히 증발시켜서 건조한 상태로 만든 다음 종이에 붙여 책갈피로 만듭니다. 그렇다면 이 압화에서는 어떤 향기가 날까요? 압화로 만들기 전처럼 꽃향기가 날까요? 아마도 무취이거나 약간의 향만 날 것입니다. 이는 꽃이 **신선할 때 향기로웠던 성분이 분해되어 변해버렸기 때문**입니다. 와인에서도 마찬가지의 일이 벌어집니다. **신선한 어린 꽃향기가 나는 와인은 대부분 어린 와인으로, 와인이 숙성을 거치면 점점 그 향이 줄어들고 사라집니다.**

　그렇다면 흙이나 나무 향기는 어떨까요? 이 향을 맡기 위해서는 코를 가까이 가져가야 합니다. 이는 **흙이나 나무를 특징짓는 향기 성분이 무거운 물질(분자량이 큰)이라** 비강 내에 쉽게 들어오지 않기 때문입니다. 이런 식으로 왜 특정 향이 나는지, 왜 나지 않는지를 생각해보면 와인의 상태를 알 수 있는 힌트가 될 수 있습니다.

　와인의 아로마에는 **그 와인을 특징 짓는 향기 성분이 있습니다. 이러한 향기 성분을 임팩트 화합**물이라고 하며, 중요한 향의 특성을 와인에 부여합니다.

기타 성분: 단백질 / 아미노산

아미노산은 단백질을 구성하는 성분으로, 인체에 중요한 작용을 합니다. **와인에도 아미노산이 포함되어 있으며 와인의 맛에 기여**합니다. 와인 맛의 대부분은 글루탐산과 아스파라긴산에서 비롯되며, 쓴맛과 단맛에 기여하는 아미노산도 여러 종류가 존재합니다.

와인을 비롯한 다양한 알코올 제조에서는 쉬르 리(Sur lie) 방식처럼 효모와의 접촉을 촉진하는 공정이 있는데, 이를 거치면서 액상 중에 유리아미노산(FAA: Free amino acid)이 증가합니다. 즉 **유리아미노산의 양은 효모 등 미생물과 밀접한 관계**가 있습니다. 샴페인을 비롯한 스파클링 와인에서는 병입 2차 발효를 통해 와인을 효모 찌꺼기(효모의 사체)와 함께 숙성시킴으로써 효모의 자가 소화에 의한 단백질의 가수 분해로 유리아미노산이 생성됩니다.

누룩균과 효모를 모두 사용한 병행 복합 발효로 제조된 사케는 와인보다 유리아미노산이 더 많이 생성되기 때문에 감칠맛이 강합니다. 또한 효모 찌꺼기를 걸러내지 않거나 가벼운 필터링을 거쳐 만든 와인, 단백질이나 효모 등의 침전물이 함유된 무여과 맥주에도 감칠맛이 풍부하게 존재합니다.

일반 스틸 와인은 아미노산 함량이 높지 않지만 효모와의 접촉 공정을 길게 가진 화이트 와인 중에는 감칠맛이 느껴지는 와인이 꽤 있습니다.

기타 성분: 염분(염화나트륨, 염화칼륨)

일반적으로 와인에는 염분이 들어있지 않거나, 극미량만 들어 있어야 합니다. 이는 와인 양조 과정에 염분이 생성될 메커니즘이 존재하지 않기 때문입니다. 그러나 와인에서 짠맛을 느끼게 되는 일은 드물지 않습니다. 포도밭이 바닷가 근처에 있다든가 염분이 많은 지역에서 포도가 뿌리를 통해 토양 속의 염분을 빨아들이기 때문에 와인에 짠맛이 존재한다는 등의 이야기가 있지만, 식물은 토양의 염분 농도가 높아지면 삼투압의 변화로 수분을 빨아들이지 못하는 데다 토양의 배수성도 나빠져 작물의 뿌리가 썩어버리기 때문에 그러한 일은 발생할 수 없습니다.

그렇다면 염분이 느껴지는 와인은 어떻게 만들어지는 것일까요? 가장 단순하게 **포도의 껍질에 달라붙은 해풍 염분이 와인에 용출**된다고 생각하면 됩니다. 스페인의 리아스 바이사스, 그리스의 산토리니 섬 등의 연구에 따르면 바다 근처 밭에서 재배한 포도를 사용해 와인을 양조하면 와인 내의 염분 농도가 높아진다고 알려져 있습니다. 또한 이들 지역의 포도를 스킨 콘택트하면 껍질에 부착된 염분이 액상으로 용출된다고 합니다. 수확한 포도는 기본적으로 세척하지 않기 때문에 껍질로부터 염분이 추출된다는 개념이 가장 간단하면서도 이해하기 쉽습니다. 예전에 제가 시칠리아를 방문했을 때 짠맛이 강하게 느껴지는 레드 와인이 있었는데, 생산자로부터 포도 껍질에서 나온 염분이라는 설명을 들었습니다.

여담이지만 소금은 단맛의 감도를 높이고 신맛을 완화시키는 작용을 합니다. 수박에 소금을 뿌리면 더욱 달콤하게 느껴지는 것과 같은 이치입니다. 맛에 영향을 미칠 정도로 와인에 염분이 많은 경우는 드물겠지만, 정확한 테이스팅을 위해서는 이 점을 기억해 두는 편이 좋을 것 같습니다.

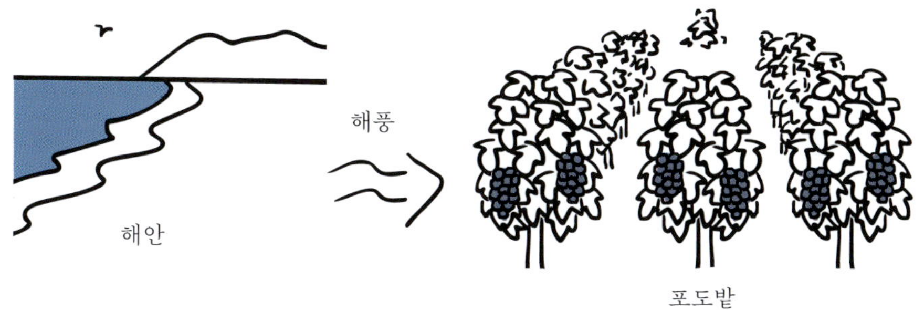

기타 성분: 미네랄

미네랄은 생체를 구성하는 주요 4원소(산소, 탄소, 수소, 질소) 외의 무기 화합물의 총칭으로, **대표적으로는 칼슘과 마그네슘, 나트륨, 인, 칼륨, 철 등**이 있습니다. 포도에 이들 성분이 함유되어 있기 때문에 당연히 와인 내에도 미네랄이 존재합니다.

프랑스의 콘트렉스 지방에서 생산하는 초경수 미네랄 워터는 일본의 연수와는 전혀 다른 쓴맛과 묵직한 감칠맛이 납니다. 이 맛은 칼슘과 마그네슘에 의한 것으로, 미네랄 워터에 경도가 표기되어 있습니다. 사케는 생산 지역에서 나는 물의 경도가 술의 맛에 영향을 미치는 것으로 알려져 있습니다.

그렇다면 와인은 어떨까요? 생산지의 수질에 따른 맛의 차이를 와인에서 느끼는 것은 이론적으로 불가능하지는 않다고 생각합니다. 다만 현재로서는 와인에 그 지역 물의 경도에 대한 정보가 존재하지 않고 수질과 와인 맛의 관계성에 대한 지식이 거의 없기 때문에 맛의 차이에 있어서 그 생산지의 수질 정보를 논하는 것은 시기상조라고 봅니다.

참고로 여기서 **미네랄이라고 칭하는 각 무기 화합물 성분에는 향이 없습니다.** 그렇다면 우리가 와인 시음 노트 등에서 미네랄이라고 부르는 향은 어떤 걸 뜻하는 것일까요? 저는 미네랄이라는 향기 표현은 칼슘과 마그네슘, 나트륨, 인, 철 등으로 만들어진 물질의 향을 이미지화한 것이 아닐까 싶습니다. 예를 들어서 석회와 초크(탄산칼슘), 성냥(염소산 칼륨, 황화인), 아이오딘과 바닷물(염화나트륨 등), 철봉(철), 못(마그네슘) 등입니다. 이외에도 많은 미네랄 성분이 존재하므로 다양한 이미지가 있겠지만, 대체로 이러한 종류들이 아닐까 싶습니다.

와인의 평가 항목

지금까지 와인에 다양한 성분이 포함되어 있다는 사실을 알 수 있었습니다. 그렇다면 이러한 성분들로 구성된 와인을 우리는 어떻게 평가하면 좋을까요?
이 장에서는 일본 소믈리에 협회 교본에서 사용되는 와인 테이스팅 용어를 참고해서 설명하겠습니다.

1. 외관

우선 와인의 외관으로 와인의 상태와 특징을 평가합니다. 외관의 어떤 부분을 보고 와인을 어떻게 판단하는지를 설명하겠습니다.

투명도

투명도는 와인 액체의 혼탁한 상태를 나타냅니다. 자세한 내용은 6장의 양조 편에서 다시 설명하겠지만 **일반적인 화이트 와인의 경우에는 포도의 과즙만을 사용하기 때문에 와인이 탁하지 않습니다. 반면 레드 와인은 포도의 껍질 성분을 다량으로 추출하기 때문에 와인이 탁해 보이는 경우가 있습니다.** 또한 알코올 발효 후에 정화와 여과 과정을 거치지 않았거나 필터를 사용하지 않고 찌꺼기 제거만 할 경우 와인의 외관이 탁해질 수 있습니다. 2010년대에 들어서면서 화이트 와인과 레드 와인 모두 논콜라주, 논필터, 무여과 상품이 유행하면서 탁한 와인이 많아졌습니다. 투명도가 낮은 와인은 전형적인 양조법을 거치지 않았을 가능성이 있기 때문에 품종의 개성이라기보다는 양조자의 개성이 드러난다고 볼 수 있습니다.

광택

와인의 빛에 대한 반사를 광택으로 봅니다. 에탄올과 글리세롤, 페놀 화합물은 빛의 반사율을 높이기 때문에 이런 물질이 존재하면 와인의 광택이 강해집니다. 또한 미세한 필터로 와인을 여과하면 투명도가 높아져서 광택이 강해집니다. 광택은 산도와도 관련이 있는데, 산도가 높으면(pH가 낮으면) 안토시아닌을 비롯한 색소의 변색이 잘 일어나지 않고 안정적이기 때문에 와인이 어리고 젊은 색조를 유지할 수 있습니다. 반면 숙성이 되면 와인 속의 색소가 유색화되기 때문에 광택이 드러나지 않아서 '흐릿하게' 보이게 됩니다. 따라서 **알코올 도수가 높고 산도가 높은 화이트 와인이 광택이 강하다고** 볼 수 있습니다. 일례로 비오니에와 아시르티코 등의 포도 품종은 광택이 강하게 느껴지는 경우가 많습니다.

맑다

일반적인 화이트 와인은 탁하지 않다.

흐리다

레드 와인은 포도 껍질 성분 때문에
탁해 보일 수 있다. 최근에는 혼탁함을
와인메이커의 개성으로 남겨 놓는
와인도 늘고 있다.

광택이 강하다

알코올 도수도 산도도 높은
화이트 와인은 반짝반짝 빛난다.
사진은 비오니에.

광택이 약하다

알코올이 낮고 산도가 높지 않거나
숙성된 와인은 광택이 약하다.
사진은 가르가네가.

색조

와인의 투명도, 색상을 색조로 평가합니다. 다양한 색조의 와인이 있으며, 이러한
미묘한 색의 차이에서 정보를 얻습니다.

화이트 와인

화이트 와인의 외관은 투명에서 회색, 녹색에서 노란색, 노란색에서 토파즈, 호박색
등의 색조로 나뉩니다. 각각의 색을 내는 성분이 화학 변화를 일으키기 때문에 와인의 외
관을 자세하게 관찰하면 많은 정보를 얻을 수 있습니다.

색조가 **투명에 가까운 상태**는 포도 껍질에서 색소 성분이 거의 추출되지 않은 것으
로, **양조 과정에서 침출 등의 색조가 짙어지는 과정을 거치지 않았다**고 추정할 수 있습
니다. 반대로 **회색인 와인**은 청포도 중에서도 유색 품종(게뷔르츠트라미너, 피노 그리, 고슈
등)을 사용했을 가능성을 생각해볼 수 있습니다.

녹색은 엽록소●**에서 나오는 색조로, 과실의 신선도와 젊음**을 나타냅니다. 포도의
수확 시기가 빨랐기 때문일 수 있고 앞서 말한 투명한 색조와 마찬가지로 **침출 과정을
거치지 않아** 순수한 상태라고 생각할 수도 있습니다. **노란색은 반대로 햇볕을 잘 받아서**

●**엽록소** 식물 세포에 함유된 녹색 색소로, 광합성에 필요하다. 클로로필이라고도 한다.

숙성된 과실을 사용했으며 스킨 콘택트 등 침출 과정을 거치면서 껍질의 색소가 추출되어서 색이 짙어졌다고 볼 수 있습니다. 침출에 의한 포도의 색소 추출이 많아질수록 와인은 오렌지색을 띠게 됩니다.

노란색에서 토파즈, 호박색으로 변하는 과정에서는 시간의 경과를 읽어낼 수 있습니다. 노란색이 와인이 어린 상태라면 토파즈와 호박색은 마이야르 반응에 의하여 주황색에서 연갈색, 갈색 계열의 색소로 변화하고 있다고 볼 수 있습니다. 이는 노란색은 색조가 적더라도 시간이 지나면서 갈변화가 일어난다는 뜻입니다. 예를 들어서 숙성된 고슈 와인은 병입 당시에는 투명에 가까웠더라도 10년이 지나고 나면 토파즈 색으로 변합니다.

블라인드에서 색상만으로 와인을 특정 짓는 것은 아주 어렵지만, 화려한 향을 살려 와인을 만드는 토론테스 등의 품종에서는 장기간 침출하는 과정이 향기의 손실로 이어질 수 있기 때문에 이러한 양조 과정을 거의 거치지 않을 것입니다. 따라서 토론테스 와인은 투명하거나 녹색을 띠는 색일 경우가 많습니다. 또한 오크통 숙성을 거치는 경우가 많은 샤르도네 같은 품종이라면 오크 향을 돋보이게 하기 위해 잘 익은 과실이 필요하기 때문에 와인에 초록색이 적고 노란색이 주를 이룬다고 볼 수 있습니다.

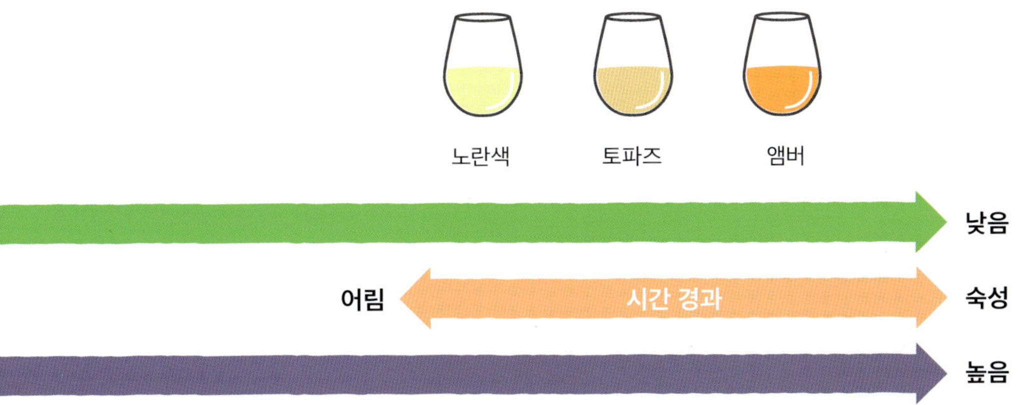

레드 와인

레드 와인의 색조에서 중요한 것은 **투명도와 색상**입니다. 색의 투명도는 유리잔 너머가 투명하게 보이는지 여부로 확인할 수 있습니다. 이는 **안토시아닌 등의 색소량과 관련이 있으며, 색소량은 타닌량과도 상관 관계가 있습니다.** 투명도가 높은 품종으로는 피노 누아, 가메, 네비올로, 네렐로 마스칼레제, 머스캣 베일리 A 등이 있습니다. 이 품종들로 만든 와인의 외관은 루비와 라즈베리 레드 색을 띱니다. 네비올로와 네렐로 마스칼레제는 타닌에 의한 수렴성이 강한데, 이는 독특한 양조 방식과 관련이 있습니다. 이 부분은 6장의 양조 편에서 설명하겠습니다.

다음으로 확인해야 할 것은 색상입니다. 앞서 안토시아닌은 pH에 따라 색이 변화한다고 설명했습니다. 안토시아닌은 pH가 3과 같이 낮은 경우에는 분홍색에서 붉은색으로 변화합니다. 그리고 pH가 4~5 등 중성으로 변화하면 보라색, 푸른색, 회색을 띠게 됩니다. 즉 **와인의 색상은 pH에 따라 변화하는 것**입니다. 산의 함량이 높고 pH가 낮은 와인이라면 색소량이 많아서, 짙은 색을 띠더라도 잔을 기울여 타원형이 된 와인 표면의 가장자리를 보면 분홍색이나 붉은색 등 밝은 색조를 띠는 것을 확인할 수 있습니다. 예를 들어서 카베르네 소비뇽, 산지오베제 등은 산도가 높아서 가장자리에 붉은빛이 도는 경우가 많습니다. 반면 시라나 메를로, 타냐 등 산도가 높지 않은 와인이라면 가장자리가 보라색을 띱니다. 어느 쪽이든 색소량이 많은 품종은 잔의 가운데 부분이 검은색을 띠지만 가장자리로 갈수록 그러데이션이 어떻게 변하는지를 잘 살펴보는 것이 중요합니다. pH는 주로 와인의 테크니컬 시트에 기재되어 있는 경우가 많으므로 함께 확인해보는 것이 좋습니다.

화이트 와인과 마찬가지로 장기 숙성된 레드 와인은 마이야르 반응에 의해 오렌지와 토파즈, 마호가니, 벽돌색을 띠게 됩니다. 레드 와인은 화이트 와인에 비해 안토시아닌의 양이 많기 때문에 시간의 흐름에 따른 색조의 변화가 더 큽니다. 안토시아닌은 시간의 변화에 따라 타닌과 중합해서 고분자 겹합체(polymeric pigments)를 형성하므로 액체 중의 색소 자체가 감소하여 색조가 옅어지게 됩니다. 이러한 **색조 변화를 시간의 경과에 따른 변화로 파악**할 수 있습니다.

※ 색소량이 많아 가운데 부분이 검게 변해도 가장자리의 그러데이션을 살펴볼 수 있다.

농담

농담(濃淡)은 와인을 구성하는 색소량을 나타냅니다. 색소의 양이 많을수록 농도가 진하고 적을수록 옅어집니다.

화이트 와인

화이트 와인의 색이 짙어지는 원인으로는 **유색 품종**(게뷔르츠트라미너, 피노 그리, 고슈 등)을 사용했을 경우, **과일이 잘 익어서 페놀의 숙성이 이루어졌을 경우, 스킨 콘택트 등의 침출 과정을 거쳤을 경우, 시간의 경과에 따라 마이야르 반응이 일어나서 와인이 유색화될 경우** 등을 생각해볼 수 있습니다. 또한 일반적으로 일조량에 따라 색소 생성이 증가하기 때문에 **서늘한 산지에서는 색이 옅어지고, 온난한 산지에서는 색이 짙어지는 것**으로 파악됩니다.

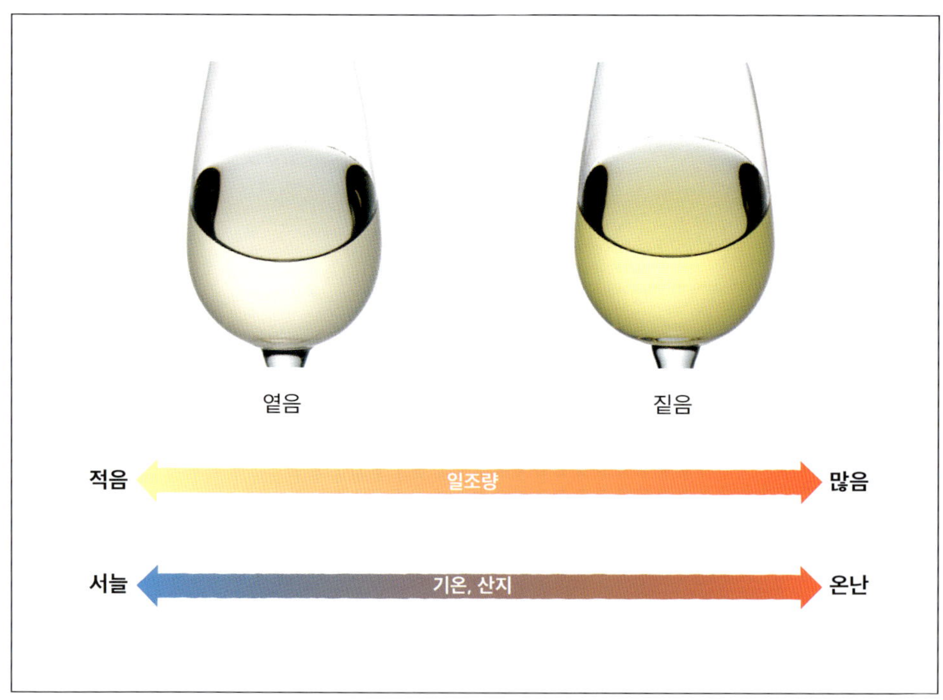

레드 와인

레드 와인은 원래 껍질에서 안토시아닌 등 색소 성분이 다량으로 추출되기 때문에 **색소량과 색상 두 가지 모두 농담에 영향**을 미칩니다. 색소 성분은 포도 껍질의 두께와 일조량의 영향을 받습니다. 또한 포도 품종에 따라 사그란티노, 타냐, 카베르네 소비뇽, 메를로, 시라, 말벡 등은 색소량이 많아서 짙은 색상을 띠고 피노 누아, 가메, 머스캣 베일리 A 등은 색소량이 적어서 밝은 색상으로 보이는 경우가 많습니다. 또한 아르헨티나 멘도사, 중국 윈난성 등 고산 지대에서 재배한 포도는 태양 자외선의 영향을 많이 받기 때문에 색소량이 증가합니다. 하지만 포도의 수확 시기로 색소량을 조절하거나 침출 과정에 의한 추출량의 강약을 조절할 수 있기 때문에 색소량이 많은 품종이라거나 산지가 고산 지역이라고 해서 와인의 색도 꼭 진할 것이라는 고정 관념을 가질 필요는 없습니다. 또한 앞서 색조 편에서 설명한 것처럼 pH에 따라 안토시아닌의 색이 변하기 때문에 와인의 pH가 낮으면 옅은 색으로, 높으면 진한 색으로 변화합니다.

점성

점성은 와인에 **당분과 알코올**(에탄올, 글리세롤 등)이 많으면 강해지고 적으면 약해 집니다. 당도가 높을수록 점성이 강해지는 현상은 검 시럽이나 꿀 등을 떠올리면 쉽게 이해할 수 있을 것입니다. 와인의 점성을 확인하려면 잔의 벽면에서 액체가 흘러내리는 속도를 관찰하면 되는데, 속도가 느리면 점성이 높고 빠르면 점성이 낮습니다. 점성이 높은 와인은 **과실의 숙성도가 높고 당도가 높으며 알코올 도수가 높다**고 볼 수 있습니다. 독일의 단맛이 강한 리슬링의 경우 알코올 도수가 10% 내외로 다소 낮지만 잔당량이 많아서 점성이 높습니다. 프랑스 론 지방의 그르나슈, 미국 캘리포니아의 진판델 등 당도와 알코올이 모두 높은 와인도 점성이 강해보입니다.

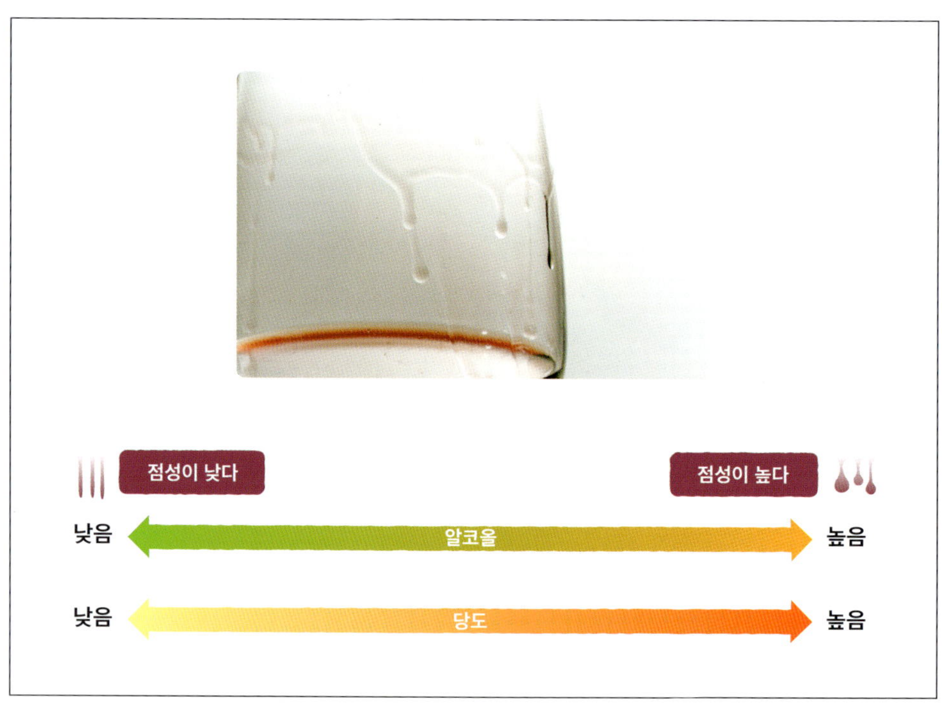

chapter 5

디스크(액체의 표면)

디스크의 두께도 와인의 점성을 가늠하는 데 참고가 됩니다. 디스크는 와인 액체 표면의 두께를 나타냅니다. 이 두께는 알코올(에탄올, 글리세롤 등)과 수분의 표면 장력 차이에 의해서 발생합니다. 알코올 농도가 높은 와인에서는 알코올이 먼저 증발하기 때문에 수분이 많아진 부분의 표면 장력이 두꺼워져서 디스크 부분이 두꺼워집니다. 즉 **디스크의 두께로 알코올 농도를 짐작**할 수 있습니다.

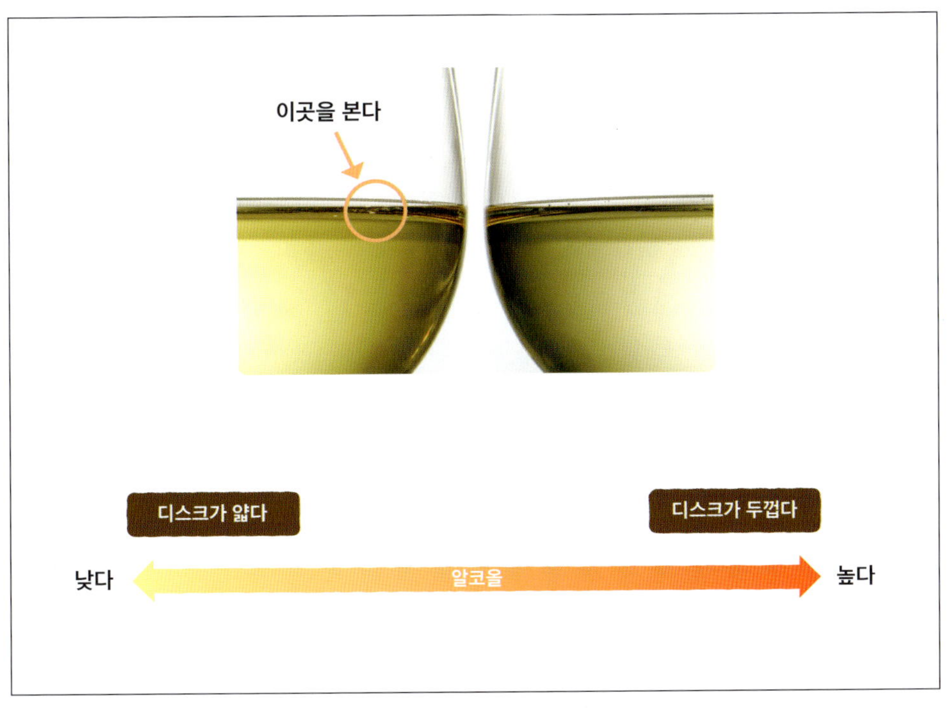

외관의 인상

이 와인이 어린 상태인지 숙성된 상태인지, 더 나아가 산화된 상태인지를 판단할 수 있습니다.

화이트 와인

외관에서의 **와인의 젊음은 광택의 강도와 녹색이 감도는 색조**에서 비롯되며 주로 '어리다', '경쾌하다'고 표현합니다. 점성이 높고 **노란색이 짙을수록 숙성도와 응축도가 높아지며** '숙성도가 높다', '농축감이 있다'라고 표현합니다. **와인의 숙성은 광택에 차분함을 부여**하며 녹색의 색조가 없어지고 노란색에서 황금색, 토파즈 등의 **갈색이 돌기 시작합니다.** 산화가 진행되면서 점점 호박색이 보이기 시작하는데, 이 경우에는 '다소 발전했다', '숙성의 뉘앙스가 보인다', '숙성되었다', '산화가 진행되었다'라고 표현합니다.

레드 와인

화이트 와인과 마찬가지로 레드 와인도 **광택이 뛰어날수록 젊음의 상징**이 됩니다. 레드 와인에는 안토시아닌 등의 색소 성분이 많이 존재하기 때문에 그러한 성분이 적으면 외관이 경쾌하게 느껴집니다. 이 경우에는 와인이 '어리다', '경쾌하다'라고 표현합니다. 반면 색소 성분이 많아 투과성이 없어 **유리잔 너머가 보이지 않으면 와인의 숙성도와 응축도가 높다**고 할 수 있습니다. 이 경우에는 대부분 점성이 높고 벽면을 타고 흐르는 액체의 모습으로, '숙성도가 높다', '농축감이 강하다'라고 표현합니다.

한편 와인은 **숙성이 될수록 광택이 감소**합니다. 또한 산의 양이 감소해 pH가 높아져서 색조가 **붉은색에서 푸른색으로 변화**하고 **마이야르 반응에 의해 갈색으로 변하게** 됩니다. 산화가 진행된 와인이 테이스팅 문제로 출제될 가능성은 적지만, 일단 산화된 와인은 마호가니, 벽돌색 등의 색상을 띠게 됩니다. 와인의 숙성 정도에 따라 다르지만 '어린 상태를 벗어났다', '다소 숙성되었다', '숙성되었다', '산화 숙성의 뉘앙스', '산화가 진행되었다'라는 표현을 씁니다.

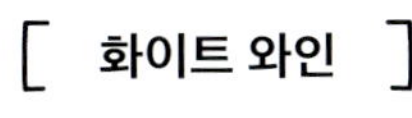
화이트 와인

어림
녹색을 띤다
광택이 있다

숙성
노란색이 강하다
차분한 광택
점성이 높다

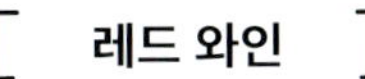
레드 와인

어림
광택이 있다
투명도가 있다
푸른빛이 돈다

숙성
광택이 낮다
투명도가 낮다
점성이 높다
벽돌색

2. 아로마

이 책에서 반복해서 언급하듯 블라인드에서는 아로마가 중요한 정보가 됩니다. 와인의 아로마는 수백 가지의 휘발성 성분이 다양한 농도로 구성되어 있습니다. 와인의 아로마는 매우 복잡하지만 이를 통해 포도의 품종과 생육 조건, 와인 양조, 숙성 등 다양한 정보를 느낄 수 있습니다.

이 책에서는 와인의 대표적인 향기 성분을 다음과 같이 분류합니다. 먼저 **포도에서 유래한 향을 1차 아로마, 양조에서 유래한 향은 2차 아로마, 숙성에서 유래한 향은 3차 아로마,** 그리고 이 **세 가지 향으로 분류할 수 없는 향은 기타 아로마**로 구분합니다. 이러한 방법으로 와인의 아로마를 정리하면 이해하기 쉬워집니다.

아로마는 향기 성분의 종류뿐만 아니라 그 성분의 농도에 따라서 인간에게 서로 다른 향으로 인식됩니다. 앞서 후각 편에서 언급했듯이 특정 향기 성분에 따라 사람들의 인식 능력에도 개인차가 생깁니다. 즉 뚜렷한 기준이 없는 상태이므로 그야말로 몸으로 익히는 수밖에 없습니다. 아로마를 설명하는 단어의 의미를 이해하면 후각 판단력이 더욱 향상되므로 이제부터 아로마 표현 용어의 포인트에 대해서 설명해보겠습니다.

1차 아로마

2차 아로마

3차 아로마

포도에서 유래

양조에서 유래

숙성에서 유래

첫인상

첫인상은 **아로마의 강약**을 나타냅니다. **와인의 향은 포도 껍질에서 나오는 성분에 의해 발생**합니다. 여기에는 향기롭고 강한 향을 지닌 임팩트 화합물이라 불리는 향기 성분이 존재하는데 대부분이 향을 발생시키기 전의 상태, 즉 전구 물질로서 포도의 껍질에 함유되어 있습니다. 전구 물질이 향을 발산하는 상태로 변화하기 위해서는 화학 반응이 필요하기 때문에 와인에 따라서는 기대하는 아로마가 발생되지 않는 경우도 있습니다.

또한 양조 중 향기 성분이 변화, 분해되기 쉬운 과정에서 와인의 아로마가 감소할 수 있습니다. 높은 온도대에서 발효를 하거나 산화가 일어나기 쉬운 환경일 경우, 오크통과 와인이 장기 접촉을 하고 병입 후에 장기 숙성을 하는 등 시간의 경과에 의해서도 아로마가 감소합니다.

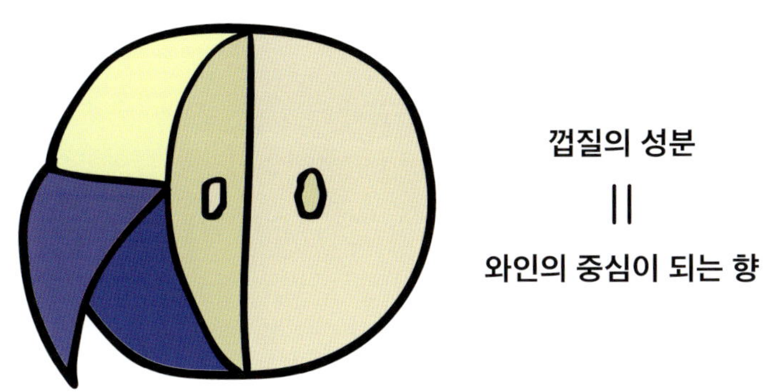

아로마의 변화 요인	
●높은 온도	●오크통과의 장기적인 접촉
●산화	●병입 후 숙성

즉 와인의 아로마란 같은 품종, 같은 산지의 와인이라고 하더라도, 10가지의 향이 나는 와인이 있는가 하면 3가지밖에 맡을 수 없는 와인도 있습니다. 이는 앞서 언급한 대로 와인의 상태에 따라 향이 나거나, 나지 않는 상황이 되는 것이라고 할 수 있습니다.

블라인드를 할 때는 **아로마의 강약까지 포함해 그 이유를 생각해야 합니다.** 아로마가 강하면 와인의 향기 평가가 비교적 쉬워지지만 아로마가 약한 와인은 평가하기가 어렵습니다. 다만 이는 위에서 말씀드린 것처럼 여러 가지 이유 때문이라고 이해하는 것이 좋습니다.

예를 들어서 사과 향이라고 표현할 때도 와인에서 명료하게 사과 향이 발산될 때가 있고 과일 향 중에서 어느 것인지 정확히 감지하기 어려워 다른 선택지가 없는 탓에 사과를 선택하게 되기도 합니다. 즉, 같은 선택이라고 하더라도 그 아로마의 강약이 전혀 다를 수 있는 것입니다. 향을 맡기 어렵다고 해서 답을 골라낼 수 없다고 낙심하지 말고 향을 맡기 어려운 상태의 와인이라고 생각하면서 **본래 나야 할 법한 아로마를 상상하며 선택하는 상황 판단이 필요**하다는 뜻입니다.

와인에서 본래 나야 하는 포도 본연의 향이 느껴지지 않는다면 '닫혀 있다' 또는 '절제된' 상태라고 평가합니다. 반면 와인이 열려 있어서 과일 향이 느껴지는 경우에는 '신선한', 앞서 언급한 어떤 임팩트 화합물에 의한 특유의 향이 있는 와인이라면 '강하고 화려한' 상태라고 평가할 수 있습니다.

오크통 숙성 과정을 거친 와인은 시간이 지날수록 아로마가 응축되고 오크통의 향이 부여되기 때문에 '응축감, 깊이, 복합성'이 가미됩니다. 또한 알코올 도수가 높은 와인의 경우에는 휘발하는 알코올의 향이 발산되어 와인에 '강렬함'을 부여합니다.

화이트 와인의 향

1차 아로마: 포도에서 유래한 향			
과일 향	꽃 향	식물 열매와 잎의 향	껍질에서 발생하는 향
감귤류 풋사과, 사과 서양배, 모과 백도, 살구 파인애플 머스캣 패션프루트 망고 리치	수선화 아카시아 백장미 금목서 보리수 꽃 꿀 꿀 밀랍	민트 아니스 버베나 풀 향 타임 코리앤더	흰 후추 페트롤 (케로센)

2차 아로마: 발효에 의한 향	
에스테르에 의한 향	젖산 발효에 의한 향
바나나, 사과	유제품, 신선한 아몬드

3차 아로마: 숙성에 의한 향		
효모에 의한 향	오크통에 의한 향	숙성에 의한 향
식빵 토스트 진저브레드	연기, 훈제 바닐라 시나몬 정향 향나무	헤이즐넛

기타 아로마		
환원, 예상치 못한 향	와인에서 발생하지 않는 향	결함이 되는 향
석회 부싯돌 조개껍질 광물 바다 향 유황	사향	페놀

1차 아로마

화이트 와인의 향은 포도와 효모에서 나오는 성분에 의해 단순하게 구성되므로 **과일 향이 주를 이룹니다**. 1차 아로마는 4가지로 분류됩니다.

1. 과일 향

① 감귤류, 풋사과, 사과, 서양배, 모과, 백도, 살구, 파인애플, 패션프루트, 망고

이 향기 표현은 포도가 원래부터 발산하는 **과실의 숙성도와 당도**를 나타내는 용어입니다. 아래에서는 와인에 사용된 과실의 상태와 정도를 「덜 익은 과실 향+산」↔「잘 익은 과실 향+당 / 알코올」이라는 벡터로 표현하고 있습니다. 즉 와인에서 청량감이 있고 산도가 높은 향이 난다면 감귤류, 풋사과 등 아래 그림의 왼쪽에 있는 용어를 선택합니다. 반대로 와인에서 잘 익은 과일 향이 난다면 파인애플, 망고와 같은 오른쪽 용어를 선택합니다. 여기서 주의할 점은 실제로 와인에서 망고 향이 나는지 아닌지를 기준으로 판단하려고 하면, 실제로 그런 향이 나는 와인은 거의 없기 때문에 선택이 불가능하다는 것입니다. 따라서 망고의 향을 찾는 것이 아니라 와인에서 느껴지는 과실의 상태를 망고라는 용어로 대체하고 있다는 점을 이해할 필요가 있습니다. 예를 들어 캘리포니아의 샤르도네처럼 숙성도가 높고 당도가 높은 와인이 있다면 실제로 망고 같은 향이 나지 않더라도 그 와인의 과실감을 표현하기 위해 파인애플, 망고라고 표현함으로써 그 와인의 캐릭터를 명확하게 하는 것입니다. 화이트 와인에서는 **사과를 중심으로** 「**덜 익은 과일 향+**

덜 익은 과일 + 산

여기가 중심

산」→「잘 익은 과일 향+당/알코올」을 기준으로 선택하는 것을 추천합니다.

앞서 향기 성분 편에서 언급한 것처럼 와인의 아로마에는 그 와인을 특정하는 화합물이 존재하며, 이를 임팩트 화합물이라고 부릅니다. 이러한 향기 성분이 특징적으로 존재하는 포도 품종에서는 특유의 아로마가 강하게 느껴지기 때문에 테이스팅을 할 때도 바로 그 향을 선택해야 합니다. 패션프루트, 자몽의 향을 강하게 느끼게 하는 향기 성분으로는 티올계 화합물이 있습니다. 티올계 화합물은 소비뇽 블랑에 많이 함유된 향기 성분이지만 게뷔르츠트라미너, 리슬링, 머스캣 품종에도 함유되어 있습니다.

자두, 복숭아, 살구, 망고, 천도복숭아 등의 아로마는 핵과일(스톤 프루트)이라고 부릅니다. 복숭아나 매실처럼 가운데에 딱딱한 씨(경화된 내과피)가 있는 과일이라는 뜻입니다. 이 아로마를 표현하는 향기 성분으로는 노나락톤, 데카락톤이 있습니다. 노나락톤은 복숭아나 살구 등의 과실과 재스민 오일 등에 함유되어 있으며 코코넛 같은 향을 냅니다. 또한 희석해서 농도를 낮추면 과일과 플로럴, 머스크 같은 향으로 느낄 수도 있습니다. 재스민 등의 플로럴 계열이나 오리엔탈 계열의 향료, 코코넛, 버터, 캐러멜, 바닐라 계열의 향료 등으로도 폭넓게 사용되는 성분입니다. 데카락톤은 복숭아의 향을 특징짓는 성분으로서 매우 중요하며 자연 상태에서는 과일과 발효 식품, 소고기 등에 존재합니다. 복숭아와 자두, 살구, 딸기 등의 향을 내는 향료로 주로 쓰이며, 이 성분은 비오니에와 세미용에 많이 함유되어 있습니다.

② 리치, 머스캣

리치, 머스캣 향은 특정한 임팩트 화합물에서 느껴지는 향이므로 ①과는 다른 향으로 정리할 필요가 있습니다. 리치와 머스캣의 향은 모노테르펜 알코올류(이하 테르펜류)에서 발생합니다. 주로 **리날로올, 게라니올이라는 성분에 의해서 특유의 아로마가 생기며**, 두 성분 모두 와인 특유의 향이 아니라 다른 꽃에도 함유된 향기 성분입니다. 실제로 이 성분은 상업적인 꽃의 향료로 쓰이기도 합니다. 즉 와인에서 **리치와 머스캣 향이 난다면 백장미나 라벤더 등의 향으로 표현하는 것이 더 잘 전달될 수 있다는 뜻**입니다.

리날로올은 인동덩굴과 은방울꽃, 라벤더, 베르가모트 등의 꽃 향이 난다고 알려져 있는데 실제로도 로즈우드와 바질, 타임, 라벤더, 네롤리, 베르가모트 등의 식물에 함유되어 있습니다. 포도 품종 중에서는 토론테스와 뮈스카 등의 머스캣 품종, 비오니에에 많이 들어 있습니다.

게라니올은 제라늄에서 발견된 향기 성분으로 장미 에센셜 오일에 많이 함유된 성분입니다. 포도 중에서는 특히 게뷔르츠트라미너에 많이 들어 있습니다. 흔히 게뷔르츠트라미너의 향을 백장미라고 표현하는 경우가 많은데 이는 게라니올에 의한 향입니다.

향기 성분 리날로올, 게라니올
관련이 있을 것으로 추정되는 포도 품종 토론테스, 뮈스카 등
머스캣 품종, 비오니에, 게뷔르츠트라미너 등

2. 꽃 향

화이트 와인에서 꽃 향이 느껴지는 일은 큰 의미가 있습니다. 포도 **품종 특유의 향**일 수도 있고, 해당 와인을 양조한 **생산자가 그러한 향을 살린 와인을 만들고자 의도했다고 볼 수도 있습니다.** 꽃에서 느껴지는 향은 휘발성이 높고 산화나 온도, 시간의 경과에 따라 발생하는 화학 반응에 의해 손상되기 쉽기 때문에 오크통에서 장기 숙성을 하면 향이 약화됩니다. 그래서 와인에 꽃향기가 존재한다는 것은 와인이 어리고 아직 산화가 진행되지 않은 상태라고 유추할 수 있습니다. 이 책에서도 일부 꽃향기 관련 용어를 제시하고 있지만 블라인드에서 **이러한 미묘한 향의 차이를 이해하는 것은 그다지 큰 의미가 없다고 생각합니다.** 꽃향기는 다양한 향기 성분에 의해 복합적으로 구성되며 향기가 획일적이지 않고 꽃이 자라나는 산지와 종류, 상태에 따라서 다양하게 변화하기 때문입니다. 따라서 아카시아냐 백장미냐를 굳이 논할 필요는 없지만 와인에서 꽃향기의 존재를 알아차리는 일을 통해 그 와인의 양조 과정과 상태, 포도 품종의 특징을 느낄 수 있습니다. 꽃 향을 블라인드에서 느낄 수 있는가 없는가는 와인을 이해하는 데 중요한 요소이므로 평소에 다양한 꽃 향을 맡아보는 등 향에 대한 민감도를 높이도록 합시다.

① 인동덩굴, 백장미, 금목서, 보리수

이 4가지 꽃 향의 공통점은 앞서 언급한 리치와 머스캣 향과 리날로올, 게라니올이라는 성분입니다. 리날로올은 꽃밭을 연상시키는 **달콤하고 화려한 향으로** 베르가모트와 라벤더의 에센셜 오일에 많이 들어가 있으며 실제로 다양한 꽃에 함유되어 있습니다. 게라니올은 앞서 언급했듯 제라늄과 백장미 향을 낸다는 특징이 있습니다.

금목서에는 리날로올과 베타-이오논이라는 성분이 함유되어 있습니다. 이 성분은 레드 와인에서도 중요한 향기 성분으로 제비꽃과 라즈베리 향을 냅니다. 리슬링과 비오니에, 게뷔르츠트라미너, 토론테스 등의 포도 품종에도 함유되어 있습니다.

향기 성분 리날롤, 게라니올
관련이 있을 것으로 추정되는 포도 품종 리슬링, 비오니에,
게뷔르츠트라미너, 토론테스 등

② 아카시아, 꽃꿀, 벌꿀, 밀랍

와인의 향에 언급되는 아카시아는 아까시나무를 뜻하며, 하얀 꽃을 피우는 밀원 식물입니다. **아카시아, 그리고 아카시아의 꿀이 꿀벌에 의해 채취되어 벌꿀이 되고, 꿀벌의 집을 구성하는 왁스를 정제한 것이 밀랍**이라고 정리하면 이해하기 쉬울 듯 합니다.

아카시아의 향은 벤질알코올 등 재스민에도 함유된 향과 리날로올 등 테르펜 계열의 하얀 꽃향기가 주를 이룹니다. 이는 리슬링과 코르테제 등의 포도 품종에서 느낄 수 있습니다. 벌꿀은 와인에서 당분에 의한 달콤한 향이 느껴질 때 쓸 수 있는 단어이고, 밀랍은 그 향이 농축된 듯한 상태를 표현하고 싶을 때 선택합니다. 밀랍은 귀부 와인이나 그늘에서 건조시킨 포도로 만든 와인, 주정 강화 와인 등 포도를 농축시킨 양조 공정을 거친 와인을 표현할 때 적합합니다.

향기 성분 벤질알코올, 리날롤 등 테르펜 계열
관련이 있을 것으로 추정되는 포도 품종 리슬링, 코르테제 등

3. 식물의 열매나 잎의 향(식물에서 꽃 이외의 부위)

민트, 아니스, 버베나, 풀 향, 타임, 고수

민트는 테르펜류의 향을 지니고 있으며 **청량감이 느껴지는 멘톨의 향기**입니다. 일반적으로 껌이나 화장품의 향료로 많이 사용됩니다. 아니스는 미나리과의 한해살이풀로 예로부터 향료와 약초로서 활용되어 왔습니다. 이때 씨앗처럼 생긴 열매를 아니스 열매라고 부르며 향신료로 이용합니다. 아니스의 향기 성분은 아니솔이라는 성분으로 향이 풍부한 방향족 화합물 중 하나입니다. **감초와 비슷한 달콤한 향이 특징**이며 압생트, 페르노 등 약초계 리큐어 특유의 향으로도 알려져 있습니다.

버베나는 레몬 버베나라고도 불리며 아르헨티나와 칠레, 페루가 원산지인 허브를 말합니다. 버베나 꽃은 시트랄과 게라니올과 같은 테르펜류에 의한 향이 납니다. 시트랄은 레몬그라스 및 그와 같은 속에 속하는 식물에서 추출한 에센셜 오일의 주성분입니다. **레몬의 향료**로도 사용되는 향기 성분으로 실제로 레몬과 오렌지에도 함유되어 있습니다.

풀과 같은 향은 포도의 어린 상태를 표현하기 위해서 사용되기도 하지만 메톡시피라진류에 의한 향으로 정리하면 좋을 것 같습니다. 메톡시피라진류는 카베르네 소비뇽, 카베르네 프랑, 소비뇽 블랑에 특징적으로 존재하는 향기 성분으로 **푸른 풀, 허브 등의 잎 향**으로 표현되며 실제로 토마토 잎과 피망, 오이 등에 함유되어 있습니다.

타임은 꿀풀과 백리향속 식물의 총칭으로 많은 종류가 존재합니다. 고기나 생선의 조림 요리나 허브 구이, 뫼니에르 등에 널리 이용됩니다. 향기 성분으로는 티몰, 카바크롤이라는 테르펜 계열의 향이 있어서 **풀잎의 청량감**을 느낄 수 있습니다. 이 성분은 오레가노에도 함유되어 있기 때문에 오레가노와 비슷한 향도 느낄 수 있습니다. 또한 메톡시피라진류가 많이 함유된 소비뇽 블랑에도 이 표현을 활용할 수 있습니다. 여담이지만 제가 실제로 이탈리아 남부의 포도 생산지를 방문했을 때 타임과 민트, 로즈메리 등 다양한 서양 허브가 포도밭에 심어져 있어 강한 허브 향을 느꼈습니다. 그리고 매우 흥미롭게도 그 밭의 적포도로 만든 레드 와인에서도 비슷한 허브향을 느낄 수 있었습니다. 이는 포도 껍질에 허브의 향기 성분이 달라붙었거나 수확할 때 이 허브의 잎을 함께 거두어서 잎의 향이 와인에 추출된 것이라 생각할 수 있습니다.

고수는 미나리과에 속하는 허브로 일본에서는 영어에서 유래한 코리앤더, 태국어에서 유래한 팍치, 중국어에서 유래한 샹차이 등으로 불립니다. 와인을 표현할 때 사용하는 코리앤더는 종자를 건조시킨 코리앤더 씨를 가리키는 경우가 많습니다. 코리앤더 씨는 **감귤류와 오렌지, 아니스 또는 레몬과 세이지를 섞은 듯한 향**으로 표현됩니다. 특유의 향을 내는 성분은 모노테르펜 계열의 리날로올입니다.

향기 성분 테르펜류(시트랄, 게라니올, 티몰, 카바크롤), 아니솔, 메톡시피라진류, 모노테르펜류(리날로올)

관련이 있을 것으로 추정되는 포도 품종 소비뇽 블랑 등

4. 껍질에서 발생하는 향(과일, 꽃, 식물의 열매나 잎 이외의 향)

① 흰 후추

흰 후추는 로탄돈이라는 향기 성분에 의한 아로마입니다. 이 로탄돈은 테르펜류로 분류되며 포도의 껍질에 함유되어 있습니다. 이 향기 성분은 후추와 오레가노, 타임 등의 향신료에도 많이 들어 있습니다. 특히 적포도인 시라에 많이 함유되어 있으며, 청포도 중에서는 그뤼너 벨트리너에 많이 들어 있습니다. 로탄돈 같은 향기 성분을 추출하기 위해서는 포도의 껍질과 과즙이 접촉하는 과정을 거쳐야 하는데, 화이트 와인에서는 스킨 콘택트라고 불리는 공정입니다. 따라서 그뤼너 벨트리너에서 흰 후추 향이 느껴진다면 일정 기간 동안 스킨 콘택트가 이루어졌다고 볼 수 있습니다. 스킨 콘택트에 대해서는 6장의 양조 방법 편에서 자세히 설명하겠습니다.

향기 성분 로탄돈
관련이 있을 것으로 추정되는 포도 품종 그뤼너 벨트리너 등

② 페트롤(케로센)

리슬링 특유의 향으로, 페트롤 향을 내는 성분은 트리메틸디히드로나프탈렌(이하 TDN)입니다. 이 향은 페트롤, 즉 **휘발유나 등유 향** 등으로 표현됩니다. 나프탈렌은 방충제 성분으로도 유명하므로 독특한 향을 기억하는 분들이 많을텐데, 나프탈렌에서 몇 가지의 관능기*가 대체된 화합물이 바로 TDN입니다.

TDN은 카로티노이드(노란색, 주황색, 빨간색 등을 나타내는 천연 색소)가 분해되어 생성되는 노르이소프레노이드 계열의 향기 성분입니다. 카로티노이드는 광합성에 의해 증가하는데, 직사광선과 **고온이 있는 환경일수록 자신을 보호하기 위해 활발하게 생성**됩니다. 그리고 과일이 익어감에 따라 감소하여 노르이소프레노이드로 분해됩니다. 즉 TDN은 고온의 기후 조건과 완숙한 포도에서 많이 생성된다고 볼 수 있습니다. 그래서 온난한 고지대 포도밭에서 재배되는 호주 남부의 리슬링에서 페트롤 향을 강하게 느낄 수 있습니다.

또한 케로센은 영어로는 Kerosene이라고 쓰기 때문에 케로신이라고 읽기도 합니다. 석유의 분류 성분 중 하나로 등유 향을 의미합니다.

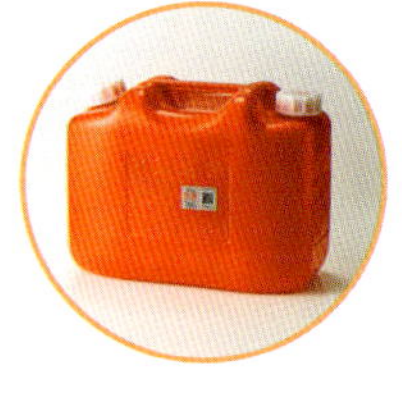

향기 성분 트리메틸디히드로나프탈렌(TDN)
관련이 있을 것으로 추정되는 포도 품종 리슬링 등

●**관능기** 유기 화합물의 성질을 결정하는 원자의 집합체. 동일한 관능기를 가진 유기 화합물끼리는 공통된 성질을 가진다.

2차 아로마

알코올 발효나 젖산 발효(MLF) 등 양조 과정에서 발생하는 향을 2차 아로마라고 합니다.

1. 에스테르에 의한 향

바나나, 사과

알코올 발효에 의해서 와인에서 바나나와 사과 아로마가 발생하기도 합니다. 이 아로마를 에스테르 향이라고 하는데, 효모에 의한 알코올 발효 과정에서 부산물로 생성되는 고급 알코올류나 에스테르류에 의해서 발생합니다. 초산 이소아밀(바나나)이나 카프로산 에틸(사과) 등의 에스테르류는 저농도에서도 프루티하고 화려한 향을 내는 것으로 알려져 있으며 이러한 향기 성분은 사케나 맥주에도 함유되어 있습니다. 에스테르 향은 양조주에 공통적으로 존재하는 성분이지만 사케에서는 '긴죠향吟釀香'이라 부릅니다. 와인에서는 보졸레 누보 등 신선한 술에서 이렇게 화려한 향을 느껴본 적이 있을 것입니다. 다만 에스테르 향의 대부분은 숙성 등 시간의 경과에 따라 휘발, 분해되어서 감소하기 때문에 숙성이 될수록 점점 향으로 느끼기 어려워집니다. 따라서 **알코올 발효로부터 시간이 얼마 경과하지 않았음을 나타내는 지표**로 생각하면 좋습니다. 이 향은 주로 **와인의 어린 정도**를 나타냅니다.

향기 성분 향미 알코올류, 에스테르류(초산 이소아밀, 카프로산 에틸)
관련이 있을 것으로 추정되는 포도 품종 가메 등 신선한 술에 사용되는 품종
(예: 보졸레 누보)

2. 젖산 발효에 의한 향

유제품, 신선한 아몬드

젖산 발효(MLF)는 와인 속의 **사과산을 젖산균을 통해 젖산 등의 성분으로 분해하는 반응**입니다. 이 반응은 산을 완화시키는 효과가 있을뿐만 아니라 젖산균에 의해 디아세틸과 아세토인이라는 향기 성분을 생성시킵니다.

디아세틸은 젖산과 구연산의 대사에 의해서 생성되며 저농도일 경우에는 향에 복합성을 부여하는 것으로 알려져 있는데, 보통 버터나 치즈의 향을 나타내지만 고농도가 되면 노년층의 체취, 땀냄새 같은 결함의 냄새로 변합니다. 마찬가지로 젖산이나 구연산의 대사에 의해 생성되는 아세토인은 디아세틸의 전구 물질로 효모에 의해 디아세틸로 변화합니다. 구조적으로 디아세틸과 매우 유사하며 향은 디아세틸과 마찬가지로 요구르트와 버터 향으로 알려져 있습니다. 이처럼 와인에서 버터나 치즈, 요구르트 같은 향이 느껴진다면 유제품이라는 향기 표현을 사용하는 것이 좋습니다. 또는 젖산 발효에 의해 신선한 아몬드와 같은 향이 발생한다고도 합니다. 시중에 판매되는 아몬드 밀크를 마셔서 향을 확인해보는 것도 좋습니다.

3차 아로마

알코올 발효 후 오크통이나 기타 용기에서 숙성하는 과정 또는 병입 후의 숙성에 의해서 와인에 생겨나는 향을 3차 아로마라고 합니다. 이 책에서는 효모에 의한 향, 오크통에 의한 향, 숙성에 의한 향으로 분류합니다.

1. 효모에 의한 향

식빵, 토스트, 진저브레드

화이트 와인을 효모와 장기간 접촉시키는 양조 공정으로는 쉬르 리 방식이 유명하지만, 쉬르 리라는 이름을 붙이지 않더라도 효모 찌꺼기와의 접촉을 통해서 와인의 맛을 강화시키는 많은 방법이 화이트 와인 양조에서 사용되고 있습니다.

식빵, 즉 팽드미는 프랑스어로 '속이 꽉 찬 빵(Pain de mie)'이라는 뜻으로 빵의 귀(빵 껍질, 크러스트)가 아닌 빵 속(속살, 크럼)의 향을 뜻합니다. 그리고 토스트는 빵을 구웠을 때 느껴지는 향입니다.

진저브레드는 향신료를 이용한 케이크이며, 프랑스에서는 '팡 데피스'라고 부릅니다. 재료로 생강이 반드시 들어가는 것은 아니며 시나몬, 정향(클로브), 넛맥(육두구), 팔각(아니스) 등의 향신료를 넣는 경우가 많습니다.

이러한 향은 **효모에 의해서 밀이 발효될 때 발생하는 향을 표현**합니다. **효모와 와인이 장기적인 접촉을 했을 때의 향 또는 와인에 효모 찌꺼기가 포함되어 있을 때의 효모 본연의 아로마**라고 생각하면 됩니다. 이러한 아로마는 강도에 따라서 표현이 달라지는데, 기본적인 효모의 향은 식빵(팽드미), 고소한 뉘앙스가 있으면 토스트, 향신료 등 복합적인 향이 날 때는 진저브레드라고 표현합니다.

그런데 효모 본연의 향에 대해서 잘 모르는 분이 있을 것 같습니다. 이를 가장 쉽게 느끼는 방법으로는 단백질 등의 향, 칼로리 보충제 등에서 느껴지는 가루 같은 향이 있으며 두유 등 단백질이 많은 음식에서도 쉬르 리와 같은 향이 느껴집니다.

2. 오크통에 의한 향

연기와 훈제, 바닐라, 시나몬, 정향, 향나무

와인의 성분 편에서 설명한 바와 같이 **오크통은 포도 외에 와인에 향과 맛을 선사할 수 있는 몇 안 되는 재료**입니다. 나무 자체에서 추출되는 향뿐만 아니라 나무를 가열해서 발생하는 향 성분도 가미됩니다.

오크통의 향기 성분인 오크락톤은 위스키 락톤이라고 불립니다. 본래 오크통에 함유되어 있으며, 나무를 사용해 숙성시키는 증류주에 독특한 향을 부여합니다. 이때 오크통의 내부를 태우면 이 성분은 더욱 증가합니다. 오크락톤의 향은 코코넛과 바닐라, 오크에서 유래한 나무의 향 등입니다. 그 외의 향기 성분으로는 바닐라 계열의 향을 내는 바닐린, 정향(클로브)이나 향신료 등 한방 계열의 허브 향을 내는 유제놀, 스모키한 리그닌 유래 물질인 구아이아콜류(4-에틸구아이아콜 등), 아몬드, 스모키, 토스티한 향을 내는 푸르푸랄류(하이드록시메틸푸르푸랄 등)가 있습니다.

향나무는 기분 좋은 향기가 나는 목재로 침향과 백단향이 유명합니다. 향나무가 되는 목재는 팥꽃나무과 아퀼라리아속의 백목향 등으로, 이들 나무가 세균에 감염되거나 섭식 생물의 위협에 노출되면 2-(2-페닐에틸) 크로몬류라는 향기 성분을 생성합니다. 와인에서 이러한 향기 성분이 발생할 가능성은 없지만 향기의 인식에는 개인차가 있기 때문에 와인을 향나무의 아로마로 표현하는 것이 틀린 것은 아닙니다.

향기 성분 오크락톤, 바닐린, 유제놀, 구아이아콜류(4- 에틸구아이아콜 등), 푸르푸랄류(하이드록시메틸푸르푸랄 등), 2-(2-페닐에틸) 크로몬류

3. 숙성에 의한 향

헤이즐넛

장기 숙성을 목적으로 양조하는 화이트 와인의 대표적인 예시로는 부르고뉴의 샤르도네로 만드는 화이트 와인이 있습니다. **화이트 와인과 레드 와인 모두 시간이 지나면 소트론, 푸르푸랄이라는 향기 성분이 발생**합니다. 소트론은 메이플 시럽과 비슷한 향이 특징이며 실제로 허브나 향신료에 많이 함유되어 있습니다. 일본에서는 70년대에 묵은 사케 향의 원인 물질로 발견된 후 연구가 진행되어 와인, 특히 귀부 와인이나 장기 숙성한 세리, 포트 와인, 뱅 존(Vin jaune) 등에 존재하는 것으로 알려져 있습니다. 소트론은 함유된 양에 따라서 향의 성질이 달라지는데, 저농도에서는 카레와 한약, 탄냄새가 나고 고농도에서는 당밀처럼 느껴집니다.

푸르푸랄은 호두와 헤이즐넛, 아몬드 같은 향으로 소트론과 비슷한 향을 냅니다. 아미노산과 카르보닐 화합물에 의한 마이야르 반응으로 발생하는데, 공기와 접촉하면 급격하게 노란색으로 변색됩니다. 이 역시 사케와 소주, 와인의 묵은 향을 내는 원인 물질 중 하나로 장기 숙성을 할수록 증가합니다. 그 결과 시간의 경과에 따른 와인의 변화 중 하나로 헤이즐넛과 호두, 아몬드와 같은 향이 느껴지게 됩니다.

향기 성분 소트론, 푸르푸랄

기타 아로마

1차, 2차, 3차 아로마에 속하지 않는 향입니다.

1. 환원, 예상치 못한 향

석회, 부싯돌, 조개껍질, 미네랄, 바다 향, 유황

6장 화이트 와인의 양조 방법 편에서 자세히 설명하겠지만 화이트 와인은 **산소와 접촉하지 않도록 양조하는 일이 많기 때문에 그 결과 환원취라고 불리는 향이 발생**하기도 합니다. 환원취는 메르캅탄계 화합물에 의해서 발생하는 향으로 긍정적인 향에서 불쾌한 향까지 폭넓게 표현됩니다. 예를 들어서 유황과 삶은 달걀, 양파, 삶은 양배추, 단무지, 김, 삶은 아스파라거스처럼 사람에 따라서는 불쾌하게 느낄 수 있는 향기 표현도 있고 샤블리 지방의 샤르도네에 쓰이는 석회나 부싯돌, 조개껍질, 미네랄 등 긍정적인 의미로 표현되는 향도 있습니다.

이러한 향이 발생하는 데는 몇 가지 원인이 있습니다. 첫 번째는 **효모의 영양(질소) 부족**입니다. 효모는 알코올 발효 중에 필요한 질소가 부족하면 황화수소를 생성하고, 이 황화수소로부터 메르캅탄이 생성되어 환원취가 생겨납니다. 두 번째는 숙성 중인 **효모 찌꺼기의 존재**입니다. 효모 찌꺼기는 산소를 흡수해 와인 안의 산소량이 줄어들게 만들어서 환원 상태가 됩니다. 이로 인해 와인에 포함된 황화화합물(황화수소 등)에 의한 메르캅탄이 발생하게 됩니다. 황화수소 등은 냄새의 역치가 낮아서 향을 느끼기 어렵지만 메

르캅탄은 역치가 낮아서 강한 향이 발생합니다. 효모 찌꺼기를 제거하지 않거나 찌꺼기가 남아 있는 상태의 와인에서 강한 유황 향, 해변의 바다 향 등의 환원취가 나는 경우도 있습니다. 이것은 와인에 효모 찌꺼기가 공존하는 것이 하나의 원인이 된다고 할 수 있습니다.

와인에 스크류 캡을 쓰면 천연 코르크에 비해 병입 후의 산소 공급이 제한되기 때문에 환원 상태가 되기 쉽다고 합니다. 다만 최근에는 산소 공급량을 조절할 수 있는 스크류 캡을 활용할 수 있게 되었고 와인 생산자에 따라서도 산소량의 조절이 가능하기 때문에 환원취가 나는 와인은 대체로 줄어들고 있다고 생각합니다.

2. 와인에서 발생하지 않는 향

사향

사향은 향수에서는 매력적인 향 중 하나지만 **와인에서는 발생하지 않는 향기 용어**입니다. 사향은 머스크, 무스크 등으로 불리며 향수의 원료로 사용됩니다. 히말라야 남쪽에서 중국 오지, 북쪽으로는 시베리아의 바이칼 호수 주변에 분포하는 여러 종류의 사향노루(모스쿠스속) 수컷의 배꼽과 생식기 사이에 있는 사향낭(Musk Pods)에 쌓이는 사향샘 분비물로, 예전에는 구하기 어렵기 때문에 매우 귀중한 향기 성분이었으나 19세기에 들어서며 주요 성분인 무스콘(Muscone)이 특정되고, 현재는 화학적 합성도 가능해져서 일반적인 향수에도 사용하게 되었습니다. 와인에서 이러한 향은 나올 수 없다고 설명했지만, 향에는 개인차가 있기 때문에 와인에서 사향의 향을 발견하는 것이 불가능하지는 않습니다.

3. 결점이 되는 향

페놀

화이트 와인의 향기 표현 중 **결함을 표현**하는 것은 페놀입니다. 페놀은 벤젠고리 등에 결합되어 있는 수소 원자가 히드록시기로 대체된 화합물의 총칭입니다. 와인 속에는 안토시아닌과 플라보놀, 타닌 등 (폴리)페놀이 많이 함유되어 있습니다. **이러한 페놀의 숙성은 와인의 맛이나 색조, 품질에 가장 큰 영향을 미치는 요소라고** 할 수 있습니다.

페놀에 의한 향을 프랑스어로 페놀레라고 합니다. 화이트 와인의 페놀 생성 원인은 와인 양조에 사용되는 효모인 사카로미세스 세레비시에(Saccharomyces cerevisiae)이며 이 효모가 가지고 있는 효소에 의해 향이 발생합니다. 주로 고무 냄새와 약품, 플라스틱, 카네이션 꽃, 소독약 냄새, 수채화 물감, 반창고, 선향, 골판지, 먼지, 수지 냄새, 셀룰로이드 냄새 등으로 표현됩니다. 현재는 체계적인 양조 관리와 안전한 효모 사용, 낮은 pH 유지 등의 조치를 통해 이러한 페놀 향이 와인에서 발생하지 않게 하기 때문에 이러한 향기 용어를 테이스팅에서 사용하는 경우는 극히 드뭅니다.

chapter 5

레드 와인의 향

1차 아로마: 포도에서 유래한 향			
과일 향	**꽃 향**	**식물 열매와 잎의 향**	**껍질에서 발생하는 향**
딸기 라즈베리 블루베리 카시스 블랙베리 검은 체리 말린 자두 말린 무화과	장미 제비꽃 모란 제라늄	피망 멘톨 양치류 월계수 삼나무, 침엽수 말린 허브 유칼립투스 토마토 검은 올리브	검은 후추

2차 아로마: 발효에 의한 향	
에스테르에 의한 향	
바나나, 사과, 딸기, 캔디	

3차 아로마: 숙성에 의한 향	
오크통에 의한 향	**숙성에 의한 향**
담배, 정향, 시나몬, 넛맥, 감초, 바닐라, 로스팅, 신선한 육류, 구이, 연기·훈제, 수지, 커피, 초콜릿	홍차, 버섯, 숲 속, 트러플, 흙, 말린 고기, 손질한 가죽, 동물성 뉘앙스, 란시오

기타 아로마
환원, 예상하지 못한 향
아이오딘, 쇠

1차 아로마

레드 와인은 화이트 와인에 비해 다양한 성분으로 구성되어 있기 때문에 향이 복잡하며 시간이 지날수록 아로마가 잘 느껴집니다. 1차 아로마는 4가지로 분류됩니다.

1. 과일 향

① 딸기, 라즈베리, 블루베리, 카시스, 블랙베리, 검은 체리

이러한 향기 표현은 화이트 와인과 마찬가지로 포도에서 원래 나오는 **과일의 상태와 숙성 정도를 나타내는 용어**입니다. 와인에 들어간 과일의 상태는 「**어린 과일의 향＋산**」←「**익은 과일의 향 + 당 / 알코올**」이라는 벡터상에서 표현합니다. 즉 청량감이 있고 산도가 높은 향이라면 딸기와 라즈베리를 선택합니다. 반대로 당도가 높고 잘 익은 과일 향, 혹은 휘발하는 알코올 향이 느껴진다면 검은 체리, 블랙베리 등의 용어를 사용합니다.

주의할 점은 실제로 와인에서 검은 체리의 향이 나는지 아닌지로 판단하는 것이 아니라는 점입니다. 즉 와인에서 느껴지는 과일의 상태를 검은 체리라는 단어로 대체한다는 것을 이해해야 합니다. 예를 들어 캘리포니아의 카베르네 소비뇽처럼 숙성도가 높고 당도나 알코올 도수가 높은 와인이라면 그 와인의 과실감을 표현하기 위해 검은 체리, 블랙베리라고 표현하여 캐릭터를 명확하게 할 수 있습니다.

적포도에도 임팩트 화합물이라는 특정 과일의 향을 강화하는 향기 성분이 존재합니다. 퓨라네올은 딸기 향을 내는 성분으로 실제로 딸기에도 함유되어 있으며 식품용 향

어린 과일 향 + 산 ←

향기 성분 퓨라네올
관련이 있을 것으로 추정되는 포도 품종 머스캣 베일리 A 등

향기 성분 라즈베리 케톤, β-이오논, β-다마세인
관련이 있을 것으로 추정되는 포도 품종
피노 누아, 가메, 바르베라, 츠바이겔트, 카베르네 프랑 등

료나 향수 원료로도 사용됩니다. 딸기잼과 비슷한 달콤한 향이 나는 것이 특징이며 머스 캣 베일리 A 등의 포도에 많이 함유되어 와인에서도 쉽게 느낄 수 있는 향입니다.

라즈베리 케톤은 방향족 화합물의 향기 성분으로, 유럽산 딸기에 들어 있는 성분입니다. 주로 라즈베리의 향기 원료로 사용되며 피노 누아, 가메, 바르베라 등의 포도에 함유되어 있습니다. β-이오논은 노르이소프레노이드 계열의 향기 성분으로 제비꽃과 라즈베리 향을 내는 감귤과 식물의 성분입니다. 연구에 의하면 인구의 25~50% 정도는 이 향을 느끼지 못하는 것으로 보고됩니다. 또한 프랑스 각지의 레드 와인 성분 분석에 따르면 피노 누아에 독특하게 많이 함유되어 있으며 그 양은 인간이 느낄 수 있는 임계치를 크게 초과하는 것으로 나타났습니다. 한편 이 성분은 메를로, 카베르네 소비뇽에도 함유되어 있으므로 피노 누아에만 존재하는 성분은 아닙니다. 피노 누아 이외에는 츠바이겔트나 바르베라에 많이 함유되어 있다고 알려졌습니다.

β-다마세논도 β-이오논과 마찬가지로 노르이소프레노이드 계열의 향기 성분으로 장미, 커피, 카시스, 라즈베리, 멘톨 향이 특징이지만 농도에 따라서는 사과 콤포트, 마르멜루(서양 모과), 열대 과일의 향으로 인식되기도 합니다. 많은 포도 품종에 존재하는 향기 성분으로 저는 가메와 피노 누아, 카베르네 프랑, 츠바이겔트 등에서 β-다마세논과 공통점이 엿보이는 향을 느낄 때가 많다고 생각합니다.

잘 익은 과일 향 + 당 / 알코올

② 말린 자두, 말린 무화과

　말린 자두와 말린 무화과는 과일의 수분량이 감소해서 껍질이 건조해진 상태를 표현합니다. 자두는 플럼, 말린 자두는 푸룬이라고 부르기도 합니다. 이러한 향을 내는 성분은 수분 속에 용해되어 존재하므로 숙성이나 건조 등에 의해 와인의 수분이 사라지면 향 자체가 감소하게 됩니다. 드라이플라워를 떠올리면 쉽게 이해할 수 있는데, 아무리 향기로운 꽃이라도 건조시켜 드라이플라워로 만들면 그 향이 사라지게 됩니다. 와인의 성분은 대부분 수분이지만 애초부터 포도가 건조한 상태였거나 오크통에서 장기간 숙성시키면 와인에서 건조 과일의 인상이 강해집니다. 이는 법적으로 숙성 기간이 정해진 와인, 예를 들어 스페인 리오하의 템프라니요나 이탈리아 바롤로 지역의 네비올로 등에서 발생하기 쉬운 향입니다. **과일 향이 강하지만 동시에 와인에서 시간의 흐름이 느껴지기 때문에 어린 상태가 아닌 와인을 표현**할 때에 사용하면 좋습니다.

관련이 있을 것으로 추정되는 포도 품종 템프라니요, 네비올로, 알리아니코 등

2. 꽃 향

　화이트 와인뿐 아니라 레드 와인에도 꽃향기가 존재한다는 것은 큰 의미가 있습니다. 일반적으로 레드 와인의 양조 과정은 화이트 와인에 비해 완성되기까지 시간이 더 오래 걸리고 양조 과정에서 산화를 거치는 경우가 많아서 꽃처럼 느껴지는 향기 성분이 사라지기 쉽기 때문입니다. 또한 이러한 꽃 향은 특정 포도 품종을 나타내는 매력적인 향인 경우가 많기 때문에 이를 통해 와인을 양조한 생산자의 의도도 느낄 수 있습니다.

장미, 제비꽃, 모란, 제라늄

레드 와인에서는 장미 향이 느껴지는 경우가 비교적 많습니다. 주된 향기 성분으로는 β-다마세논이 있으며 피노 누아 특유의 향을 가져다줍니다. 제비꽃의 향기 성분으로는 β-이오논이 향을 가져오는 역할을 합니다.

모란의 향기 성분으로는 리날로올, 시트로넬롤과 같은 성분에 장미의 향기 성분인 페네틸페오놀이 더해져 모란 특유의 상큼하고 달콤한 향을 냅니다. 제라늄에는 시트로넬롤, 게라니올, 리날로올 등의 향기 성분이 함유되어 있어서 카네이션과 비슷한 달콤하고 청량감 있는 플로럴 향을 느낄 수 있습니다.

이렇게 꽃의 향기 성분을 하나하나 살펴보면 공통적인 성분이 꽤 포함되어 있다는 점을 알 수 있습니다. 화이트 와인 편에서도 설명했지만 이러한 꽃의 향을 구체적으로 명확하게 구분할 필요는 없으며, 꽃향기가 느껴진다면 테이스팅 노트에 장미나 모란, 제라늄, 제비꽃 등 어느 향을 기재해도 무방하다고 생각합니다. 다만 제 경험상 일반적인 꽃 향기인 **장미와 제비꽃을 레드 와인 표현에 사용하는 쪽**이 더욱 알기 쉽게 향을 전달할 수 있습니다. 꽃 향은 와인에서 매우 독특한 향이라 할 수 있으므로 뭔가가 느껴진다면 테이스팅 표현에 꼭 사용하도록 합시다.

향기 성분 β-다마세논, β-이오논, 리날로올, 시트로넬롤, 페네틸페오놀, 게라니올

관련이 있을 것으로 추정되는 포도 품종
피노 누아, 가메, 카베르네 프랑 등

3. 식물 열매와 잎의 향

피망, 멘톨, 양치류, 월계수, 삼나무, 침엽수, 말린 허브, 유칼립투스, 토마토,
블랙 올리브

레드 와인에서는 포도의 열매뿐만 아니라 **줄기, 심지 등으로 불리는 부위에서 푸릇함을 느끼게 하는 성분**이 적지 않게 추출됩니다. 그 중 가장 강한 특징을 보여주는 향 성분으로 메톡시피라진류가 있는데 피망과 멘톨, 양치류, 월계수, 말린 허브 등의 향으로 느껴집니다. 실제로 이 성분은 피망이나 오이 등의 채소에도 함유되어 있습니다. 이 향에 대한 호불호는 문화적인 배경에 따라 다르다고 하는데, 미국에서는 이 향을 선호하지 않는다고 합니다. 이 성분에 의한 향이 **너무 강하면 와인이 풋내가 나는 미성숙한 상태**로 느껴지지만 반대로 **상쾌함과 스파이시함을 연출하는 기분 좋은 향**으로 받아들여지는 경향도 있는 것 같습니다. 그렇다면 메톡시피라진류는 어디에 들어 있는 것일까요? 카베르네 소비뇽을 예로 들어서 설명하면 과경(포도송이의 줄기 부분)에 53%가 존재하고 나머지는 과실에 들어 있는데, 과실에 들어 있는 것 중 70%는 껍질 안쪽, 30%는 씨에 존재합니다. 껍질 안쪽의 메톡시피라진류는 포도가 숙성될수록 감소하기 때문에 수확 후에 이 향을 와인에 얼마나 남겨놓을 것인지는 생산자에 따라서 어느 정도 조절이 가능합니다. 즉 생산자는 제경(除梗, 포도송이에서 열매만 남기고 줄기를 제거하는 것 - 옮긴이) 과정의 유무와 양조 기간의 길이 등에 따라 이러한 향의 발산을 변화시킬 수 있습니다.

유칼립투스 향은 시네올이라는 향기 성분에 의해서 만들어집니다. 유칼립투스속은 호주와 중국, 인도, 브라질 등 전 세계에 분포되어 있으며 남극 대륙을 제외한 모든 대륙에 유칼립투스 나무가 서식하고 있습니다. 세계 곳곳에서 850종 이상의 유칼립투스 나무가 재배되며 다양한 기후에서 번성합니다. 포도밭 옆에 유칼립투스가 자생하는 와인 산지로는 호주와 칠레, 포르투갈 등이 있습니다. 에센셜 오일 성분은 유칼립톨(Eucalyptol)이라고 불리기도 합니다. **신선하고 시원한 향**이 특징이며 멘톨, 장뇌라고도 표현합니다. 시네올 성분은 월계수와 쑥, 바질, 약쑥, 중국 쑥, 로즈메리, 세이지 등의 잎에서도 발견됩니다. 시네올의 향에 대해서는 AWRI(호주 와인 연구소)에서 연구한 적이 있는데, 포도밭 옆에 자생하는 유칼립투스 나무에서 바람 등에 의해 날아온 유칼립투스 나뭇가지, 나무껍질, 잎의 영향으로 포도 열매에 시네올 향기 성분이 달라붙게 됩니다. 이 포도를 사용

해서 레드 와인을 만들면 와인 속에 시네올 성분이 추출되는데, 포도밭과 유칼립투스 나무의 위치가 가까울수록 와인에 함유된 시네올 성분의 양도 많아집니다. 마찬가지로 보르도 포이약 지방에 자생하는 중국 쑥이 와인에 시트랄 성분을 가미했다고 보는 연구도 있습니다.

삼나무나 침엽수 향은 오크통에서 나오는 향으로, **나무의 향**을 의미합니다. 나무에는 α-피넨이라는 향기 성분이 들어 있어 숲의 향이 느껴집니다. 침엽수에는 삼나무와 소나무, 편백나무 등 다양한 나무가 있는데, 편백나무에는 히노키티올이라고 하는 편백나무 목욕탕에서 느낄 수 있는 향기 성분이 함유되어 있습니다. 삼나무 역시 침엽수에 포함되므로 이러한 향만으로 다양한 나무의 종류를 구분할 수는 없습니다. 침엽수는 편백나무의 향을 이미지화한 표현이라고 생각합니다.

토마토의 향기 성분은 헥사나르라고 하는데, **기름이 포함된 풀 향기나 풋내가 나는 콩의 향기** 등으로 표현됩니다. 올리브의 풋내도 비슷한 성분이기 때문에 이 두 가지 표현은 서로 비슷한 의미를 지니고 있는지도 모르겠습니다. 토마토는 특유의 시큼한 향이 있고 올리브는 기름기를 머금은 촉촉한 향, 여기에 약간 풋내가 느껴지는 향입니다. 토마토와 블랙 올리브는 산지오베제 등 이탈리아산 품종에서 많이 느껴지는 편입니다.

4. 껍질에서 발생하는 향

검은 후추

포도에 **후추의 향기 성분**인 로탄돈이라는 성분이 이미 존재한다는 점은 앞서 화이트 와인의 흰 후추 편에서 설명했습니다. 로탄돈은 리날로올 등과 마찬가지로 테르펜류로 분류되어 포도의 껍질 내에 함유되어 있습니다. 이 물질은 실제로 후추와 오레가노, 타임 등의 향신료에도 많이 들어 있으며 적포도 중에서는 시라에 특징적으로 존재합니다.

또한 로탄돈은 향의 역치가 낮아서 미량으로도 느낄 수 있다고 알려져 있지만 향의 민감도에 개인차가 커서 역치의 250배 농도로도 로탄돈을 느끼지 못하는 사람이 약 20%에 달한다고 합니다. 로탄돈은 서늘한 지역에서 서늘한 계절에 재배된 포도에 많이 함유되어 있으며 베레종에서 수확까지의 서늘한 재배 조건에서 증가하고 일조량이 많으면 감소합니다.

향기 성분 로탄돈
관련이 있을 것으로 추정되는 포도 품종 시라 등

2차 아로마

발효에 의한 향으로, 갓 양조한 햇 레드 와인에서 느낄 수 있는 향입니다.

에스테르에 의한 향

바나나, 사과, 딸기, 사탕

레드 와인 중에서 2차 아로마와 유사한 향이 가장 두드러지게 느껴지는 와인은 **보졸레 누보 같은 햇와인**입니다. 보졸레 누보는 마세라시옹 카보닉 공법을 사용하는데, 일반 레드 와인 제조에 사용되는 발효 온도보다 더 낮은 온도에서 발효가 이루어지는 것이 특징입니다. 이로 인해서 화이트 와인에서 흔히 느낄 수 있는, 저온 발효에서 발생하는 에스테르 계열의 향기 성분이 만들어집니다. 바나나와 사과, 딸기, 사탕 같은 향이 발생하는데, 이 향은 시간이 지나면 점점 감소하거나 사라집니다.

향기 성분 에스테르계 화합물
관련이 있을 것으로 추정되는 포도 품종 가메 등 햇 레드 와인에 쓰이는 품종
예시 보졸레 누보

3차 아로마

숙성에서 유래한 향입니다. 크게 오크통에 의한 향과 숙성에 의한 향으로 구분할 수 있습니다.

1. 오크통에 의한 향

담배, 정향, 시나몬, 넛맥, 감초, 바닐라, 로스팅, 신선한 육류, 구이, 연기·훈제, 수지, 커피, 초콜릿

오크통은 포도를 제외하고 와인에 향과 맛을 부여할 수 있는 몇 안 되는 존재라고 할 수 있습니다. 오크통을 통해 목재 자체에서 추출되는 향기 성분뿐만 아니라 목재를 가열함으로써 발생하는 향기 성분도 와인에 가미됩니다.

오크락톤이라는 성분은 위스키 락톤이라고 부르기도 합니다. 오크통의 목재에 함유되어 있으며, 오크통으로 숙성한 증류주에 독특한 향을 부여합니다. 이때 오크통의 내부를 그을리면 더욱 증가하는 것으로 알려져 있습니다. 이를 통해 코코넛과 바닐라, 수지 등 오크에서 유래한 향이 발생합니다. 또 다른 락톤 계열의 향기 성분은 소의 지방에도 존재하기 때문에 마블링이 있는 소고기에서 느낄 수 있는 밀키한 향을 구현합니다. 이러한 향을 와인에서 신선한 육류로 표현할 수 있습니다.

그 외에 오크통에서 나오는 향기 성분으로 바닐린은 바닐라 향, 유제놀은 정향(클로브)과 시나몬, 넛맥, 감초 등 향신료의 향을 냅니다. 리그닌에서 유래한 물질인 구아이아콜류(4-에틸구아이아콜 등)는 담배, 연기·훈제 등 스모키한 향, 그리고 푸르푸랄류(하이드록시메틸푸르푸랄 등)는 아몬드, 로스팅, 초콜릿, 커피, 구이(그릴 / 석쇠) 등 토스티한 향을 냅니다.

오크통에 사용되는 목재의 종류에 따라서도 와인의 향이 달라집니다. 오크통을 만드는 목재로는 프랑스산과 미국산이 가장 많이 사용됩니다. 프랑스산은 페트레아 참나무(Quercus petraea), 로부르 참나무(Quercus robur) 등이 사용되며 대표적인 산지는 프랑스 중부에 펼쳐져 있는 트롱세와 아리에, 리무장, 누벨 등입니다. 미국산으로는 미국흰참나무(Quercus Alba)가 켄터키와 미주리, 캔자스, 오클라호마, 아칸소, 텍사스 주에서 재배되고 있습니다.

　　프랑스산 오크통과 미국산 오크통에서 각각 6개월간 숙성시킨 와인을 비교한 결과 와인 내 오크락톤의 양은 미국산이 프랑스산보다 4배나 더 높은 것으로 나타났습니다. 한편 바닐린은 프랑스산에서 특히 높게 나타났습니다. 이러한 연구 결과를 통해서 미국산 오크통은 코코넛 향이 강하고 프랑스산 오크통은 바닐라 향이 강한 경향이 있다고 볼 수 있습니다.

향기 성분 오크락톤, 바닐린, 유제놀, 구아이아콜류(4-에틸구아이아콜 등), 푸르푸랄류(하이드록시메틸푸르푸랄 등)

2. 숙성에 의한 향

홍차, 버섯, 숲 속, 트러플, 흙, 말린 고기, 손질한 가죽, 동물성 뉘앙스, 란시오

장기 숙성에 따른 와인 향의 변화는 홍차, 말린 고기, 손질한 가죽 등의 표현을 사용합니다. 이는 와인에서 수분이 증발하고 남은 성분에서 느껴지는 향으로, 홍차라는 표현에서 마른 찻잎을 떠올릴 수 있습니다. 저는 카베르네 소비뇽 등 껍질이 두껍고 타닌이 강한 품종보다 피노 누아 등 **껍질이 얇고 타닌이 강하지 않은 품종에서 장기 숙성에 의한 홍차의 향이 느껴지는 경우가 많다**는 인상을 받습니다.

말린 고기라는 표현은 베이컨으로 대표되는 훈제된 고기의 향을 의미합니다. 오크통의 내부를 태운 듯한 향과 앞서 언급한 락톤 등의 육류 향이 합쳐지면서 말린 고기와 비슷한 향으로 느껴지는 것이라고 생각합니다.

손질한 가죽은 동물의 생가죽을 식물의 껍질에서 추출한 성분(타닌)을 이용해 무두질해서 만듭니다. 마찬가지로 **포도의 껍질에서 나오는 타닌 성분과 오크통에서 유래한 성분에 의해 무두질로 손질한 가죽과 같은 향**이 나는 것으로 추측하고 있습니다. 이탈리아나 스페인에서 생산한 장기 숙성을 거친 템프라니요, 네비올로, 알리아니코 등의 레드 와인에서 이러한 향을 두드러지게 느낄 수 있습니다.

란시오는 코냑 등 증류주의 장기 숙성에서 발생하는 향기 표현으로, 와인에서도 소트론, 푸르푸랄이라는 **숙성에 의해 발생한 향기 성분에 쓰이는 아로마 표현**입니다. 소트론은 메이플 시럽과 비슷한 향으로 허브나 향신료에 많이 함유되어 있고, 농도에 따라서 카레와 한약, 탄 냄새, 당밀 등의 향으로 변화합니다. 푸르푸랄은 호두, 헤이즐넛, 아몬드와 비슷한 향을 내며 소트론과 닮은 향을 구현합니다. 푸르푸랄은 아미노산과 카르보닐 화합물에 의한 마이야르 반응에 의해 발생하며 와인이 장기 숙성될수록 생성량이 증가합니다. 그래서 시간이 지날수록 와인에서 헤이즐넛과 아몬드 향이 강해지는 것입니다.

숙성에 의해서 발생하는 또 다른 레드 와인 향으로는 버섯과 트러플 향이 있는데 이들 향은 곰팡이가 생성하는 1-옥텐-3-올, 일명 마츠타케올이라고 불리는 향기 성분에 의해 발생합니다.

숲 속, 즉 수부아(Sous-bois)는 프랑스어로 '나무 그늘의 잡초, 하층 식생'이라는 뜻으로 숲 속 그늘진 곳에 돋아난 풀의 향기를 표현할 때에 쓰입니다. 비슷한 의미로 흙이라

는 표현이 있는데 둘 다 게오스민(Geosmin, 지오스민)이라는 향기 성분에 의해서 발생하는 것으로 보고 있습니다. 게오스민은 토양에 많이 서식하는 스트렙토마이세스속의 방선균, 푸른곰팡이(페니실리움속), 잿빛곰팡이균(보트리티스 시네레아) 등에 의해서 생성되는 향기 성분으로 **비 온 뒤의 흙 향기, 비가 개인 후의 향** 등으로 불립니다. 화학 구조로 보면 테르펜계 화합물 중 하나입니다. 토양 속에 존재하는 게오스민은 비가 내린 후 게오스민을 함유한 에어로졸(대기 중에 떠 있는 미세한 입자)로 인해 공기 중에 부유하게 되고, 인간의 후각이 그 향기 성분을 포착해서 독특한 비온 뒤의 향을 느끼게 됩니다. **박테리아가 만들어내는 향**이지만 **장기 숙성된 보르도 레드 와인**에서도 느낄 수 있는 경우가 많아서 결함취라기보다는 호감이 가는 향으로 평가되는 듯 합니다.

향기 성분 오크락톤, 소트론, 푸르푸랄, 1-옥텐-3-올, 게오스민(제오스민)

기타 아로마

1차, 2차, 3차 아로마에 포함되지 않은 향입니다.

환원, 예상치 못한 향

아이오딘, 철분

아이오딘(Iodine)은 위스키에서 주로 사용되는 향기 표현으로, 해조류에 아이오딘이 많이 함유되어 있어서 해조류 향, 바닷가 향, 바다 향, 바닷물 향 등을 아이오딘 향이라고 부릅니다. 위스키에서는 피트 향, 소독약 향이라고 표현하기도 합니다. 매우 독특하고 희귀한 향으로 해풍 등에 의한 성분이 포도의 껍질에 물리적으로 달라붙어서 나타나는 것으로 보고 있습니다. 와인을 만들 때 사용하는 포도의 껍질을 세척하는 경우는 거의 없기 때문에 포도밭에 존재하는 요소는 와인 속에도 존재할 가능성이 있습니다. 화이트 와인보다 레드 와인이 껍질과 함께 숙성되는 기간이 길기 때문에 이러한 성분의 영향이 더 크게 나타납니다. 바다 바로 옆에 포도 산지가 있거나 해풍을 타고 **해조류에서 유래한 아이오딘 향이 포도에 부착되어 와인에 유입되는**, 즉 **풍토**(테루아)**에서 유래한 향**이라고 생각됩니다.

철분은 매우 민감한 표현입니다. 왜냐하면 와인에 함유된 철분은 지극히 미량이고 향을 내뿜지 않기 때문입니다. 하지만 와인의 철분이 아이오딘과 마찬가지로 **풍토**(테루아)**에 의한 것일 가능성**도 배제할 수 없습니다. 철분을 많이 함유한 화산성 토양으로 유명한 생산지로는 프랑스 부르고뉴의 포마르, 보르도의 포므롤, 오스트리아의 아이젠베르크, 이탈리아 시칠리아의 에트나산, 미국 오리건주의 레드힐 더글라스 카운티, 남아프리카공화국의 엘긴, 호주의 쿠나와라, 뉴질랜드의 마타카나 등 전 세계에 셀 수 없이 많습니다. 실제로 블라인드를 하면 와인 향에서 철분이 느껴지는 경우가 있으므로, 대부분 테루아에서 유래한 향이라고 여겨집니다.

 chapter 5

아로마의 인상

화이트 와인

화이트 와인의 향을 종합적으로 평가합니다. 1차 아로마의 과일, 꽃 향은 와인을 '어리게' 느끼게 하고, 과일의 숙성도가 느껴지면 '숙성도가 높다'고 표현합니다. 1차 아로마가 느껴지지만 특징적인 아로마는 느껴지지 않는다면 '뉴트럴(편향되지 않고 공평하고 중립적인 상태)'이라고 표현합니다. 2차 아로마도 와인의 젊음을 표현하고 있기 때문에 '어리다'라고 표현합니다. 3차 아로마를 동반하는 경우에는 '발전적', '복합성이 증가함', 그리고 오크통에서 유래한 3차 아로마가 있는 경우에는 '오크통의 뉘앙스가 있다'라고 표현합니다. 특히 헤이즐넛, 신선한 아몬드 등의 향이 있는 경우에는 '숙성감이 나타나고 있다', '산화 숙성 단계', '산화되었다'라는 단어를 사용하여 시간이 경과되었음을 표현합니다. 반면 환원이나 예상하지 못한 향이 강하게 느껴지는 경우에는 '혐기성' 상태에 있다고 와인의 인상을 표현합니다.

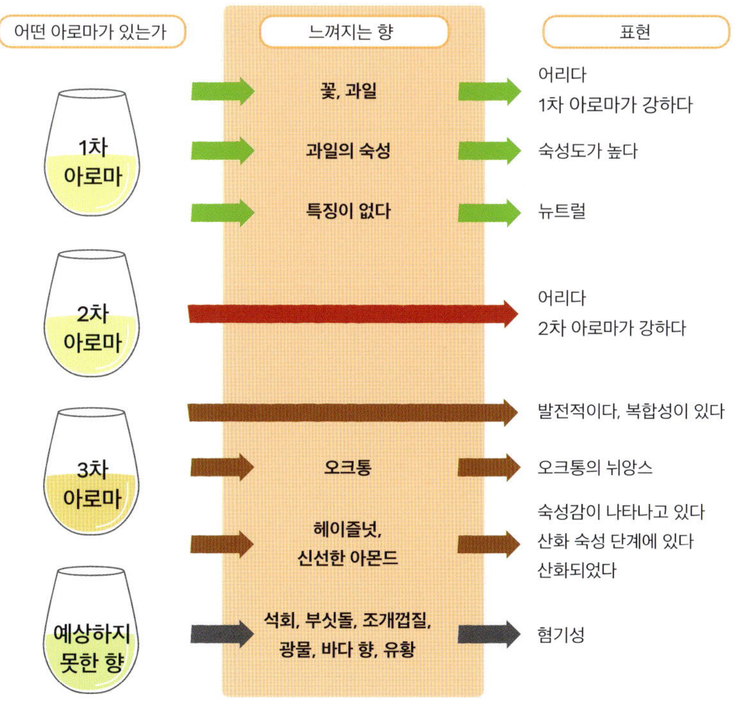

레드 와인

레드 와인의 향을 종합적으로 평가합니다. 레드 와인도 화이트 와인과 마찬가지로 1차 아로마의 과일, 꽃 향은 와인을 '어리게' 느끼게 하며, 1차 아로마가 느껴지지만 특징적인 아로마가 느껴지지 않으면 '뉴트럴(편향되지 않고 공평하고 중립적인 상태)'이라고 표현합니다. 2차 아로마가 나타나는 경우에도 와인의 젊음을 표현하고 있기 때문에 '어리다'라고 표현합니다. 오크통에 의한 3차 아로마를 동반하는 경우에는 '오크통의 뉘앙스가 있다', 3차 아로마 중 오크통의 향, 더 나아가 시간의 경과를 느낄 수 있는 숙성 상태를 표현하는 경우에는 '숙성감이 나타나고 있다', '산화 숙성 단계', '산화했다'라는 단어를 사용하여 표현합니다. 매우 드물지만 환원에 의한 향으로 인해 혐기성 상태로 느껴지는 경우에는 '혐기성'이라는 표현을 사용합니다.

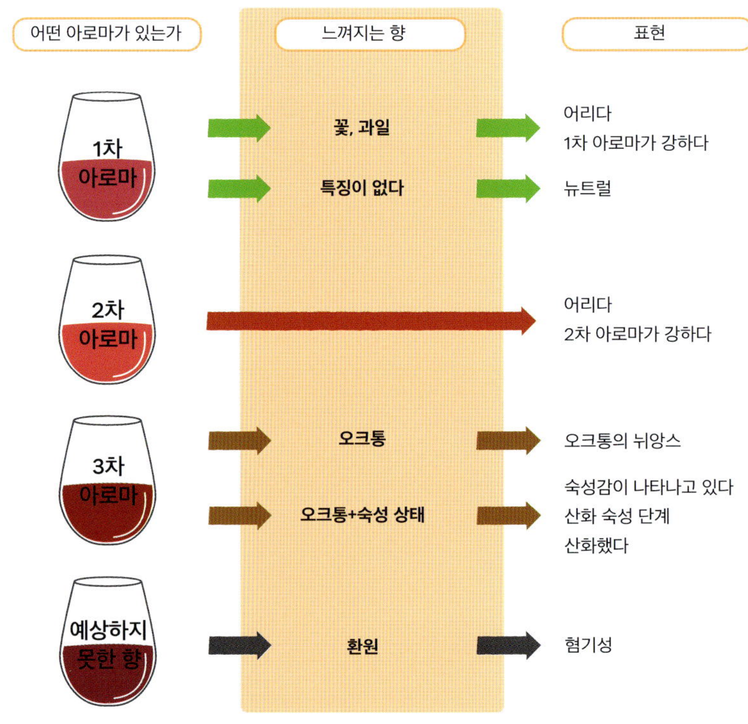

3. 맛

맛이란 **당분, 산, 알코올, 타닌, 응축도 등**을 의미합니다. 맛은 앞서 인간의 감각편에서도 언급했지만 향의 영향을 많이 받기 때문에 의식적으로 향과 맛을 구분해서 인식하도록 노력해야 합니다. 저도 향이 저의 미각에 큰 영향을 끼친다는 것을 깨닫고 나서부터 코를 막고 와인을 마시며 오미(단맛, 짠맛, 신맛, 쓴맛, 감칠맛)를 하나하나 파악하는 연습을 했습니다. 익숙해지면 코를 막지 않고도 오미를 파악할 수 있게 됩니다.

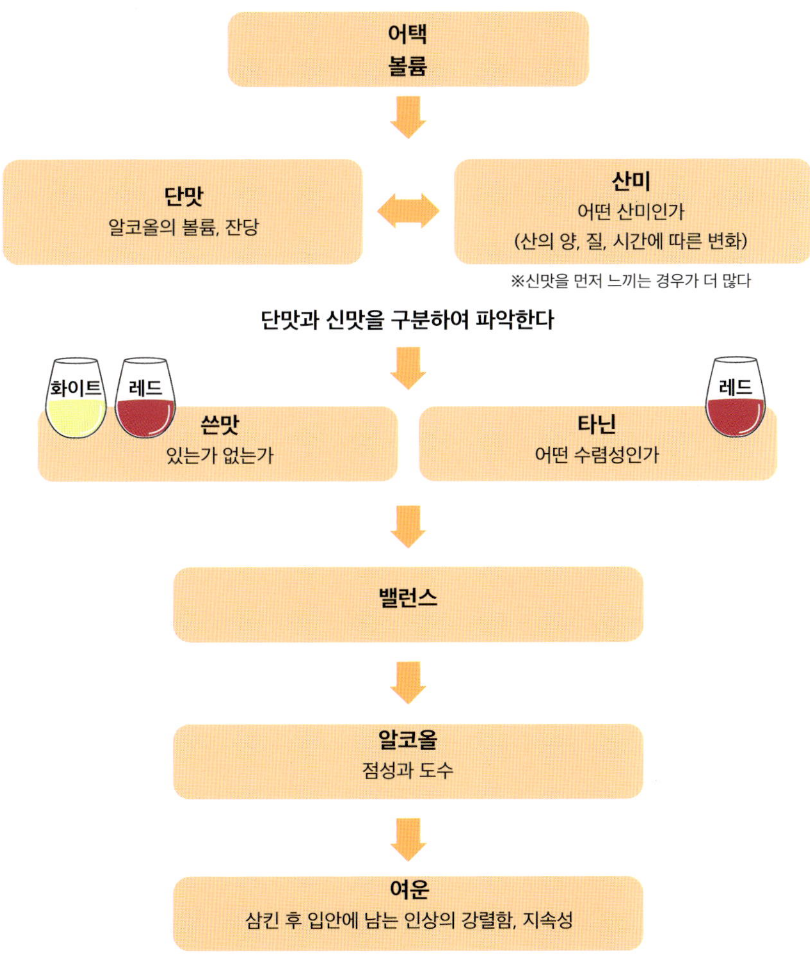

어택

어택은 **맛의 강도, 볼륨**을 평가합니다. 맛에 강한 영향을 미치는 성분은 **화이트 와인이라면 알코올, 산, 당분**입니다. **레드 와인이라면 타닌, 알코올, 쓴맛, 산, 당분**입니다. 이러한 맛의 총량이 강하게 느껴지면 어택이 강하다고 판단할 수 있습니다. 반대로 수분의 비율이 많이 느껴지고 맛이 옅게 느껴지는 와인은 어택이 약하다고 판단합니다. 인상으로만 파악해도 좋지만, 와인 성분의 관점에서 정량적으로 평가하는 것이 객관적인 평가에 더 가깝습니다.

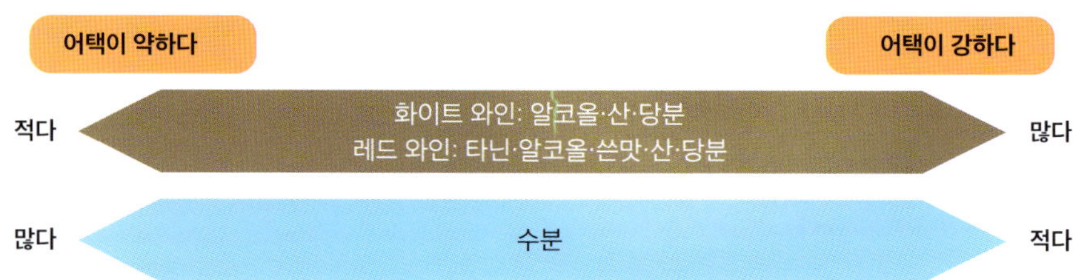

단맛(알코올감의 볼륨감 포함)

포도의 당분이 알코올 발효되며 와인의 알코올이 만들어집니다. 여기서 말하는 알코올은 에탄올뿐 아니라 단맛을 내는 성분인 글리세롤도 포함입니다. 또한 와인에 존재하는 당분(잔당)의 양으로 단맛을 표현합니다. **와인에 산이 존재하는 경우에는 맛의 상호작용으로 인해 단맛이 덜 느껴지므로** 주의해야 합니다. 아래와 같이 표현합니다.

드라이 알코올의 인상이 강하지 않고(12.5% 정도 또는 그 이하) 단맛이 느껴지지 않으며, 산이 맛의 중심을 이룬다

소프트 당분의 인상이 약간 있고 과일같은 맛으로 느껴진다

부드럽다 산과 상쇄될 수 있을 정도의 당분이 있어 맛의 균형이 잘 잡혀 있다

농후하다 부드러운 상태에 추가적으로 알코올에서 느껴지는 풍성한 인상이 있는 경우(13.5% 이상)

잔당이 있다 산과의 밸런스 이상으로 당분에서 유래한 단맛이 뚜렷하게 느껴지는 경우

산미

산도의 평가 용어는 산의 양, 산의 질, 시간 경과에 따른 산의 질적 변화를 표현합니다. 화이트 와인과 레드 와인에 따라 다른 용어를 사용합니다.

화이트 와인

산에 대해서는 와인의 성분편에서도 설명했지만, 와인에는 약 5~9g/L(주석산 환산) 정도의 산이 함유되어 있으며 그 함유량이 높을수록 산미가 강하게 느껴집니다. 와인에 함유된 유기산에는 여러 종류가 있지만 특히 인상이 강한 산은 사과산으로, 날카로운 신맛을 냅니다. 사과산이 많은 와인은 어리고 미성숙한 포도를 사용했을 가능성이 있습니다. 주석산은 와인 내 산의 대부분을 차지하며 마찬가지로 날카로운 산으로 느껴집니다. 이 두 가지 산은 매우 날카로운(새콤한) 산이기 때문에 감귤류와 같은 산미를 떠올리면 좋습니다. 감귤류의 대표격인 레몬에는 구연산이 많이 함유되어 있으므로 와인에서 레몬 같은 매우 강한 산미가 느껴지지는 않지만, 날카로운 산의 맛이 어떤 것인지를 대략적으로 상상할 수 있습니다. **와인에 이러한 산이 있으면 향에서도 감귤류 등 산이 많이 함유된 과일이 느껴집니다.** 사과산이 모든 와인에 존재하는 것은 아니지만, 사과산이 **젖산 발효(MLF)에 의해 젖산으로 바뀌면 산의 느낌이 크게 달라집니다.** 또한 **와인의 숙성에 따라서도 산의 양이 감소**하기 때문에 맛이 부드럽게 변화합니다. **당분이 많이 존재하는 와인에서도 산미가 부드럽게** 느껴집니다.

> **상쾌하다** 사과산 / 주석산의 신선함
> **경쾌하다** 산의 양이 상대적으로 적다
> **직선적이다** 산의 양이 많아 날카롭게 느껴진다
> **단단하다** 산의 양이 많고 진한 인상이다
> **부드럽다** 젖산의 부드러운 산(젖산 발효 가능성)
> **생기가 넘친다** 산의 젊음과 적당한 양
> **크리스피하다** 기분 좋게 느껴지는 적당한 산의 양

레드 와인

레드 와인은 대부분 젖산 발효(MLF)를 하기 때문에 산의 맛은 **주석과 젖산을 중심**으로 구성되며, 사과산의 영향은 적습니다. 따라서 화이트 와인에 비해 레드 와인은 산이 부드럽게 느껴지는 경우가 많습니다. 산의 양 또한 4~7g/L 정도(주석산 환산)로 화이트 와인보다 적은 편입니다. 어린 와인이라면 산미가 날카롭다고 생각할 수 있지만, 숙성에 따라서 산도가 낮아지기 때문에 원산지 표시법 등의 규정에 따라 장기간 숙성이 필요한 와인이라면 전체적으로 산미가 더 부드러워집니다. 같은 품종이라도 숙성 규정이 다른 산지라면 산미가 달라질 수 있습니다(예: 바롤로와 로에로 등).

> **상쾌하다** 사과산 / 주석산의 신선한 산미
>
> **경쾌하다** 산의 양이 상대적으로 적다
>
> **직선적이다** 산의 양이 많고 날카롭게 느껴진다
>
> **단단하다** 산의 양이 많고 두터운 느낌
>
> **부드럽다** 젖산의 부드러운 산미
>
> **생동감이 느껴진다** 산의 젊은 느낌과 적당한 산의 양
>
> **유연하다** 기분 좋게 느껴지는 정도의 산의 양

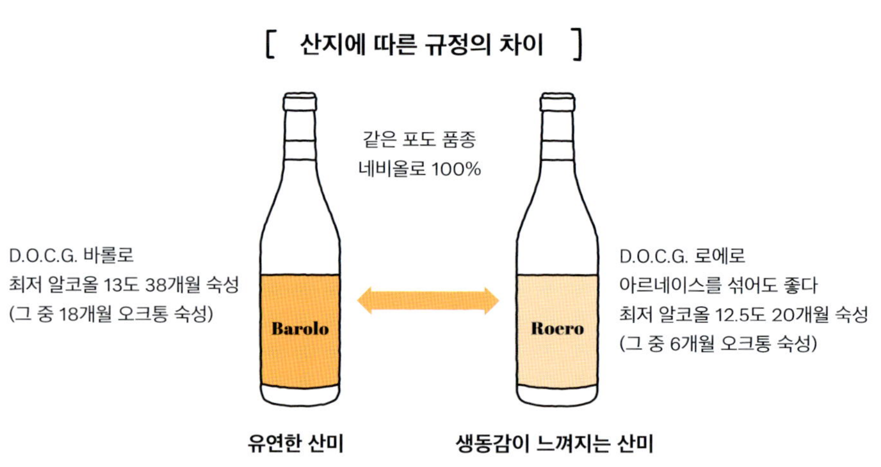

쓴맛 / 타닌

와인의 쓴맛은 폴리페놀에서 비롯됩니다. 폴리페놀은 포도의 껍질에 들어 있지만 포도의 품종, 껍질의 상태, 껍질에서 성분이 추출된 강도, 양조 기간에 따라 쓴맛의 정도가 달라집니다.

쓴맛: 화이트 와인

화이트 와인에서는 일반적으로 쓴맛이 거의 느껴지지 않으며, 그 맛이 미미합니다. 화이트 와인은 프리런(free-run) 주스 또는 그에 가까운 과즙을 사용하여 혐기성으로 알코올 발효를 하고, 오크통을 사용하지 않고 스테인리스 탱크 숙성 또는 병입 숙성을 통해 만들어지는 경우가 많기 때문에 **강한 쓴맛을 유발하는 폴리페놀이 추출될 가능성이 적습니다.** 그러나 스킨 콘택트 등의 공정을 통해 **껍질에서 추출되는 성분의 양이 증가하거나 오크통 숙성을 통해 오크에서 쓴맛 성분이 추출될 경우 와인의 쓴맛이 증가하게 됩니다.** 화이트 와인은 레드 와인에 비해 단순한 맛이기 때문에 쓴맛이 특징적으로 느껴질 수 있습니다. 또한 조지아의 오렌지 와인 등 청포도를 이용해 레드 와인처럼 양조하는 과정을 거치면 포도의 껍질 성분이 와인에 추출되고, 이는 와인에 다량의 폴리페놀이 함유된다는 의미이기 때문에 레드 와인과 비슷하게 쓴맛, 떫은맛을 내는 타닌이 느껴질 수 있습니다.

따라서 보통은 쓴맛이나 타닌을 절제된, 혹은 차분한 상태라고 표현할 수 있지만 소비뇽 블랑, 슈냉 블랑 등 **포도의 품종에 따라서는 더욱 진한(깊은) 쓴맛이 느껴지기도 합니다.** 또한 **쉬르 리나 오크통 숙성을 거치면서 감칠맛, 쓴맛이 더해진 와인은 감칠맛을 동반한다 등으로 표현**할 수 있습니다. 조지아의 오렌지 와인의 경우 강한(돌출된) 쓴맛이 느껴지기도 합니다.

타닌 함량: 레드 와인

레드 와인은 포도를 껍질과 함께 양조하면서 알코올 발효를 합니다. 그 결과 화이트 와인과는 비교할 수 없을 정도로 껍질의 성분이 많이 추출되어 쓴맛과 떫은맛이 생겨납니다. 그렇다면 수렴성이란 무엇일까요? 이는 와인이 마치 구강 내를 조이는 것처럼 느껴지는 현상으로, 오감편에서 **맛이 아닌 촉각**이라고 설명했습니다.

그렇다면 레드 와인은 왜 이런 수렴성을 갖게 되는 것일까요? 이를 설명하기 위해서는 타닌의 발견으로 거슬러 올라갑니다. 고대 이집트 시대, 아직 천이 존재하지 않던 시절의 고대인의 의복은 동물 가죽이었는데 가죽은 부패하고 딱딱해지는 등의 단점이 있었습니다. 이러한 단점을 없애기 위해 사람들은 동물의 기름, 풀이나 나무의 즙에 가죽을 담그거나 연기로 그을리는 등 여러 가지 방법을 모색했습니다. 그 중 가장 효과적이었던 것이 풀이나 나무의 즙을 이용한 타닌 무두질이라고 불리는 방법이었습니다. 현존하는 가장 오래된 가죽 제품인 고대 이집트 시대의 유물이 이를 증명하고 있습니다. 타닌 무두질은 식물에 함유된 타닌과 콜라겐(단백질)을 결합시켜 가죽을 무두질하는 방법으로, 이때 타닌은 식물에 함유된 단백질과 결합하는 성분입니다.

그렇다면 인간이 느끼는 수렴성은 어떻게 발생하는 것일까요? 사람의 구강 내에는 뮤신이라는 단백질에 의해 만들어진 미끈거리는 층이 있어서 입안의 표면을 보호하고 있습니다. 하지만 타닌이 구강 내로 들어오면 타액 속 뮤신을 중심으로 단백질과 복합체를 형성하여 이 미끈거리는 층을 제거해버리기 때문에 구강 내 표면이 매끄럽지 않게 되어 입안이 건조하고 꽉 조여지는 것처럼 느껴지는 것입니다. 쉬운 예로 와인 테이스팅을 하면서 스피툰 등의 용기에 레드 와인을 뱉어낼 때를 떠올려 보세요. 이때 용기 안에 침과 함께 나온 붉은색이나 보라색 덩어리를 본 적이 있으시지요? 이것은 타액 속의 뮤신과 같은 단백질이 타닌과 결합하여 침전된 것입니다. 즉 **수렴성의 강도를 가늠하기 위해서는 잇몸을 포함한 점막 등 입안 전체에서 이 반응을 느껴야 합니다.**

간혹 수렴성을 쓴맛과 혼동하는 경우가 있는데 **쓴맛은 맛, 수렴성은 촉각**이므로 구분해서 파악해야 합니다. 하지만 그래도 헷갈리기 쉬운 감각이라고 생각합니다. 그 이유는 **떫은맛과 쓴맛 모두 폴리페놀류에 기인**하기 때문입니다. 포도의 품종, 껍질의 상태, 껍질에서 추출되는 성분의 강도, 양조 기간 등의 조건에 따라 추출되는 폴리페놀의 양과 종류가 달라서 쓴맛은 있지만 떫은맛이 적은 와인, 쓴맛보다 떫은맛이 더 강하게 느껴지는 와인 등 다양한 맛이 존재합니다. **타닌은 크게 포도의 껍질에서 나오는 타닌, 씨에서 나오는 타닌, 오크통에서 나오는 타닌**으로 구분됩니다. 껍질의 타닌은 와인의 맛에 쓴맛을 가미하지만 구강 내에서 수렴성을 느낄 만큼 강하지는 않고(포도 껍질을 씹었을 때의 쓴맛을 떠올려 보세요), 씨의 타닌은 강한 쓴맛, 수렴성을 부여합니다. 씨에는 단백질과의 결합력이 강한 프로안토시아니딘이라는 성분이 있기 때문에 구강 내에 강한 수렴성을 부여하는 것입니다. 오크통에서 나오는 타닌은 엘라지타닌이라고 불리며 와인의 쓴맛과 수렴성을 강화합니다.

와인의 강한 수렴성을 표현하는 용어로는 '수렴성이 있다', '강력하다'라는 표현을 쓸 수 있습니다. 수렴성이 약하면 '촘촘하다', '벨벳 같다', '실키하다'라고 표현할 수 있고, 거의 느껴지지 않으면 '보드랍다', '녹아들었다'라고 표현할 수 있습니다.

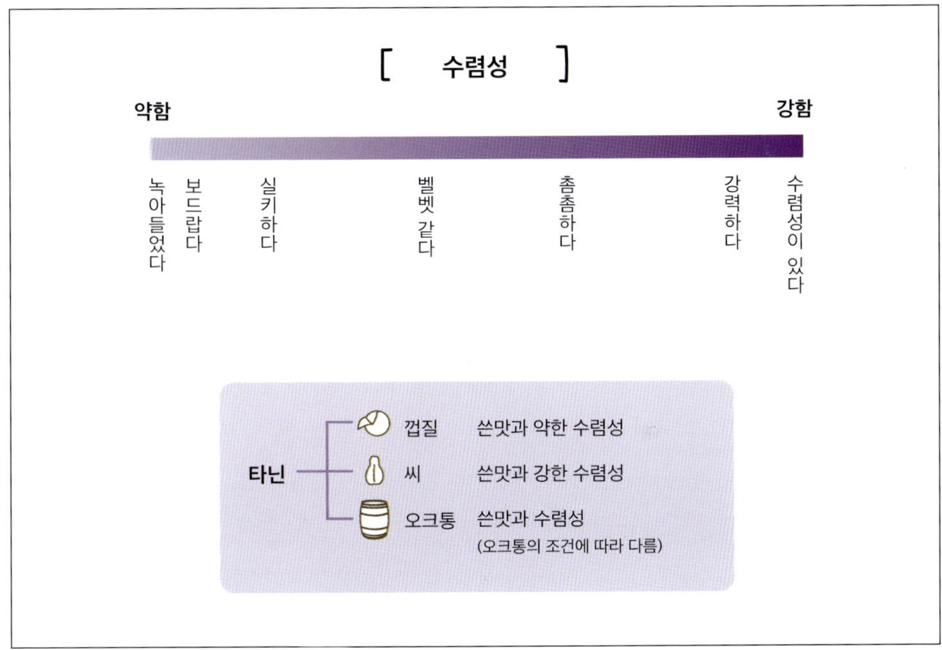

밸런스

와인에는 다양한 맛의 종류가 있으며, 그 조합에 따라 밸런스가 달라집니다. 화이트 와인과 레드 와인은 맛을 구성하는 성분이 다르기 때문에 구분해서 생각해 보겠습니다. 다음 페이지의 차트는 와인을 나타내는 주요 표현과 각 포도 품종이 맛의 밸런스에서 어디쯤 위치하는지를 나타낸 것입니다.

화이트 와인

화이트 와인의 밸런스는 **단맛과 신맛의 양쪽 극단에서 균형을 생각해야** 합니다. 다른 맛의 요소들도 있지만, 이 두가지가 맛의 중심 요소라고 파악하면 됩니다.

산도가 매우 높고 단맛이 적으면 '드라이하다', 적당히 산도가 높고 단맛이 적으면 '산뜻하다'라고 표현합니다. 리슬링, 소비뇽 블랑 등의 품종에서 많이 사용하는 표현입니다. 산도가 높으면서 단맛이 충분히 느껴지는 경우에는 밸런스가 잘 잡혀 있다고 볼 수 있기 때문에 '두텁다'고 표현합니다. 예를 들어 프랑스 부르고뉴 지방의 샤르도네를 표현하는 말입니다. 산도가 그리 높지 않고 과일의 단맛이 느껴지는 경우에는 '풍성하다', '둥글다', '쥬시하다'라고 표현합니다. 보통 비오니에 품종에서 사용하는 표현입니다. 산도가 높지 않고 단맛, 알코올감이 두드러지는 경우에는 '끈끈하다', '진하다'라고 표현합니다. 피노 그리, 게뷔르츠트라미너 등 잔당이 남아 있고 알코올 도수가 높은 품종에 사용합니다. 반면 산미, 단맛이 모두 두드러지지 않는 경우에는 '매끄럽다', '간결하다'고 표현합니다. 고슈, 뮈스카데 품종을 표현할 때 사용합니다.

산미		단맛	알코올	표현과 와인 예시
특히 높다	×	적다		= 드라이(리슬링, 소비뇽 블랑)
높다	×	적다		= 산뜻하다(리슬링, 소비뇽 블랑)
높다	×	충분히 느껴진다		= 두텁다(샤르도네)
중간 정도	×	느껴진다		= 풍부하다, 둥글다, 쥬시하다(비오니에)
낮다	×	두드러진다	× 두드러진다	= 끈끈하다, 진하다(피노 그리, 게뷔르츠트라미너)
중간 정도	×	중간 정도		= 매끄럽다, 간결하다(고슈, 뮈스카데)

레드 와인

레드 와인의 밸런스는 **산미, 단맛에 떫은맛(타닌)을 더해서 세 가지 각도에서** 생각해야 합니다. 이는 레드 와인에는 화이트 와인에는 없는 포도 껍질에서 유래된 성분이 다량 함유되어 있어 맛에 복합성을 부여하기 때문입니다. 떫은맛(타닌)에는 쓴맛도 포함되어 있다고 보는 것이 좋기 때문에 쓴맛 / 떫은맛이라고 정리하겠습니다. 산이 맛의 중심에 있고 단맛이 거의 느껴지지 않으면서 쓴맛 / 떫은맛도 거의 없는 경우에는 '깔끔하다'라고 표현합니다. 일본의 피노 누아나 머스캣 베일리 A등의 표현에 사용합니다. 산이 맛의 중심에 있고 단맛은 거의 느껴지지 않으며 쓴맛 / 떫은맛이 강해질수록 '골격이 단단하다', '단단하다', '드라이하다' 등으로 표현합니다. 독일의 피노 누아, 프랑스의 카베르네 프랑, 일본의 카베르네 소비뇽 등에 사용합니다. 만약 맛의 주체가 알코올을 포함한 단맛이고 쓴맛이나 떫은맛이 강하지 않은 경우에는 '풍성하다', '진하다'를 선택합니다. 미국 캘리포니아의 피노 누아, 진판델, 프랑스 론 지방의 그르나슈 등의 품종을 표현할 때 사용합니다. 맛의 주체가 알코올을 포함한 단맛이면서 쓴맛과 떫은맛이 강하다면 '쥬시하다', '두툼하다', '힘이 있다'로 표현합니다. 미국의 메를로, 카베르네 소비뇽, 이탈리아의 네비올로, 스페인의 템프라니요 품종이 해당합니다. 반면 산미도 단맛도 적고 쓴맛과 떫은맛이 약한 레드 와인은 '묽은 듯하다'는 표현을 사용합니다. 아마도 이 표현은 사용 빈도가 극히 적다고 생각합니다.

※표현 문구는 예시입니다. 이 책에 수록된 포도 품종을 중심으로, 그리고 전형적인 맛을 생각하며 배치하였습니다.

예시

산미		단맛		알코올		표현과 와인 예시
맛의 중심	×	거의 느껴지지 않는다	×	거의 없다	=	깔끔하다(일본 피노 누아, 머스캣 베일리 A)
맛의 중심	×	거의 느껴지지 않는다	×	있다	=	수렴성이 높아진다, 골격이 탄탄하다, 단단하다, 드라이하다. (독일 피노 누아, 프랑스 카베르네 프랑, 일본 카베르네 소비뇽)
낮다	×	맛의 주체	×	강하지 않다	=	풍성하다, 진하다 (미국 캘리포니아의 피노 누아나 진판델, 프랑스 론 지방의 그르나슈)
낮다	×	맛의 주체	×	있다	=	수렴성이 높아진다, 쥬시하다, 두툼하다, 힘이 있다 (미국의 메를로, 카베르네 소비뇽, 이탈리아의 네비올로, 스페인의 템프라니요)
낮다	×	적다	×	약하다	=	맑은 듯하다

알코올

와인에 함유된 알코올의 양을 의미하며, 주 성분은 에탄올입니다. 와인에 어느 정도의 알코올이 들어 있는지는 **맛과 향을 통해 느껴야** 합니다. 외관편에서도 설명했지만 **알코올이 높으면 와인에 끈적끈적한 점성을 부여**합니다. 이는 증류주, 예를 들어 보드카를 떠올리면 쉽게 이해할 수 있습니다. 알코올 도수가 낮은 와인은 수분의 비율이 높기 때문에 상대적으로 묽게 느껴집니다. 반면 알코올 양이 많은 와인은 도수가 높아지며, **알코올의 휘발성이 높기 때문에 향을 통해 이를 느낄 수 있습니다.** 오르소네잘(전비향) 뿐만 아니라 레트로네잘(귀향)로 느낄 수도 있습니다. 와인을 입안에 넣었을 때 입안의 온도에 의해 와인이 따뜻해지면서 알코올이 휘발되어 향으로 느껴지게 됩니다. 알코올 도수가 14% 이상인 와인이라면 오르소네잘, 레트로네잘을 활용해 알코올을 어느 정도 정확하게 느낄 수 있습니다.

화이트 와인의 경우 12.5%를 '중간', 10.5% 이하는 '가볍다', 11.5%는 '약간 가볍다', 13%는 '약간 강하다', 14%는 '강하다', 14.5% 이상은 '열감이 느껴진다'라고 기준을 삼아주세요. 레드 와인의 경우 13%를 중간이라고 할 때 11% 이하는 '가볍다', 12%는 '약간 가볍다', 13.5%는 '약간 강하다', 14%는 '강하다', 14.5% 이상은 '열감이 느껴진다'로 표현하는 것이 좋습니다.

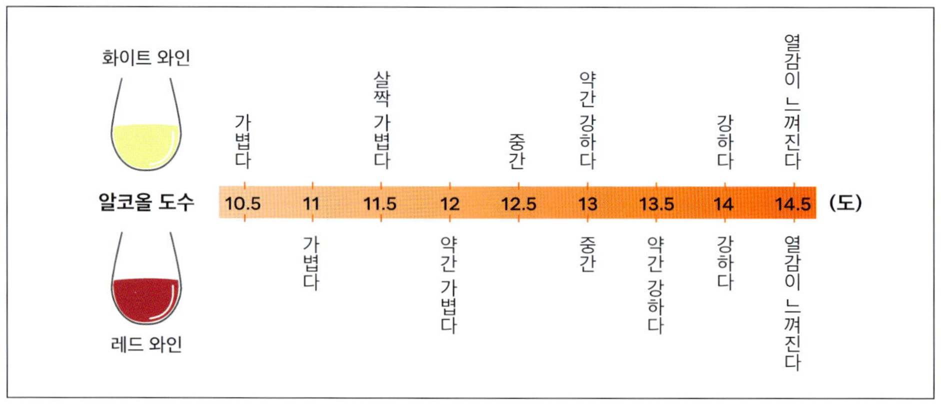

여운

여운은 와인을 삼킨 후 **입안에 남는 인상의 길이**를 표현합니다. 화이트 와인과 레드 와인은 와인 속에 함유된 성분이 서로 다르기 때문에 여운의 길이도 다를 수 있습니다. 화이트 와인의 경우 쉬르 리 과정 등에 의해 풍미가 부여된 와인, 오크통에서 숙성하여 오크통의 성분이 포함된 와인, 오렌지 와인, 레드 와인 등 포도 껍질을 사용한 양조 공정을 거친 와인의 여운이 긴 경향이 있습니다. 반대로 프리런 주스를 사용하며 양조 공정이 짧은 신선한 와인에서는 여운으로 느낄 수 있는 성분이 적기 때문에 여운이 짧게 느껴집니다.

레드 와인도 마찬가지입니다. 레드 와인은 화이트 와인에 비해 함유된 성분이 많고 타닌이 입안에 남아 있으며 알코올 도수도 화이트 와인보다 높기 때문에 여운이 길게 느껴지는 일이 많습니다. 어택 항목에서 '강하다'고 느껴지는 어린 와인보다는 **숙성 과정을 거치며 타닌이 부드럽게 변화한 와인이 입안에서 지속적으로 맛이 느껴지고 여운도 더 길게 느껴집니다.** 어린 와인은 맛의 임팩트가 강하지만 순간적이고, 맛의 정점에서 급강하하는 것처럼 느껴지기 때문에 여운도 짧게 느껴집니다. 반면 와인의 숙성은 타닌을 변화시킵니다. 와인 속 타닌은 약산성 알코올에서 분해가 진행되며 안토시아닌과 결합해 저분자화됩니다. 즉 타닌의 떫은맛은 숙성에 의해 감소합니다. 저분자화된 타닌은 쓴맛이 강하기 때문에 결과적으로 숙성이 될수록 떫은맛은 감소하고 쓴맛은 증가하여 와인의 여운이 길어질 수 있습니다. **'벨벳 같은', '실키한'이라는 표현은 타닌의 질적 변화로 인한 것이라 추측됩니다.**

<h1 style="text-align:center">4. 평가</h1>

와인의 최종 평가를 진행합니다. 밸런스에서 선택한 항목과 기준이 비슷하므로 일관성 있게 평가를 하도록 합시다.

화이트 와인

- 심플함, 신선함을 즐길 수 있다: 맛의 중심은 산미이며, 단맛의 요소가 적고 젊음을 느낄 수 있는 와인이다.
- 숙성도가 높고 풍부하다: 신맛과 단맛의 균형이 잘 잡혀 있으며, 단맛과 알코올감으로 포도의 숙성도가 높다는 것을 와인에서 느낄 수 있다.
- 농축된 강렬함이 느껴진다: 단맛과 알코올에 의한 강한 과실 맛이 있으며, 오크통 숙성과 시간의 경과에 따른 3차 아로마 등 풍부한 향을 느낄 수 있다.
- 우아하고 미네랄 느낌이 있다: 신맛과 단맛의 균형이 잘 잡혀 있으며, 미네랄이라고 표현하고 싶은 어떤 맛(짠맛, 쓴맛 등)이 존재한다.
- 부드럽고 균형 잡힌 맛이다: 산이 주를 이루지만 단맛과 균형이 잘 잡혀 있다.

레드 와인

- 단순하고 신선함을 즐길 수 있다: 단맛의 요소가 적고 맛의 중심은 산미로, 젊음을 느낄 수 있는 와인이다.
- 숙성도가 높고 풍성하다: 신맛과 단맛의 균형이 잘 잡혀 있으며, 껍질에서 유래한 타닌의 숙성도가 높은 것을 수렴성과 쓴맛에서 느낄 수 있다.
- 농축된 강렬함이 느껴진다: 단맛과 알코올에 의한 농축감이 있고, 수렴성(타닌)에 의해 강한 맛으로 느껴진다.
- 우아하고 여운이 길다: 신맛과 단맛의 균형이 잘 잡혀 있고, 수렴성(타닌)이 너무 강하지 않아 숙성 등에 의한 여운이 길게 느껴진다.
- 복합적이고 꽉 짜여 있다: 수렴성이 강하게 느껴지고, 오크통에 의한 숙성, 시간 경과 등에 의해 복잡하게 느껴진다.

5. 적정 온도

온도에 따라 와인에서 느껴지는 아로마의 방출과 맛의 인상이 달라집니다. 따라서 그 와인이 적정한 상태에 놓이는 것을 기준으로 서빙 온도를 생각해야 합니다.

[화이트 와인]

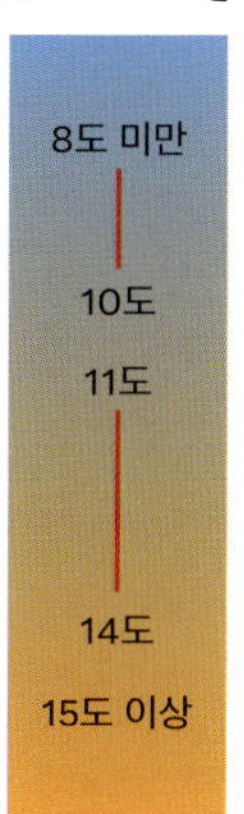

매우 차가운 상태에서는 향이 약해지기 때문에 일반적으로 화이트 와인은 이 온도대에서 제공하지 않습니다. 단맛이 강한 와인의 경우 단맛이 완화되기 때문에 이 온도대가 적합합니다.

화이트 와인의 제공 온도로 적절합니다. 화이트 와인 본연의 1차 아로마와 맛을 느낄 수 있기 때문에 오크통 숙성이나 장기 숙성 등을 거치지 않은 심플한 화이트 와인은 이 온도대가 적당합니다.

오크통 숙성, 장기 숙성 등에 의해 발생하는 3차 아로마는 온도가 높을수록 향이 잘 올라오기 때문에 복잡한 공정을 거친 와인은 이 온도대가 적합합니다.

껍질과 접촉하여 껍질에서 유래한 성분이 추출되는 오렌지 와인이나 뱅 존처럼 산화 숙성 과정을 거친 와인 등 일부 와인은 복합성을 더욱 강조하기 위해 이 온도대를 선택하기도 합니다.

[레드 와인]

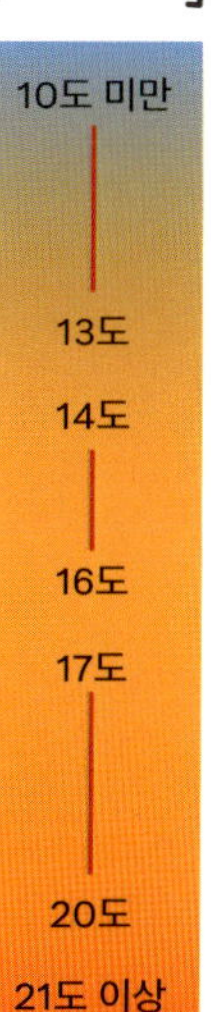

매우 차가운 상태에서는 향이 약해지기 때문에 레드 와인은 이 온도대에서는 제공하지 않습니다.

이 온도대에서 제공되는 레드 와인은 한정되어 있습니다. 향이 복잡하지 않고 화이트 와인처럼 심플한 맛을 지향하는 레드 와인이나 보졸레 누보 같이 젊고 신선한 와인이라면 이 온도대를 선택하기도 합니다.

신선함이 느껴지는 레드 와인의 제공 온도로 적절한 온도입니다. 과일 향, 꽃향기 등 1차 아로마가 두드러집니다. 우아하고 여운이 긴 와인, 예를 들어 피노 누아나 가메와 같은 와인이라면 이 온도대를 선택합니다.

숙성도가 높고, 농축감, 강렬함, 복합성이 느껴지는 레드 와인은 이 온도대를 선택합니다. 오크통 숙성, 장기 숙성 등으로 인해 발생하는 3차 아로마는 온도가 높을수록 향이 더 잘 나타나기 때문에 복잡한 공정을 거친 와인은 이 온도대를 선택하게 됩니다. 예를 들어 네비올로, 템프라니요 같은 경우에는 이 온도대가 적합합니다.

이 온도대가 선택되는 경우는 없습니다.

6. 글라스

와인의 향이 퍼지는 정도나 맛에 따라 적절한 잔을 선택합니다. 글라스의 볼 부분이 작으면 향이 외부로 퍼지지 않아서 아로마를 잡아내기 쉽지만, 향의 종류가 1차 아로마부터 3차 아로마까지 다양하다면 오히려 향기를 인지하기 어렵습니다. 이럴 때는 중간 또는 큰 사이즈의 잔을 사용하면 향이 잘 퍼져나가서 아로마를 파악하기 쉬워집니다.

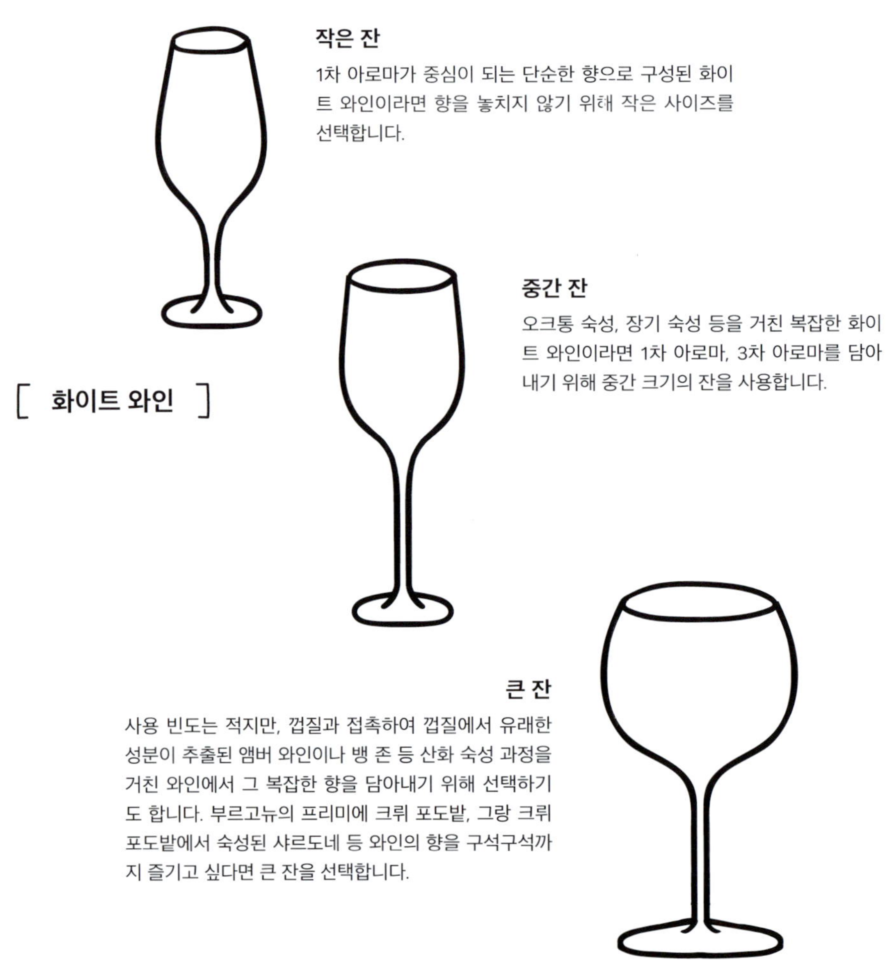

작은 잔
1차 아로마가 중심이 되는 단순한 향으로 구성된 화이트 와인이라면 향을 놓치지 않기 위해 작은 사이즈를 선택합니다.

중간 잔
오크통 숙성, 장기 숙성 등을 거친 복잡한 화이트 와인이라면 1차 아로마, 3차 아로마를 담아내기 위해 중간 크기의 잔을 사용합니다.

[**화이트 와인**]

큰 잔
사용 빈도는 적지만, 껍질과 접촉하여 껍질에서 유래한 성분이 추출된 앰버 와인이나 뱅 존 등 산화 숙성 과정을 거친 와인에서 그 복잡한 향을 담아내기 위해 선택하기도 합니다. 부르고뉴의 프리미에 크뤼 포도밭, 그랑 크뤼 포도밭에서 숙성된 샤르도네 등 와인의 향을 구석구석까지 즐기고 싶다면 큰 잔을 선택합니다.

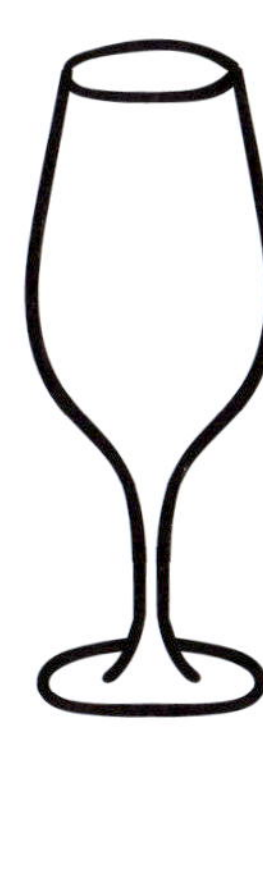

작은 잔

보통 레드 와인에는 사용하지 않습니다.

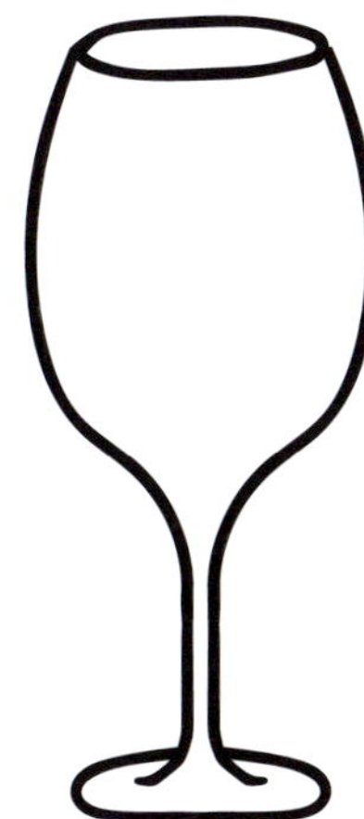

중간 잔

신선함이 느껴지는 레드 와인은 중간 크기의 잔을 선택합니다. 우아하고 여운이 긴 와인, 예를 들어 피노 누아나 가메와 같은 와인이라면 이 잔을 선택합니다.

큰 잔

숙성도가 높고 농축된 느낌, 강렬함, 복합성이 느껴지는 레드 와인은 이 잔을 선택합니다. 오크통 숙성, 장기 숙성 등으로 인해 발생하는 3차 아로마는 복잡하며, 볼이 넓게 퍼져 있는 것이 향을 더 잘 담아낼 수 있기 때문입니다. 피노 누아라면 부르고뉴의 프리미에 크뤼 밭, 그랑 크뤼 밭 등 와인의 향을 구석구석까지 즐기고 싶다면 큰 잔을 선택합니다.

7. 디캔팅(레드 와인만 해당)

디캔팅의 목적은 세 가지입니다. 첫 번째는 와인의 장기 숙성으로 인해 와인 안에 포도 **껍질에서 유래한 성분이 응집되어 침전된 경우 이를 제거하기 위해** 사용합니다. 디캔팅을 하지 않으면 잔에 거친 고형물이 들어가게 되어 맛에 좋지 않은 영향을 미칩니다.

두 번째는 껍질에서 유래한 성분, 주로 **타닌 등 구강 내에 수렴을 일으키는 성분의 양이 많아 마시기 힘들다고 느껴질 때**입니다. 이럴 때는 디캔팅을 통해 액체를 산소와 빠르게 접촉시켜서 타닌을 변화시켜 맛을 부드럽게 느끼도록 할 수 있습니다. 장기 숙성이 기대되는 고급 와인을 너무 어린 나이에 일찍 개봉했을 때 디캔팅이 필요합니다.

세 번째는 **환원 상태에 있는 와인에 산소를 접촉시켜서 본래의 향을 열어주는 것**입니다. 장기 숙성에 의해 와인이 환원 상태가 되면 향이 잘 드러나지 않는 경우가 있습니다. 이럴 때는 디캔팅을 통해 산소와의 접촉 기회를 늘려 와인의 상태를 개선합니다.

이 세 가지 중 하나에 해당할 경우 와인에 디캔팅이 필요하다고 판단할 수 있습니다. 참고로 두 번째, 세 번째처럼 산화를 촉진하는 행위를 프랑스에서는 디캔팅과 구분해서 카라파주라고 부릅니다.

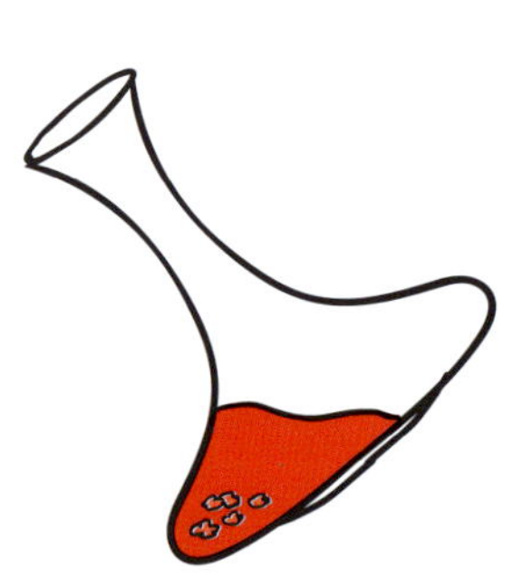

1. 찌꺼기 등을 제거한다.

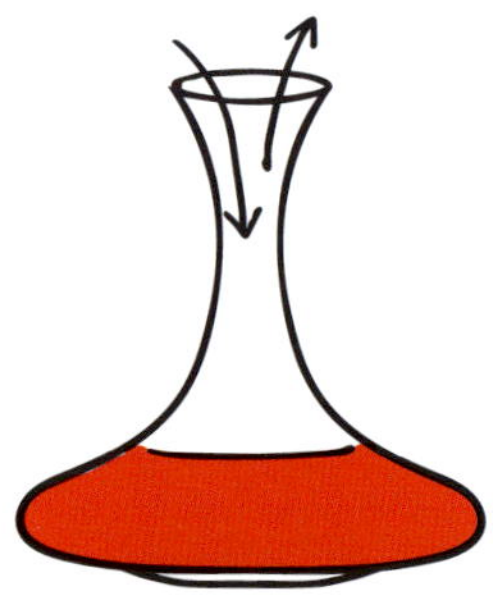

2. 맛을 부드럽게 만든다

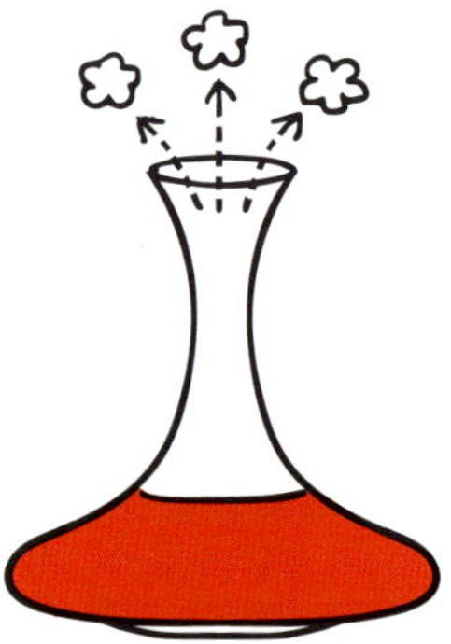

3. 향을 열어준다

지식을 활용하다: 양조 방법

블라인드를 할 때 여러분이 꼭 실천했으면 하는 것은 바로 와인의 양조 방법을 생각하는 것입니다. 일반적으로 블라인드에서는 포도의 품종, 와인의 생산지를 가장 먼저 떠올리는 사람이 많은 것 같습니다. 블라인드는 와인을 통해 포도의 품종, 생산지를 파악하기 위해서 시간을 거꾸로 거슬러 올라가는 과정이라고 할 수 있습니다. 그렇다면 그 와인이 어떤 방식으로 양조되었는지 먼저 생각해야 할 필요가 있습니다. 블라인드로 양조 방법을 추정할 수 있게 되면 포도 품종과 재배 지역도 좁힐 수 있게 됩니다. 정답률을 높이기 위한 큰 힌트를 얻을 수 있는 방법입니다.

와인의 양조 방법

블라인드에서는 와인의 양조 방법에 대한 지식이 정답률 향상에 중요하다고 생각합니다. 왜냐하면 포도의 품종이나 산지에 따라 와인의 양조 방법도 다르기 때문입니다. 특정 품종이나 산지에서 반드시 진행하는 방법이나 절대로 진행하지 않는 양조 방법 등을 알아두면 여러분의 답변에 정확성이 크게 향상됩니다.

여러분이 와인 생산자라고 상상해보세요. 품종의 개성을 어떻게 와인에 담아낼지, 수확한 포도를 어떻게 양조해 와인으로 만드는 것이 좋을지 등 양조는 그야말로 생산자의 솜씨를 보여주는 과정입니다. 구대륙의 생산지에서는 양조 방법이 법으로 세세하게 규정되어 있는 경우가 많은데, 규정이 엄격하면 생산자 개개인의 개성은 줄어들지만 그 지역 와인의 통일성은 높아집니다. 반대로 양조 규정이 느슨하거나 규정 자체가 없는 지역에서는 같은 포도 품종을 사용하더라도 생산자별 개성이 크게 두드러지는 다양한 와인이 만들어집니다. 꽃향기가 나는 샤르도네를 만들고 싶다면 오크통 숙성을 해야 할까요? 풀보디의 견고한 머스캣 베일리 A를 만들고 싶다면 어떤 양조 방법을 사용해야 할까요? 와인 생산자가 추구하는 스타일에 따라 양조 방법도 달라집니다. 이렇게 와인의 맛을 통해 양조 방법을 이해할 수 있게 되면 블라인드의 정답 판단에 큰 도움이 됩니다. 그럼 지금부터 화이트 와인, 레드 와인의 양조 과정을 몇 가지 유형으로 나누어 생각해보겠습니다.

화이트 와인의 양조 방법

화이트 와인 양조는 순수한 포도 과즙을 사용하는 것이 기본 전제입니다. 이 과즙은 산소에 의해 변화되기 쉽기 때문에 양조 중에는 가급적 포도즙이 산소에 닿지 않도록 합니다. 또한 시간의 경과에 따라 상태가 빠르게 변화하기 때문에 기본적으로 오크통 등을 활용해서 와인의 숙성을 일부러 촉진하는 일은 거의 없습니다. 프랑스 부르고뉴 지방의 샤르도네 등이 유명해서 화이트 와인이라면 오크통을 널리 사용한다고 생각하기 쉽지만, 대부분의 화이트 와인은 오크통을 사용하지 않는 혐기성 양조 방식으로 만들어집니다.

그렇다면 포도 품종에 따라 양조 방법은 어떻게 달라질까요? 향이 있는 포도를 산화적 과정, 예를 들어 오크통 숙성을 통해 양조하면 본래의 향이 약해지거나 사라질 수 있습니다. 따라서 매력적인 향을 가진 포도 품종은 그 향을 와인에 생생하게 남길 수 있는 방식으로 양조합니다. 그렇다면 상대적으로 특징이 적은 품종은 어떨까요? 이때는 와인의 맛과 향을 보완하기 위해 오크통을 사용하여 복합성을 부여할 수 있습니다. 효모 찌꺼기와 와인을 장기간 접촉시켜 복합적인 맛을 만들기도 합니다. 이처럼 포도 품종의 개성을 살리는 양조법, 그리고 부족한 부분을 보강하는 양조법이 있습니다.

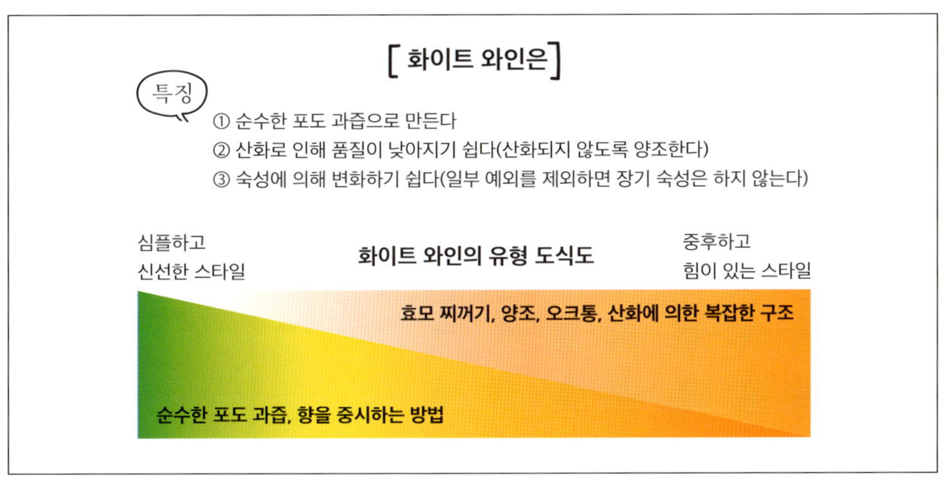

이러한 양조 방법에 따라 화이트 와인의 유형은 크게 아래의 6가지로 나눌 수 있습니다. 1~3은 기본적인 양조 방식이고, 4~6은 지역에 뿌리를 둔 전통적 양조 방식이기 때문에 이를 통해 포도 품종과 산지를 유추할 수 있습니다.

1. 화려함 / 향기 중시 유형   2. 과일 향 / 맛을 중시하는 유형
3. 풍성함 / 오크통 숙성 유형   4. 쉬르 리 / 감칠맛을 중시하는 유형
5. 장기간 양조 / 오렌지 와인 유형   6. 아몬드 느낌 / 산화 유형

주의해야 할 점은 이 유형으로 모든 와인을 완벽하게 분류할 수 있는 것은 아니라는 점입니다. **1**과 **2**가 겹치는 와인도 있습니다. 또한 와인은 병 안에서도 숙성이 진행되기 때문에 세월이 상당히 경과한 와인을 블라인드로 출제하면 출시 시점에 예상했던 유형과 다르게 느껴지는 경우도 있습니다.

아래 그림은 화이트 와인의 양조 방법을 단순하게 도식화한 것입니다. 실제로는 더 복잡한 과정이 진행되지만 블라인드에서는 이 흐름만 이해하면 충분합니다. 그림 1부터 순서대로 양조 방법을 설명하겠습니다.

1. 화려함 / 향기 중시 유형

2. 과일 향 / 맛을 중시하는 유형

3. 풍성함 / 오크통 숙성 유형

4. 쉬르 리 / 감칠맛을 중시하는 유형

5. 장기간 양조 / 오렌지 와인 유형

6. 아몬드 느낌 / 산화 유형

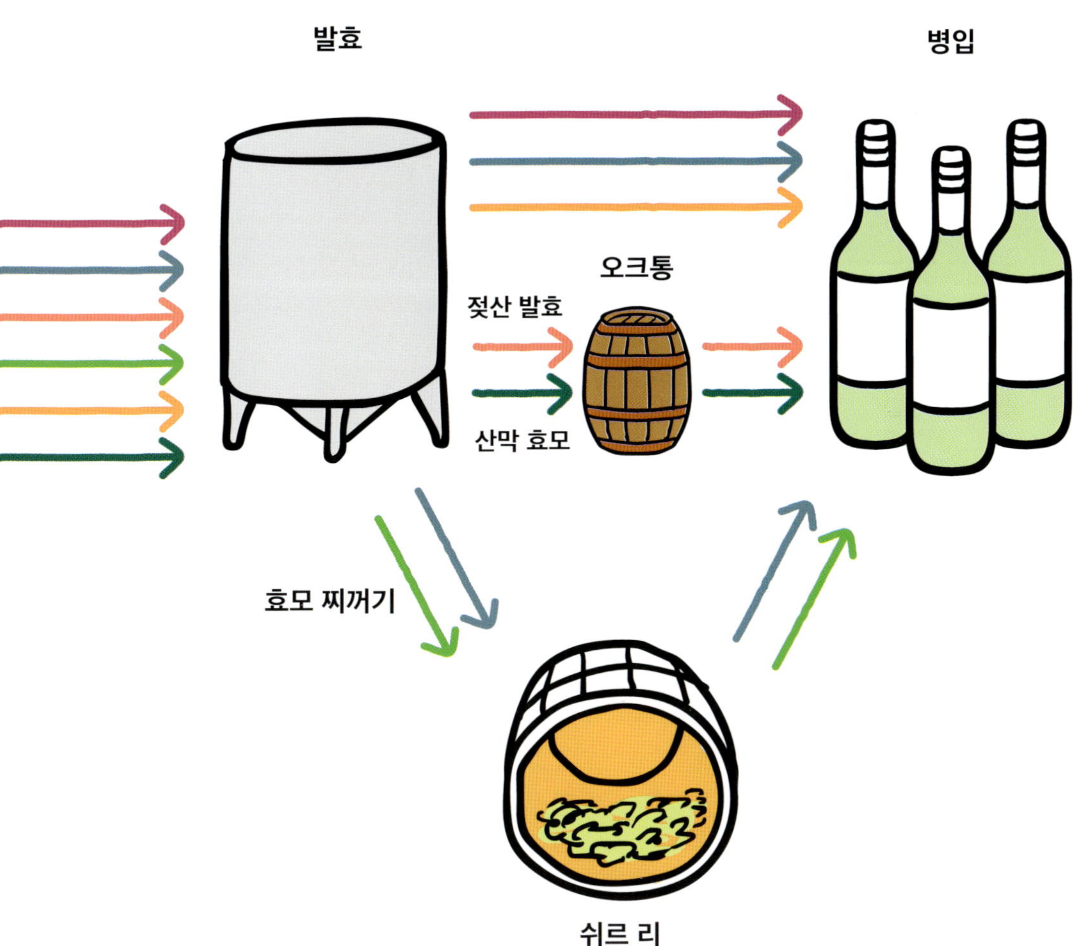

1. 화려함 / 아로마 중시 유형

1의 양조법은 향기 성분이 풍부해서 포도의 향이 잘 유지되는 와인을 만들 때 사용됩니다. 주로 '아로마틱'이라고 불리는 품종에서 많이 사용되는 방법입니다. 최신식 압착기는 질소 충전을 해서 거의 무산소 상태로 포도를 압착하고, 펌프를 통해 발효통으로 포도즙을 옮겨줍니다. 이 방식은 숙성을 하지 않거나 최소한으로만 하기 때문에 양조에 의해 생기는 바나나, 사과 등의 에스테르계 화합물의 2차 아로마가 존재할 가능성이 있어 와인이 더욱 화려하게 느껴질 수 있습니다. 이런 양조 방식을 쓴 와인은 품종 고유의 향을 파악해야 할 필요가 있습니다. 드물지만 와인이 환원 상태일 수 있으므로 환원 냄새로 대표되는 예상치 못한 향이 발생할 수 있습니다.

양조의 특징(뉴질랜드 소비뇽 블랑의 예)
- 향기 성분의 전구체가 최대화되는 시점에 수확, 산소와의 접촉을 피하면서 제경, 파쇄, 압착. 저온(12~18도)에서 알코올 발효
- 알코올 발효 후 산화되지 않도록 신속히 여과, 정화 과정을 거쳐 병입 후 출하

포도 품종 예시
- 소비뇽 블랑 / 리슬링 / 토론테스 / 뮈스카데 등 머스캣 계통 품종

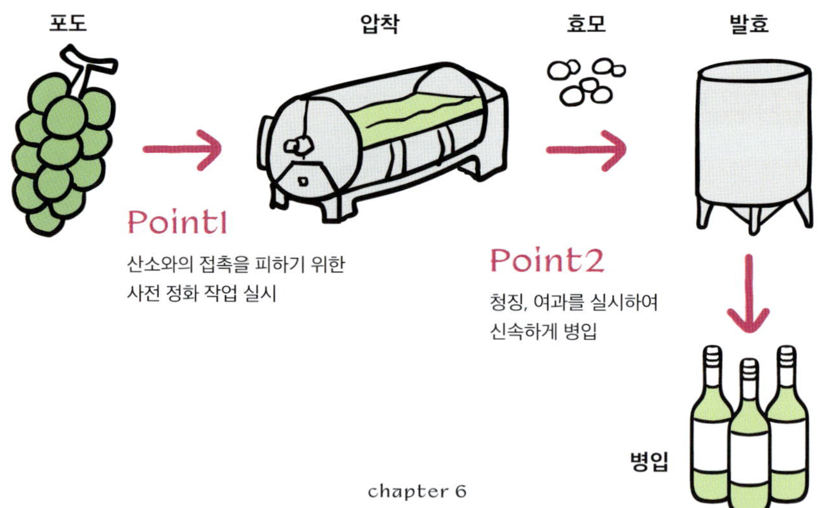

2. 과일 향 / 맛을 중시하는 유형

2번 과정은 스킨 콘택트라는 공정을 도입함으로써 과육과 맞닿아 있는 포도의 껍질 세 포층에 풍부하게 함유되어 있는 아로마의 전구 물질을 추출합니다. 저온 침용이라고도 하며, 수확 후 포도의 껍질과 과즙을 접촉시키는 방식으로 이루어집니다. 추출 시간은 수 시간에서 24시간 등 다양합니다. 이때 과즙의 변질을 막기 위해 8도 이하 등의 저온으로 유지해야 합니다. 알코올 발효가 끝난 후에는 발효통에서 와인을 효모 찌꺼기와 접촉시키게 됩니다. 기간은 1개월에서 6개월 등 다양하며, 이 과정을 거치지 않는 와인도 있습니다.

양조의 특징(스페인 리아스 바이사스 지역 알바리뇨의 예)

- 저온에서 스킨 콘택트(2~24시간)를 실시하고 제경, 파쇄, 압착. 저온(12 ~18도)에서 알코올 발효
- 알코올 발효 후 효모 찌꺼기와 함께 일정 기간 숙성, 청징 과정을 거쳐 병입 후 출하

포도 품종 예시

- 알바리뇨 / 비오니에 / 그뤼너 벨트리너 / 게뷔르츠트라미너 / 베르멘티노 코르테제 / 소비뇽 블랑 / 리슬링

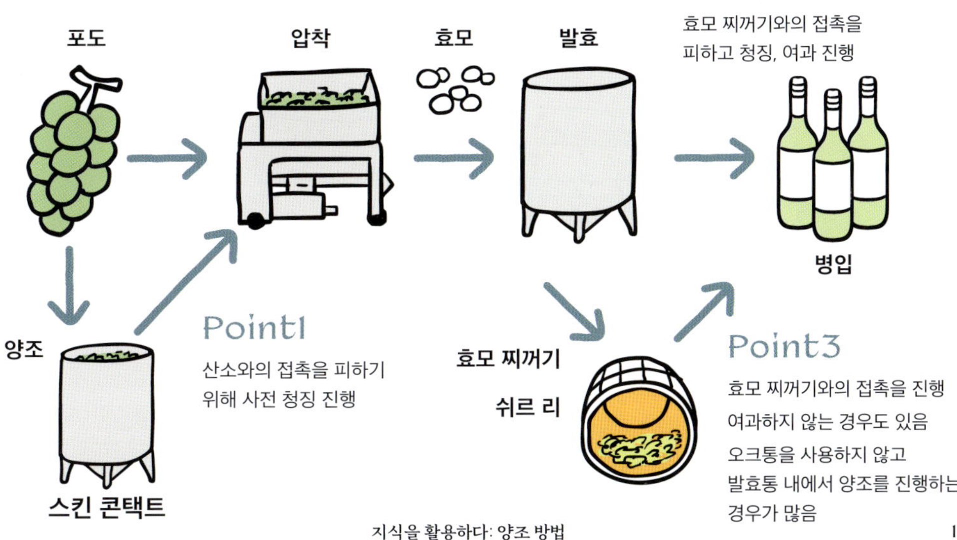

3. 풍성함 / 오크통 숙성 유형

    1, 2번 방법과 달리 호기성 공정을 포함하는 양조 방식입니다. **1, 2**번 방법은 사실 냉각 및 혐기성 제어 과정에서 포도의 과즙을 처리하는 등의 현대식 설비가 필요한 방법입니다. 반면 **3**번 방법은 고전 방식을 기반으로 하기 때문에 전통적인 와인 산지에서 많이 사용되는 방식입니다. 앞서 언급했듯이 향기 성분은 분해되기 쉽기 때문에 오크통 숙성과 같이 산화를 촉진하는 방법을 쓰면 와인의 향이 감소하게 됩니다. 하지만 대신 오크통에서 생겨나는 향과 맛을 얻을 수 있습니다. 일정 기간의 숙성을 거치면서 와인에 시간의 흐름이 가져다주는 3차 아로마가 생성되고, 그 사이 2차 아로마는 사라집니다. 오크통 숙성 중에 젖산 발효(MLF)가 이루어지는 경우가 많기 때문에 와인의 신맛이 부드럽게 변화합니다.

양조의 특징(프랑스 부르고뉴 지방 샤르도네의 예)

- 압착 후 스테인리스 탱크에서 알코올 발효
- 오크통에 옮겨 젖산 발효를 하고 오크통 숙성(6~12개월 정도), 가볍게 필터링하여 병입 후 출하

포도 품종 예시

- 샤르도네 / 소비뇽 블랑 / 세미용(보르도 타입) / 슈냉 블랑 / 비오니에

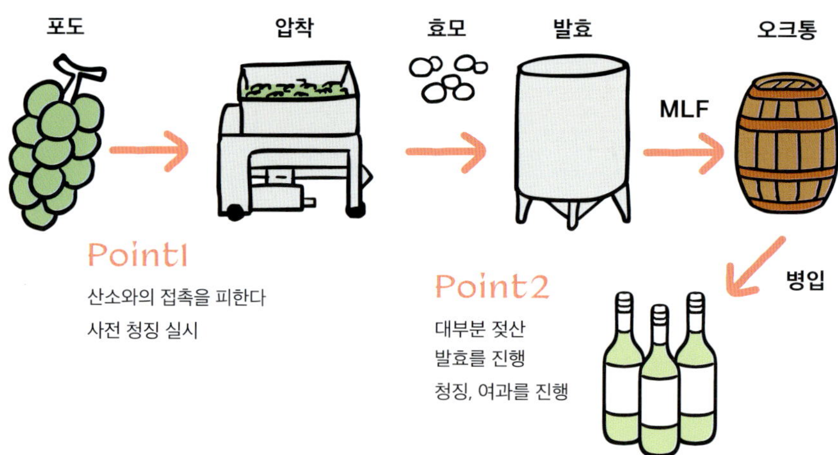

4. 쉬르 리 / 감칠맛을 중시하는 유형

4번 방법은 프랑스 루아르 지방에서 사용되는 쉬르 리 제법입니다. 일본에서는 고슈를 사용한 화이트 와인 양조 시에 진행하고 있습니다. 쉬르 리는 '효모 찌꺼기 위'라는 뜻의 프랑스어로, 알코올 발효가 끝난 후 침전된 효모 찌꺼기(사멸된 효모, 살아 있는 효모)와 함께 와인을 숙성시키는 방법입니다. 이때 단백질(만노프로틴)과 다당류가 효모의 찌꺼기에서 방출되어 와인의 구조와 질감을 향상시킵니다. 또한 아미노산 등 감칠맛 성분이 추출되며 효모에서 유래한 빵, 토스트와 같은 구수한 뉘앙스가 와인에 더해집니다. 루아르의 뮈스카데 지역에서는 수확 이듬해 3월까지 와인에서 효모 찌꺼기를 제거하지 못하도록 법으로 규정되어 있어서 짧게는 3~4개월, 길게는 수 년 동안 이 찌꺼기를 제거하지 않습니다. 이 방법은 와인에 효모 찌꺼기에서 유래한 향(토스트, 식빵 등)을 강하게 부여하지만, 과일 향은 약해집니다.

라벨에 쉬르 리라는 단어가 기재되어 있지 않더라도 비슷한 공법을 사용하는 와인도 있습니다. 샤르도네, 아르네이스 등 논아로마틱 품종 중 뮈스카데와 비슷한 뉘앙스를 내는 와인이 있으므로 양조 방법을 확인해보는 것이 좋습니다.

양조의 특징(프랑스 루아르 지방 뮈스카데의 예)

- 압착 후 온도가 컨트롤되는 스테인리스 탱크에서 6~9주 동안 알코올 발효
- 대형 오크통에 옮겨 효모 찌꺼기와 함께 쉬르 리(최소 6개월)를 거친 후 효모 찌꺼기를 제거하고 병입 후 출하

포도 품종 예시

- 뮈스카데 / 고슈 / 샤르도네 / 아르네이스

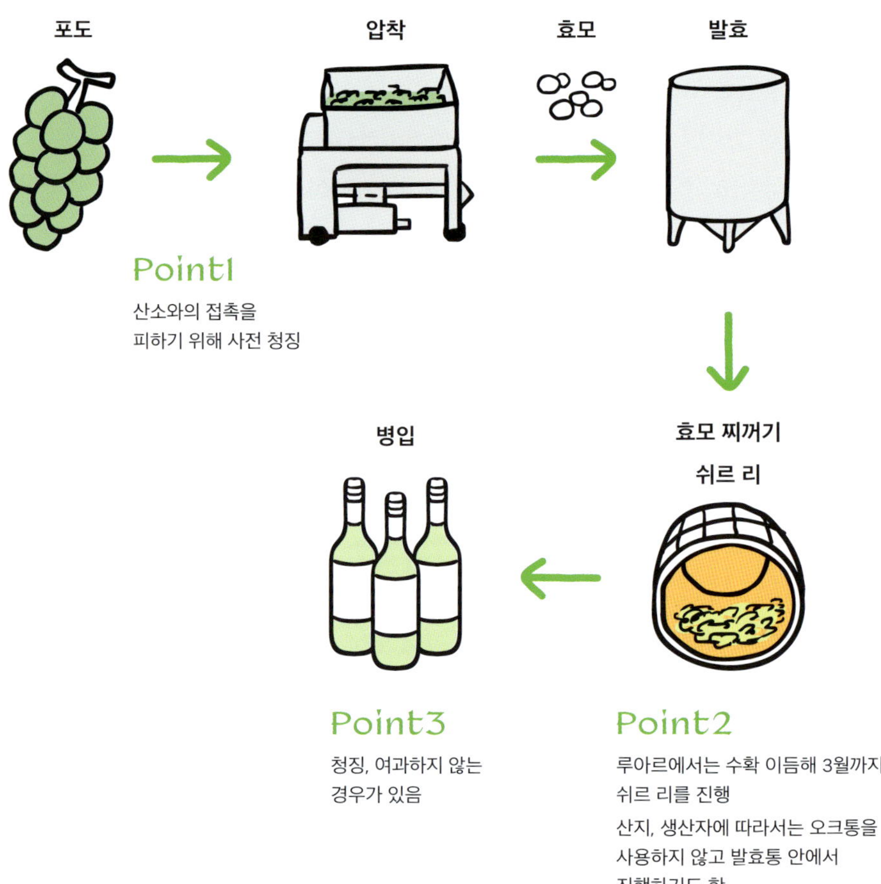

포도
압착
효모
발효
Point1
산소와의 접촉을
피하기 위해 사전 청징
효모 찌꺼기
쉬르 리
병입
Point3
청징, 여과하지 않는
경우가 있음
Point2
루아르에서는 수확 이듬해 3월까지
쉬르 리를 진행
산지, 생산자에 따라서는 오크통을
사용하지 않고 발효통 안에서
진행하기도 함

5. 장기간 양조 / 오렌지 와인 유형

5번 방법은 유럽의 특정 지역에서 전통적으로 행해지는 제법입니다. 일반적으로 청포도를 사용해 장기간의 스킨 콘택트를 진행하며, 양조와 발효를 거치는 경우가 많습니다. 이렇게 양조 기간이 긴 와인을 오렌지(앰버) 와인이라 부르며 조지아, 슬로베니아, 이탈리아의 프리울리 베네치아 줄리아주가 대표적인 산지입니다. 청포도의 양조를 레드 와인과 같은 방식으로 진행하는 것이기 때문에 생산된 와인의 외관이 청포도의 색소 성분에 따라서 오렌지색에서 호박색까지 다양한 색을 띠게 됩니다.

알코올 발효 중에 스킨 콘택트를 하며, 발효 후에도 연장 침용을 거치는데 그 기간은 와인에 따라 1~6개월로 다양합니다. 조지아는 크베브리, 프리울리 베네치아 줄리아에서는 슬라보니아 오크에서 와인을 장기간 숙성하므로 완성된 와인의 3차 아로마는 오크에서 나오는 향이 있는지 없는지 등의 차이가 있습니다.

양조의 특징(조지아 르카치텔리의 예)

- 압착을 하지 않고 크베브리에서 알코올 발효(3 개월)
- 종료 후에도 크베브리에서 6개월간 숙성. 여과하지 않고 그대로 병입하여 출하.

포도 품종 예시

- 르카치텔리, 키시, 므츠바네 등 / 리볼라 지알라, 프리울라노, 피노 그리지오 등

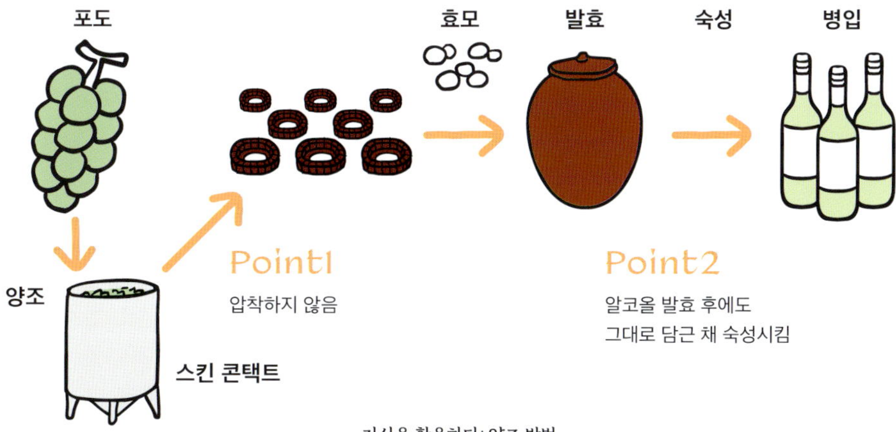

6. 아몬드 느낌 / 산화 유형

    6번 방법도 **5**번과 마찬가지로 독특한 양조 방식입니다. 주로 프랑스 쥐라 지방과 스페인 안달루시아 지방에서 사용됩니다. 이 방법은 와인 발효 후에 야생 효모를 와인 표면에 대량으로 발생시켜서 플로르(산막)가 형성되어 와인에 독특한 향미를 가미합니다. 아세트알데히드(짚 냄새), 소트론, 푸르푸랄과 같은 아몬드나 탄 냄새, 묵은 술이나 간장 등에서 나는 숙성 냄새를 발생시킵니다. 마이야르 반응에 의해 와인의 외관도 토파즈, 앰버와 같은 색조로 변화합니다.

양조의 특징(프랑스 쥐라 지방 사바냥의 예)

- 압착 후 스테인리스 탱크에서 저온으로 알코올 발효(18~21도)
- 젖산 발효(MLF)를 실시하여 큰 오크통이나 중고 오크통에서 2~3년간 숙성. 산막 효모가 발생하는 통과 그렇지 않은 통을 블렌딩하여 병입 후 출하

포도 품종 예시

- 샤르도네 / 사바냥 / 스페인, 포르투갈의 토착 품종

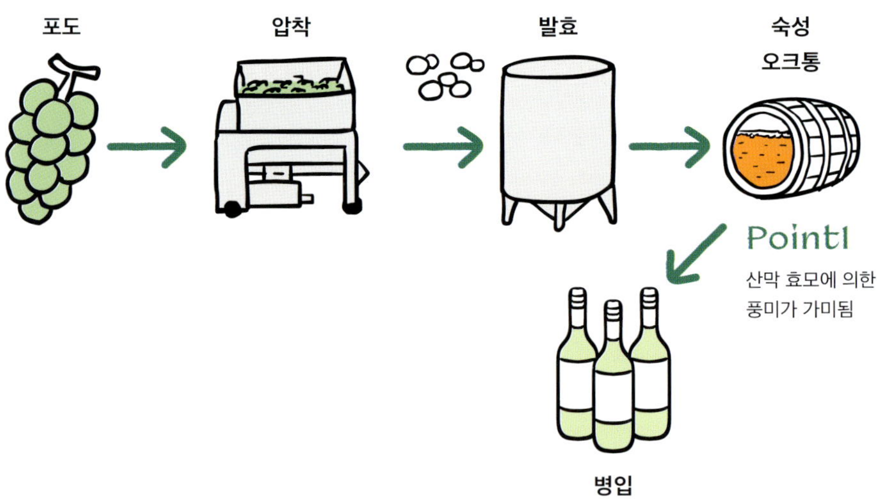

레드 와인의 양조 방법

  레드 와인은 화이트 와인과는 매우 다른 방식으로 양조합니다. 레드 와인은 적포도의 과육 이외의 성분(껍질, 씨의 타닌, 색소)의 추출이 중요합니다. 생산자는 이러한 추출 정도를 높일지 억제할지를 조절할 수 있습니다.

  레드 와인은 화이트 와인과 달리 호기성 환경에서 알코올 발효를 진행합니다. 레드 와인은 산화를 촉진하여 타닌을 부드럽게 하거나 숙성을 통해 맛을 부드럽게 만들 수 있습니다. 레드 와인도 품종 고유의 향을 살리려면 산화와 숙성을 피하는 양조법이 필요합니다. 강한 타닌은 장기간의 양조와 오크통 숙성 과정을 통해 강화됩니다.

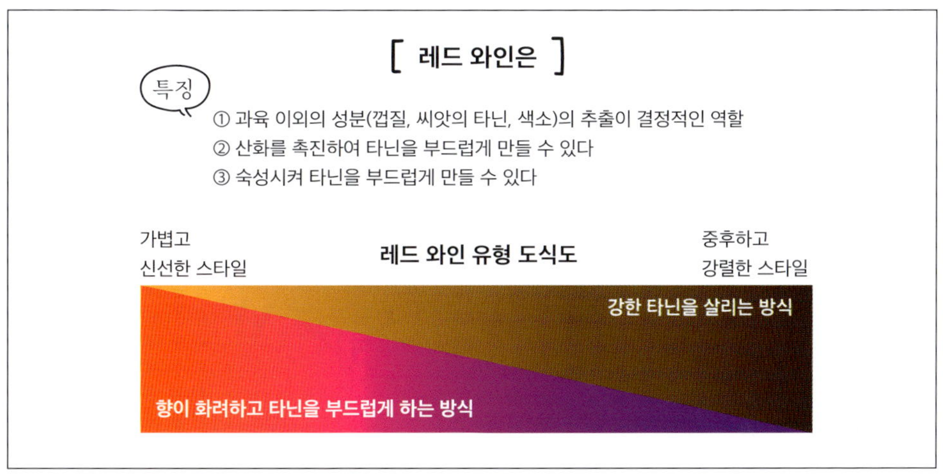

  레드 와인은 다음 5가지 유형으로 분류할 수 있습니다.

1. 화려함 / 옅은 맛 유형
2. 과실 맛 중심 / 밸런스 유형(전통 스타일)
3. 과실 맛 중심 / 밸런스 유형(신식 스타일)
4. 타닌 폭발 / 색깔이 진하고 농후한 유형
5. 장기 숙성 / 색깔이 옅고 섬세한 유형

아래 그림은 레드 와인의 양조 방법을 단순하게 도식화한 것입니다. 실제로는 더 복잡한 과정이 진행되지만, 블라인드에서는 이 흐름만 이해하면 충분합니다. 그림 1번부터 순서대로 양조 방법을 설명하겠습니다.

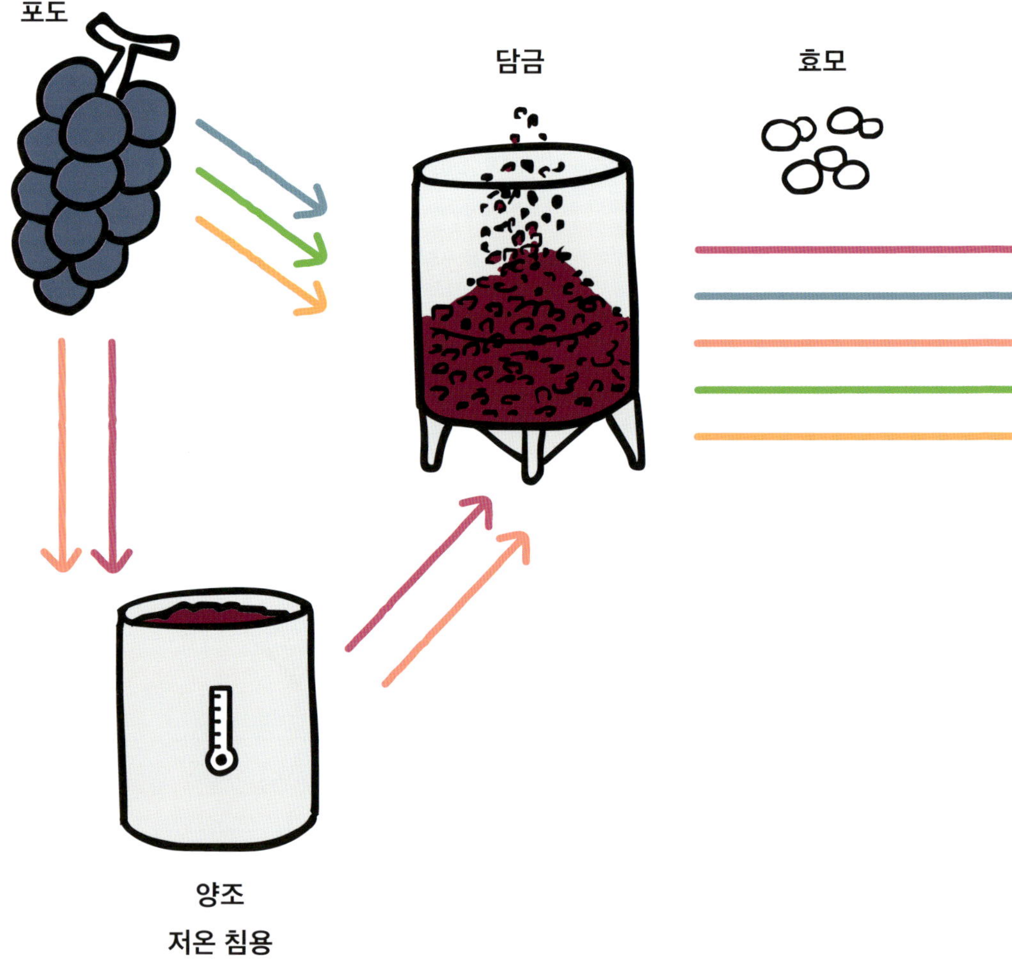

chapter 6

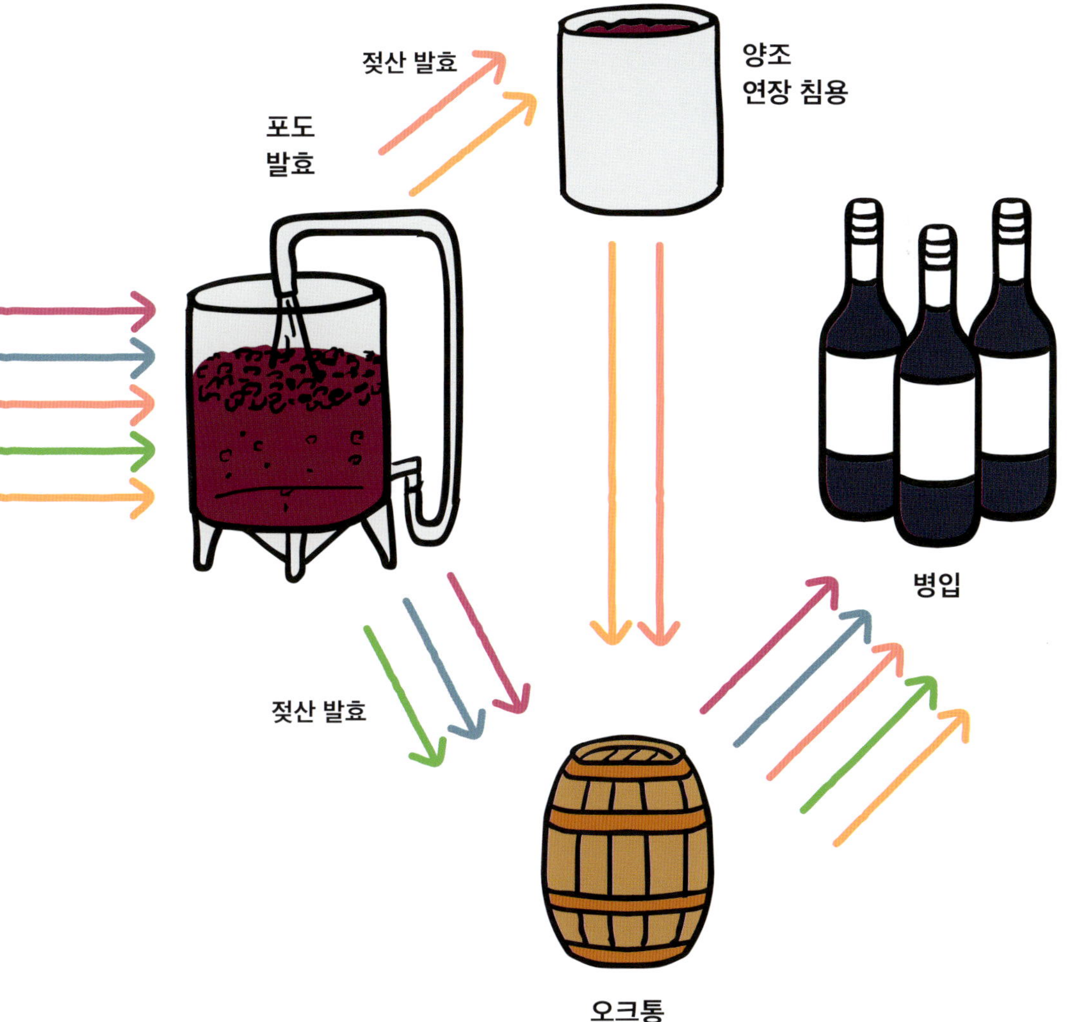

1. 화려함 / 옅은 맛 유형
2. 과실 맛 중심 / 밸런스 유형(전통 스타일)
3. 과실 맛 중심 / 밸런스 유형(신식 스타일)
4. 타닌 폭발 / 색깔이 진하고 농후한 유형
5. 장기 숙성 / 색깔이 옅고 섬세한 유형
젖산 발효
양조
연장 침용
포도
발효
젖산 발효
병입
오크통

1. 화려함 / 옅은 맛 유형

1번 과정은 적포도 중에서도 특징적인 향을 가진 품종에 사용하는 방법입니다. 저온 침용은 현대식 제법이지만 예를 들어 겨울이 추운 프랑스 부르고뉴 지방 등에서는 과거부터 진행되어 온 방법이기도 합니다. 발효가 일찍 시작되는 것을 피하기 위해 저온을 유지하면서 과일에서 추출되는 화합물의 양을 증가시키는데, 주로 안토시아닌과 같은 색소가 늘어납니다. 또한 포도의 껍질과 즙을 저온(4~8도)에서 10일 정도 보관하면 외관상의 색조 안정성이 향상됩니다. 이 방법은 레드 와인에서 과일 향, 플로럴 등 꽃 향을 표현하는 경우가 많으며 향이 풍부한 품종에 많이 사용됩니다.

양조의 특징(프랑스 부르고뉴 지방 피노 누아의 예)

- 수확 후 3~5일간의 저온 침용을 거치며 온도 조절을 통해 알코올 발효를 진행. 총 침용 기간은 빈티지에 따라 16~18일
- 30%는 새 오크통인 프랑스산 오크통에서 14개월 동안 숙성. 그 후 병입하여 출하

포도 품종 예시

- 피노 누아 / 머스캣 베일리 A / 카베르네 프랑 / 가메

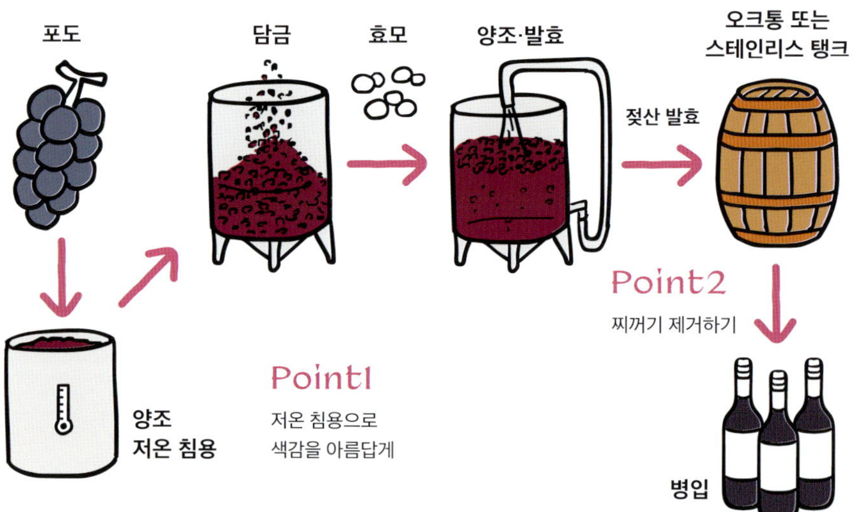

2. 과실 맛 중심 / 밸런스 유형(전통 스타일)

2번 방법은 전통적인 와인 산지에서 행해지는 양조법입니다. 전통에 기반한 방식이지만 양조에 사용되는 설비는 와이너리마다 다르며, 1세기 전부터 동일한 설비를 사용하는 생산자부터 현대식 설비를 사용하는 생산자까지 다양합니다.

호기성 환경에서 와인이 만들어지기 때문에 미생물에 기인하는 브렛이라는 향, 복잡한 숙성 과정에서 오는 향이 표현되기도 합니다. 프랑스, 이탈리아, 스페인 등 전통적인 산지와 신세계 와인의 차이를 구분하는 것은 양조 과정에 의해 부여되는 향이 포인트라고 생각합니다. 이는 불쾌한 냄새와 종이 한 장 차이일 수도 있지만, 일본의 전통 발효 식품에서 나는 향을 와인에서 느끼는 경우도 있습니다.

양조의 특징(프랑스 론 지방 코트 로티 시라의 예)

- 수확 후 제경(일부 남기는 경우도 있음), 온도가 컨트롤되는 스테인리스 탱크에서 천연 효모를 사용하여 알코올 발효(발효 온도 최고 33도), 발효 기간 22일. 그 후 젖산 발효(MLF)
- 숙성은 새 오크통 비율 50%로 35개월간 숙성. 그 후 병입 후 출하

포도 품종(구세계에서 많이 사용됨) 예시

- 메를로 / 그르나슈 / 산지오베제 / 시라 / 카베르네 프랑 / 말벡

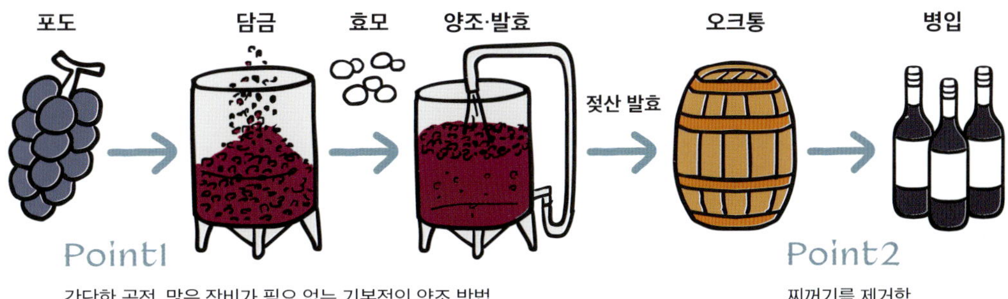

3. 과실 맛 중심 / 밸런스 유형(신식 스타일)

3번 방법은 **2**의 공정에 과학적 지식을 도입한 것으로 주로 신대륙 와인에서 이루어지는 양조 공정입니다. 물론 모든 와인에 적용되는 방법은 아니지만 현대적 양조 방식을 지향하는 최신식 양조 설비를 갖춘 와이너리에서 이루어지고 있는 방법입니다.

저온 침용은 1번 방법에서 설명한 것과 마찬가지로 안토시아닌 등의 색소가 증가하여 와인에서 외관의 발색이 좋아집니다. 연장 침용은 알코올 발효 후에 와인을 포도의 껍질, 씨와 함께 침용하여 특히 씨의 타닌을 추출하는 방식입니다. 결과적으로 와인에 타닌 추출을 증가시킬 수 있습니다. 연장 침용의 기간에 대해서는 명확한 기준은 없지만 3일에서 180일(품종, 지역에 따라 다름)까지 다양합니다. 이 과정을 거치면 에탄올에 의해 씨를 둘러싸고 있는 바깥쪽 지질층이 파괴되기 때문에 알코올 발효가 진행될수록 추출이 촉진됩니다. 흥미롭게도 안토시아닌 같은 색소는 껍질에 재흡착되기 때문에 완성된 와인의 외관 색은 옅어지게 됩니다.

모든 와인이 이러한 과정을 반드시 거치는 것은 아니지만, 온도를 관리하면 효율적으로 강한 맛을 내는 타닌을 추출할 수 있기 때문에 이런 과정을 거친 와인을 접할 기회가 많아지고 있습니다.

양조의 특징(아르헨티나 말벡의 예)
- 수확 후 포도를 으깨지 않고 부드럽게 제경. 1차 아로마를 유지하기 위해 저온 침용을 실행. 발효는 저온에서 이루어지며, 발효 후 15~20일 동안 연장 침용을 실행
- 1~3회 사용한 프렌치 오크통에서 12개월간 숙성. 그 후 병입하여 출하

포도 품종(신세계에서 많이 사용되는) 예시
- 메를로 / 시라 / 진판델 / 말벡 / 피노 누아

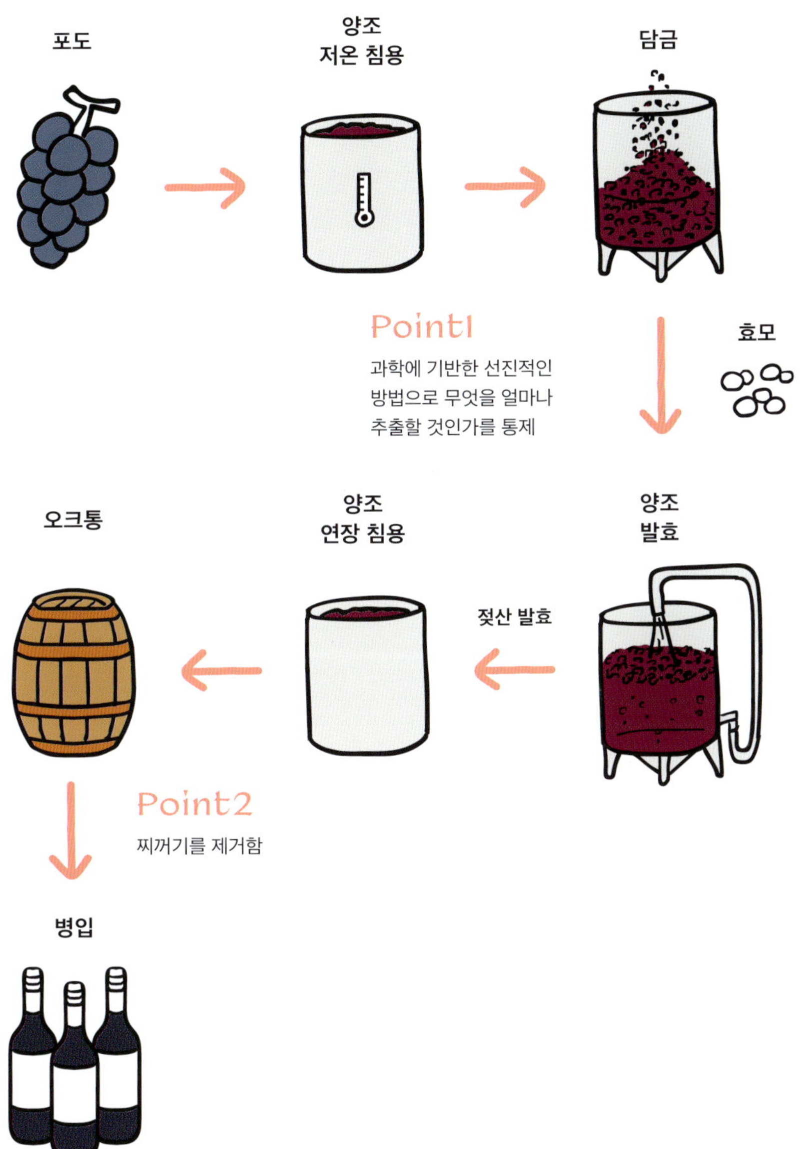

포도
양조
저온 침용
담금
Point1
과학에 기반한 선진적인
방법으로 무엇을 얼마나
추출할 것인가를 통제
효모
오크통
양조
연장 침용
양조
발효
젖산 발효
Point2
찌꺼기를 제거함
병입

4. 타닌 폭발 / 색깔이 진하고 농후한 유형

4번 방법은 양조와 오크통 숙성 과정이 길어서 풀보디로 완성되는 방식입니다. 전통적인 와인 산지 중에서 양조 방법이나 장기 숙성 기간이 법적 규정으로 정해진 품종, 즉 네비올로, 알리아니코, 템프라니요 등에 사용되고 있습니다. 또한 와이너리에 따라서는 일반 와인과 프리미엄 와인을 구분할 때 프리미엄 와인에서 양조 공정과 숙성 기간을 길게 하여 일반 와인과 구분하기도 합니다. 타닌이 강한 와인을 만들기 위해 껍질, 씨, 오크통에서 타닌을 추출하는 과정을 거치는데, 앞서 언급한 연장 침용 과정을 활용하는 와인이 많습니다.

양조의 특징(이탈리아 움브리아 주 사그란티노의 예)

- 수확 후 부드러운 압착과 탈착, 26~28일간의 침용 및 알코올 발효
- 프랑스산 오크통에서 22개월 숙성(새로운 통 50%, 1년 사용한 통 50%), 최소 6개월 병 숙성. 이후 병입하여 출하

포도 품종 예시

- 카베르네 소비뇽 / 메를로 / 카르메네르 / 산지오베제 / 템프라니요 사그란티노 / 알리아니코

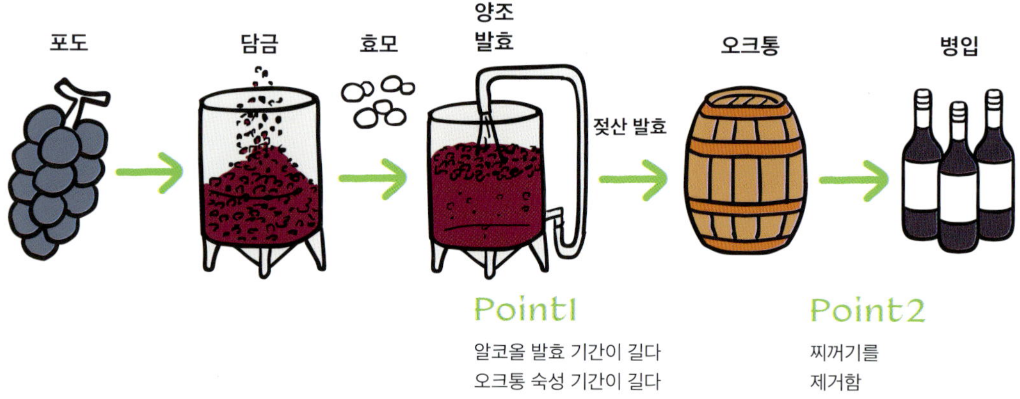

5. 장기 숙성 / 색깔이 옅고 섬세한 유형

　5번 방법은 전통적인 와인 산지에서 쓰는 특수한 양조 방식이었지만 현재는 과학적인 와인 양조 방법으로 활용되고 있습니다. 이 과정은 앞서 언급한 연장 침용이라고 불리는 방식으로, 이탈리아 피에몬테주에서는 전통적으로 네비올로 품종에 이 방식을 적용하는데, 포도를 알코올 발효한 후 그대로 발효통에 담아 겨울을 보냅니다. 네비올로는 이 과정을 거치기 때문에 매우 강한 타닌이 있으면서도 외관상으로는 투명한 와인으로 완성됩니다. 현재는 5번 방법의 이점이 과학적으로 밝혀져서 신세계에서도 이러한 방법을 효과적으로 사용하여 와인을 생산하기도 합니다. 아르헨티나의 말벡, 캘리포니아의 시라 등의 품종으로 외관이 아름답고 타닌이 강한 와인이 생산됩니다.

양조의 특징(이탈리아 피에몬테주 네비올로의 예)
- 수확 후 제경하여 8~9일간의 알코올 발효, 이후 6개월간의 연장 침용 실행
- 2년 이상의 오크통 숙성, 1년 이상의 스틸 탱크 숙성, 병 숙성을 합해 총 4년의 숙성 기간을 거쳐 병입 후 출하

포도 품종 예시
- 네비올로 / 알리아니코 / 템프라니요

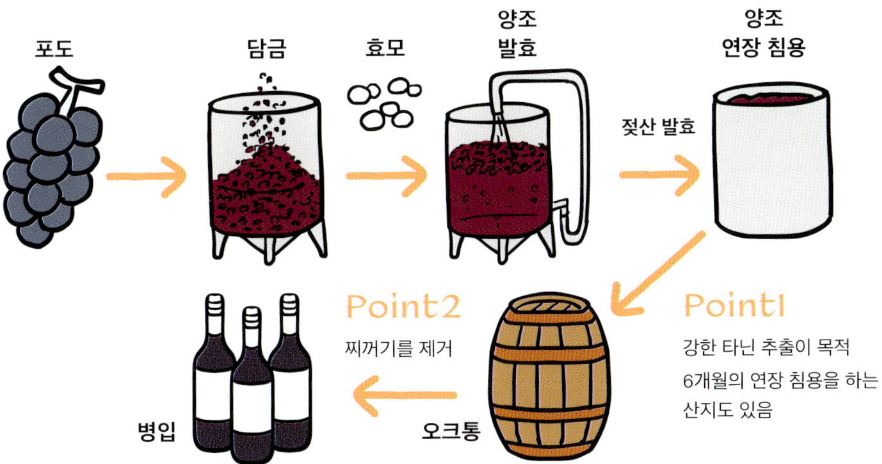

로제 와인과 스파클링 와인의 양조법

　로제 와인은 적포도로 만들며, 레드 와인과 화이트 와인의 중간 색조를 가진 스틸 와인을 말합니다. 해외의 와인 관련 법에서는 레드 와인과 화이트 와인을 블렌딩하는 로제 와인 양조법이 금지되어 있는 경우가 많지만, 일본에서는 종종 볼 수 있습니다.

　로제 와인의 양조법 중 하나인 세니에(Saignee)법은 레드 와인 양조 과정에서 과즙을 일부 추출해서 로제 와인을 만드는 제법으로, 원래는 레드 와인을 더 진하게 만들기 위해 사용되어 왔습니다. 이 방법으로 만든 로제 와인은 색이 진하고 레드 와인의 과실 맛에 가까운 맛을 지니고 있어 블라인드에서도 품종별 개성을 쉽게 감지할 수 있습니다. 반면 직접 압착법(다이렉트 프레스법)은 적포도를 사용하지만 과즙만 써서 화이트 와인과 동일한 공정으로 만들기 때문에 적포도의 품종 개성을 발견하기 어려워 난이도가 높습니다. 프랑스의 프로방스 지방은 이 방법을 많이 사용하는 대표적인 산지입니다.

　스파클링 와인은 탄산가스가 용해되어 일정한 압력을 받으므로 병을 따고 나면 거품이 생기는 특징이 있습니다. 프랑스의 샴페인이나 이탈리아의 프로세코 등의 스파클링 와인은 일반 스틸 와인을 양조한 다음 당분, 효모를 첨가하여 2차 발효를 일으키는 방식으로, 어찌 보면 더욱 인위적인 개입을 통해 만들어집니다. 이 2차 발효 때 사용하는 용기에 따라 양조법의 명칭이 달라지는데 유리병 안에서 2차 발효를 하는 방법을 병입 2차 발효 방식, 그리고 거대한 탱크에서 2차 발효를 하는 방법을 샤르마 방식이라고 합니다.

　고전적인 방법으로는 1차 알코올 발효를 하는 도중에 병입하는 방법도 있습니다. 이를 앙세스트랄(고대) 또는 뤼랄(시골) 방식이라고 부릅니다. 발효 도중에 포도의 당분에서 생성된 탄산가스를 이용하기 때문에 발포성이 약합니다. 비교적 간단하게 만들 수 있기 때문에 일본의 많은 와이너리에서도 페티앙(Pétillant)이라고 불리는 스파클링 와인을 이 방식으로 만들고 있습니다.

7장

지식을 활용하다: 포도 품종

기본적인 포도 품종의 특징과 양조 방법, 생산국의 특징을 이해하고 와인에서 얻을 수 있는 정보를 정확하게 분석할 수 있다면 블라인드에서 포도 품종을 식별하는 데 도움이 됩니다. 여기서는 블라인드에 자주 출제되는 청포도, 적포도의 특징을 함께 살펴보도록 하겠습니다. 품종명, 동의어(별칭), 원산지, 외관상 특징, 적합한 재배 환경, 양조 방법의 예시, 향과 맛, 대표적인 생산국을 실제 포도 사진과 함께 설명하겠습니다.

샤르도네
Chardonnay

대표적인 동의어

믈롱 다르부아(Melon d'Arbois: 프랑스), 보누아(Beunois: 프랑스)

원산지

프랑스 브르타뉴 지방

외관상의 특징

작은 원통형 송이에 작은 열매, 껍질이 얇고 황록색을 띠는 둥근 모양의
청포도

제공: 산토리 주식회사

적합한 재배 환경

서늘한 지역부터 온난한 지역까지 다양한 산지 특성이 존재하여 양질의 와인을 양조할 수 있다. 병충해에는 다소 취약하나 열매가 빨리 익는 편이고 추운 지역에도 적합하다. 수확 시기는 북반구는 8월 하순에서 9월, 남반구는 2월 하순에서 3월이다. 재배 면적이 200헥타르 이상인 국가는 41개국으로, 포도 품종 중 1위를 차지한다(O.1.V.2017).

양조 방법의 예시

포도 수확 후 선과, 제경 과정을 거치고 압착하여 알코올 발효를 진행한다. 그 후 오크통이나 스테인리스 탱크에서 젖산 발효(MLF)를 실시하며 6~12개월간 오크통 숙성을 거치는 경우가 많다. 샤르도네는 다른 많은 청포도 품종과 달리 오크통을 사용하는 것이 표준이지만 최근에는 오크통 숙성을 하지 않고 스테인리스 탱크 등에서 숙성시키는 스타일이 늘어나고 있다. 또한 샴페인으로 대표되는 병입 후 2차 발효를 거치는 스파클링 와인의 주요 품종으로도 사용된다.

향과 맛의 특징

특징적인 향은 잘 느껴지지 않지만 사과, 서양배, 자몽 등의 향과 핵과일인 모과와 살구, 백도 등 노나락톤 계열의 향이 느껴지기도 한다. 대부분 오크통 숙성 과정을 거치는 경우가 많기 때문에 오크통에 의한 향이 품종의 특징적인 향으로 인식되기 쉽다. 맛에 복합성을 부여하기 위해 효모 찌꺼기와 접촉시키면 효모와 버터의 향을 지니게 된다. 산지에 따라 포도의 숙성도에 차이가 있어 산미 중심에서 단맛과 알코올 중심까지 맛이 다양하지만 대체로 균형이 잘 잡혀 있어 높은 품질의 풍미를 느낄 수 있다.

| 프랑스 |

주요 산지인 부르고뉴 지방에서 재배된다. 온난화의 영향으로 부르고뉴 북쪽 지역과 남쪽 지역에서의 맛의 차이는 줄어드는 중이다. 부르고뉴 북쪽의 대표 산지인 샤블리에서는 전통적으로 새 오크통을 많이 사용하지 않아 산미가 도드라진다. 반면 부르고뉴 남쪽의 대표 산지인 뫼르소에서는 전통적으로 새 오크통을 사용하는 비율이 높아 오크에서 유래한 향이 나는 것이 특징이며 맛은 샤블리보다 풍성하게 느껴지는 경우가 많다.

관련된 역사를 살펴보면, 와인에 유리병이 사용되기 전에는 샤블리에서 생산한 와인을 오크통에 담아 배로 파리까지 운반한 다음 그 통을 다시 샤블리로 가져가서 빈 통에 다시 와인을 담아 배송하는 오래된 관습이 있었다고 한다. 때문에 프리미에 크뤼, 그랑 크뤼 등 일부 와인을 제외하고 샤블리에서는 새 오크통을 사용하는 경우가 적다. 한편 뫼르소는 와인을 담은 오크통을 회수하지 않고 운송된 곳에 남겨두기 때문에 생산자는 항상 새 오크통을 사용했다고 한다. 이 때문에 뫼르소는 지금도 새 오크통을 사용한다.

코트 도르에는 우아한 스타일의 생산자가 많은 반면, 마코네 등 코트 도르 이남의 생산지에서는 신대륙의 샤르도네로 착각할 만한 와인이 만들어지고 있다. 이런 와인은 오크통의 인상이 뚜렷하고 알코올 도수가 13.5% 이상 등으로 높은 경우도 있다.

| 미국 |

미국 캘리포니아주는 샤르도네의 주요 산지로, 나파 밸리나 소노마 밸리 등이 대표 산지이지만 대부분 캘리포니아 전역에서 재배된다. 프랑스의 전통적인 방식과는 다른 스타일의 샤르도네가 생산되며, 대부분 바닐라 향이 강하게 느껴지고 달콤한 풍미와 도수가 높다. 반면 중간부터 고급 가격대에서는 부르고뉴산 와인으로 착각할 정도의 고품질 샤르도네 와인이 러시안 리버 밸리, 로스 카네로스 등의 산지에서 만들어진다. 이 와인들은 오크의 느낌이 너무 강하지 않고 깔끔하며 산미가 잘 느껴지면서 단맛과의 균형이 잘 잡힌 맛이다. 알코올 도수는 평균 14% 등으로 높지만 12~13% 정도 스타일의 와인도 있다.

| 호주 |

남호주의 애들레이드 힐스, 서호주의 마가렛 리버는 중요한 샤르
도네 산지다. 이들 산지에서는 과일의 숙성도가 높으면서도 산미가
잘 느껴지는 와인이 만들어진다. 미국산 샤르도네에 비해 당도가
낮고 산도가 높아 시원한 인상을 준다. 프루티한 향이 느껴지고 잘
익은 과일의 맛이 있다. 알코올 도수는 13.5% 정도로 낮은 편이다.
남아프리카공화국, 뉴질랜드 등의 샤르도네는 산미가 주를 이루는
데, 숙성 기간이 부르고뉴보다 짧고 새 오크통의 향이 가미된다는
점에서 차별화된다.

| 일본 |

생산량이 많은 산지는 야마나시현, 나가노현, 야마가타현이다. 일
본의 샤르도네는 종류가 다양해 오크통을 사용하여 숙성하는 부
르고뉴 스타일은 물론 오크통을 사용하지 않는 깔끔한 스타일도
있다. 와인의 맛은 대체로 부드럽고 섬세하며 깔끔한 인상을 준다.
알코올 도수 12% 안팎이 대부분이라 와인에서 싱그러움이 느껴
진다. 오크 숙성을 거친 와인은 술맛보다 오크통의 느낌이 강하게
느껴지고 출시 후 바로 소비되기 때문에 와인과 오크의 풍미가 일
체화되지 않은 것처럼 느껴지는 경우가 있다.

제공: 단바 와인 주식회사

적합한 재배 환경

내한성이 강해 서늘한 지역에 적합하다. 재배가 어렵고 수확량이 적으며 늦게 익는다. 병충해에 다소 약하다. 북반구의 수확 시기는 9월에서 11월이며 늦게 수확하면 12월에 거둔다. 남반구의 수확 시기는 2월에서 4월이다.

양조 방법의 예시

포도를 수확한 후 저온에서 스킨 콘택트를 하는 경우가 있다. 이후 저온으로 컨트롤하며 알코올 발효를 실시한다. 그 후 병에서 일정 기간 숙성시켜 맛을 안정시킨 후 출하한다. 오크 숙성을 하는 경우는 극히 드물다. 병입 2차 발효를 거친 스파클링 와인에도 사용된다. 수확 시기를 늦춰서 당도를 높인 포도를 써서 단맛이 나는 와인, 귀부 포도로 강한 단맛의 와인을 만드는 등 다양한 종류의 와인을 생산할 수 있다.

향과 맛의 특징

TDN(트리메틸디히드로나프탈렌)이라는 향기 성분을 가지고 있는 것이 특징이다. 이 향은 페트롤, 등유향 등으로 표현된다. 방충제 성분인 나프탈렌과 화학 구조가 동일한 부분이 있다. TDN은 고온의 기후 조건, 완전히 익은 포도에서 많이 생성된다. 이 때문에 프랑스나 알자스보다 기온이 높고 일조 시간이 긴 남호주의 클레어 밸리, 에덴 밸리에서 TDN 향을 느낄 수 있는 와인이 많이 생산된다. 또한 독일 모젤의 유명 포도밭, 프랑스 알자스 지방에서 높은 등급을 받은 포도밭의 와인에서 이 향을 많이 느낄 수 있는 이유는 포도밭의 기후 조건이 좋기 때문이라고 한다. 또한 흰 꽃향기가 특징인데, 이 향은 테르펜 계열에 기인한 향으로 어린 와인에서 잘 발생한다.

맛은 산도가 매우 높게 느껴진다. 리슬링을 다른 품종과 구분할 수 있는 포인트가 있는데, 당도가 높으면 맛의 상호 작용으로 인하여 산이 부드럽게 느껴지므로 산과 당분을 구분하여 인식하도록 주의해야 한다. 수치상으로 는 산 함량이 7~10g/L 정도로 다른 청포도 품종보다 높다. 잔당은 1g/L 정도로 적은 것부터 40g/L를 넘는 것 까지 다양하다. 일반적으로 잔당이 많은 와인일수록 알코올 도수가 낮다.

대표 생산국

| 독일 |

모젤 지방, 라인가우 지방이 중심 산지다. 모젤은 알자스의 보주 산 맥을 수원으로 하는 모젤강, 자르강, 루베르강 유역의 산지다. 라인 가우는 비스바덴 동쪽의 운터마인에서 뤼데스하임 북쪽의 로르히하 우젠에 이르는 일대 지역으로 라인강을 따라 형성된 산지다. 다양한 토양에서 리슬링 재배가 이루어지고 있으며 테루아의 차이에 따른 맛의 차이에 대한 연구도 진행되고 있다. 신선하고 드라이한 풍미의 일반적인 리슬링 와인에서는 페트롤 향이 존재하는 경우가 적고 흰 꽃과 같은 테르펜 계열의 향을 느낄 수 있다. 와인 스타일도 다양해 서 저알콜에 단맛이 나는 스타일, 젝트 등의 스파클링 와인, 늦게 수 확한 포도, 귀부 포도의 극단적인 단맛을 강조한 와인 등이 있다.

| 프랑스 |

북동부에 위치하며 라인강을 사이에 두고 독일과 국경을 맞대고 있 는, 독특한 역사적 배경이 있는 알자스 지방은 리슬링 산지로도 중 요한 곳이다. 독일과 마찬가지로 드라이한 와인부터 늦수확 와인, 귀부 와인까지 다양한 리슬링이 존재한다. 독일에 비해 저알코올이 면서, 단맛이 나는 와인보다는 드라이한 와인이 주를 이룬다. 흰 꽃 등 테르펜 계열의 향이 있는 신선한 드라이 와인이 많고, 페트롤 향 이 있는 드라이 와인을 독일보다 자주 접할 수 있다.

| 미국 |

워싱턴주의 콜롬비아 밸리에서는 오래전부터 리슬링이 재배되어
왔으며 뉴욕주의 핑거 레이크스를 중심으로 고품질의 리슬링이 생
산된다. 독일, 프랑스에 비해 보디감이 탄탄한 스타일이다. 독일,
프랑스에 비해 알코올 도수가 높고 진한 단맛이 있는 와인이 많다.

| 호주 |

남호주의 클레어 밸리, 에덴 밸리가 중요한 산지다. 클레어 밸리는
온화한 대륙성 기후로 낮에는 따뜻하지만 밤에는 기온이 내려가 일
교차가 크다. 에덴 밸리는 애들레이드 힐스에서 이어지는 마운트
로프티 산맥에 자리한 산지로, 클레어 밸리와 마찬가지로 낮과 밤
의 일교차가 크다. 고도가 높아서 페놀 성분이 숙성되어 잔당이 적
고 산도가 높게 느껴진다. TDN에서 유래한 페트롤 향이 두드러지
게 느껴지는 특징이 있다. 드라이한 와인이 주를 이루지만 달콤한
스타일도 존재한다.

제공: 산토리 주식회사

소비뇽 블랑
Sauvignon Blanc

대표적인 동의어

블랑 퓌메(Blanc Fumé: 프랑스), 퓌메 블랑(Fumé Blanc: 미국)

원산지

프랑스 중부(루아르 지방), 또는 프랑스 남서부(보르도 지방)

외관상의 특징

작은 송이에 작은 열매, 껍질이 연한 녹색을 띠는 둥근 모양의 청포도

적합한 재배 환경

전 세계적으로 재배되고 있으며 서늘한 기후에서 온화한 기후까지 모두 적응할 수 있다. 발아는 느리지만 숙성은 빠르다. 내병성은 다소 약하다. 북반구의 수확 시기는 9월, 남반구의 수확 시기는 2월에서 3월이다. 재배 면적이 200헥타르 이상인 국가는 16개국으로 포도 품종으로는 9위에 해당한다(O.I.V. 2017).

양조 방법의 예시

다양한 양조 방법이 사용된다. 특징적인 향을 추출하기 위해 온도 관리 및 무산소 환경에서 스킨 콘택트가 이루어진다. 뉴질랜드에서는 저온에서 스킨 콘택트 방식으로 껍질 성분을 추출하여 알코올 발효를 한다. 캘리포니아에서는 껍질과의 접촉을 최대한 피해서 메톡시피라진류 등 껍질 성분이 극히 적은 스타일로 와인을 만든다. 가장 중후한 타입은 보르도 지방에서 만들어지는데, 알코올 발효 후 일정 기간 오크통 숙성을 하여 신선한 향은 줄어들지만 오크통, 과일에서 유래한 농축된 인상이 강해진다.

향과 맛의 특징

독특한 향 성분이 있어서 블라인드에서 향을 통해 얻을 수 있는 정보가 많다. 반면 특징적인 향이 없는 품목은 시험 난이도가 높아진다. 대표적인 향기 성분 중 하나는 메톡시피라진류로 허브, 청사과 계열의 향이 난다. 티올계 화합물에 의한 패션 프루트, 자몽 계열의 향은 어느 산지에서나 느낄 수 있기 때문에 블라인드에서 큰 단서가 된다. 맛은 산도가 매우 높은 것이 특징이다. 과일의 단맛은 산지에 따라 다르지만 맛의 후반부에 뚜렷한 쓴맛이 느껴지기도 한다. 이는 스킨 콘택트 공정에 의한 것으로 생각된다.

| 프랑스 |

대표적인 산지로 루아르 지방, 보르도 지방이 있다. 루아르 지방은 소비뇽 블랑의 벤치마크가 되는 와인을 만드는 산지로 상세르, 푸이 퓌메 등이 대표 산지다. 두 지역 모두 소비뇽 블랑의 특징적 향을 느낄 수 있는 와인이 만들어지지만 최근에는 메톡시피라진류에 의한 허브 계열의 향이 억제되고 있는 느낌이다. 이 경우 자몽 등 티올 계열의 향이 주를 이루기 때문에 블라인드에서는 주의해야 할 필요가 있다.

보르도 지방에서는 오크통 숙성이 이루어지며 보다 두터운 느낌의 와인을 만든다. 세미용과 블렌딩하는 경우가 많지만 소비뇽 블랑 100%의 와인도 존재한다. 고급 와인은 새 오크통을 사용하며 오크통 숙성 기간이 12개월 등으로 길다. 중고 오크통을 사용하여 오크통의 느낌이 적은 와인, 오크통 숙성을 하지 않고 알코올 발효 후 스테인리스 탱크에서 효모 찌꺼기와 함께 맛을 강화한 와인 등 다양한 종류가 있다. 메톡시피라진류에 의한 허브 계열의 향은 잘 느껴지지 않는다.

| 뉴질랜드 |

대표적인 산지는 말보로, 마틴버러, 호크스 베이다. 소비뇽 블랑의 다양한 향을 과학적으로 분석하여 상품 가치 향상에 성공한 생산지로 메톡시피라진류에 의한 허브향과 티올계 화합물인 자몽 계열의 향이 대부분의 와인에서 느껴진다. 최근에는 메톡시피라진류를 억제하고 쉬르 리로 맛을 강화한 와인, 보르도 지방처럼 오크통 숙성을 거친 와인 등 스타일이 다양하게 변화하고 있다.

| 미국 |

캘리포니아주에는 카베르네 소비뇽과 함께 소비뇽 블랑을 재배하
는 생산자가 많다. 일조 시간이 길고 기후 조건이 좋은 캘리포니아
주에서는 메톡시피라진류에 의한 향이 억제되므로 티올계 화합물
에 의한 자몽 향이 강한 소비뇽 블랑 와인이 많이 생산된다. 블라인
드를 할 때는 뉴질랜드와 캘리포니아의 양조 스타일이 크게 다르다
는 점을 이해해야 한다. 알코올 도수가 낮은 가벼운 스타일부터 오
크 숙성을 거친 풀보디 와인까지 종류가 다양하다.

| 칠레 |

소비뇽 블랑을 재배하기에 기후 조건이 적합하기 때문에 청포도
재배 면적으로는 샤르도네를 제치고 1위를 차지한다. 해안가의 카
사블랑카 밸리, 산 안토니오 밸리의 하위 지역인 레이다 밸리가 특
히 명산지로 유명하다. 뉴질랜드의 소비뇽 블랑 스타일과 비슷하
여 두 나라의 와인을 블라인드를 통해 구분하기는 어렵지만 칠레
쪽이 메톡시피라진 계열의 향이 더 선명하고 풋고추, 녹색 피망의
향을 느낄 수 있다. 또한 티올 계열의 화합물 성분이 패션프루트,
구아바처럼 느껴진다. 맛이 매우 깔끔하고 산뜻한 산미와 과일의
단맛의 균형이 잘 잡혀 있어 품질이 뛰어나다. 오크통 숙성을 거친
와인은 많지 않다.

제공: 단바 와인 주식회사

알리고테
Aligoté

대표적인 동의어 여러 종류가 있다

원산지 프랑스 부르고뉴 지방

외관상의 특징
큰 송이에 큰 열매, 껍질이 두껍고 녹색을 띤 둥근 모양의 청포도

적합한 재배 환경

비교적 서늘한 산지에서 재배된다. 병충해에 강하다. 수확 시기는 9월이다.

양조 방법의 예시

전통적 양조 방식으로 와인을 만들고 있으며 제경 후 알코올 발효를 하고 스테인레스 탱크, 오크통 등에서 젖산 발효(MLF)를 진행한다. 젖산 발효 후 오크통 숙성을 거친다. 오크통 숙성 기간은 6~12개월 정도인 경우가 많다.

향과 맛의 특징

이른바 논아로마틱 품종이기 때문에 품종 특유의 향이 적다. 따라서 1차 아로마는 사과, 감귤류의 향으로 느껴지는 경우가 많으며 오크통 숙성, 효모와의 접촉에 따라 향의 인상이 다양해진다. 맛은 산이 주를 이루는 것이 특징이다. 샤르도네에 비해 날카로운 산미가 느껴지는 경우가 많아서 이것이 블라인드에서 알리고테를 판별해 내는 포인트가 된다. 단맛은 낮은 편이라 샤블리 지방의 샤르도네로 착각하기 쉽다. 뮈스카데와 공통된 향 표현이 많지만 뮈스카데에 비해 오크통에서 숙성된 풍미가 느껴진다는 점에서 차이가 있다.

대표 생산국 **프랑스**

프랑스에서는 부르고뉴 지방의 코트 샬로네즈에 있는 부즈롱에서 알리고테를 이용해 양조한 화이트 와인을 법으로 규정하고 있다. 부르고뉴 지방의 청포도 중에서는 샤르도네 다음으로 많이 재배되며, 모레 생 드니 마을도 재배지로 유명하다. 높은 평가를 받는 알리고테일수록 샤르도네와 구분하기 어려워서 까다롭다.

제공: 단바 와인 주식회사

슈냉 블랑
Chenin Blanc

대표적인 동의어

피노 드 라 루아르(Pineau de la Loire: 프랑스), 스틴(Steen: 남아프리카공화국)

원산지

프랑스 루아르 지방

외관상의 특징

큰 송이에 작은 열매, 껍질이 두껍고 녹색을 띠는 둥근 모양의 청포도

적합한 재배 환경

발아가 빠르기 때문에 봄철 서리에 피해를 입을 위험이 있다. 병충해에 주의하면 천천히 숙성시킬 수 있다. 기후 조건에 따라 포도가 귀부화되기도 한다. 수확 시기는 9월이며 늦게 수확하는 경우 11월 이후가 된다. 남반구의 수확 시기는 2월이다.

양조 방법의 예시

다양한 양조 방법이 있다. 껍질 성분을 와인에 담기 위해 스킨 콘택트를 진행하고 맛의 깊이를 더하기 위해 알코올 발효 후 찌꺼기와의 접촉을 하는 경우가 많다. 젖산 발효(MLF)를 하여 오크통에서 숙성시키는 풀보디 와인도 있다. 한편 스파클링 와인, 귀부 와인, 늦게 수확한 와인 등 다양한 와인을 만들 수 있다는 특징이 있다.

향과 맛의 특징

모과, 복숭아 등의 핵과일 계열 등 락톤 계열의 과일 향이 특징이다. 이 향은 과일의 숙성도, 양조 정도에 따라 인상이 달라지기 때문에 산지나 와인에 따라 그 정도가 다르다. 맛은 산미가 주를 이루지만 당도가 높은 품종이기 때문에 드라이부터 스위트까지 맛이 다양하다. 오크통 숙성을 거치는 와인도 있기 때문에 블라인드로 정답을 맞히기 어려운 품종 중 하나다.

| 프랑스 |

루아르 지방의 앙주-소뮈르 지역, 투렌 지역을 중심으로 재배된다. 특히 투렌 지역의 전통 산지인 부브레에서는 다양한 스타일의 와인이 만들어지며 토양은 점토석회질, 투파(탄산칼슘이 풍부한 퇴적 토양)이다. 시스강과 브렌느강의 영향을 받아 안개가 잘 발생하기 때문에 귀부균(보트리티스 시네레아)이 발생하기 쉽다. 따라서 드라이한 와인부터 강한 단맛의 귀부 와인까지 폭넓은 종류가 존재한다. 잘 숙성된 포도를 사용하기 때문에 와인의 향은 모과, 오렌지, 왁스, 고무 등의 향이 난다. 소뮈르에서는 부브레에 비해 가벼운 와인이 만들어지고 있으며 산도가 높고 심플한 와인이 많다.

| 남아프리카 공화국 |

1655년에 남아프리카공화국 케이프에 포도가 도입되어 한때 '스틴'이라고 불렸다. 재배 역사가 길고 재배 면적이 세계 1위다. 스텔렌보쉬, 스와트랜드가 중심 산지이다. 온화한 기후로 인해 파인애플, 망고 등 숙성된 과일 향이 느껴진다. 대부분의 와인은 스테인리스 탱크 발효 후 일정 기간 병 숙성을 거쳐 출하되는 경우가 많지만 프리미엄 와인에서는 오크통 숙성을 하는 경우도 있다. 향에서는 훈연이나 탄 아스팔트 같은 향이 나고 맛에서는 쓴맛이 매우 강한 것이 특징이다.

비오니에
Viognier

없음

프랑스 론 지방 북부

작은 송이에 작은 열매, 껍질이 옅은 황록색을 띠는 청포도

제공: 단바 와인 주식회사

적합한 재배 환경

프랑스 론 지방, 랑그독 지방과 미국, 호주 등 비교적 온난한 산지에서 재배되고 있다. 병충해에 약하고 포도 수확 시기에 산도가 떨어지기 쉽다. 또한 충분한 일조량이 필요하며 풍부한 향의 전구 물질이 껍질에 전달되는 완숙한 순간에 수확해야 한다. 북반구의 수확 시기는 8월 하순에서 9월이다.

양조 방법의 예시

스킨 콘택트 방식으로 껍질에서 향기 성분을 추출한다. 알코올 발효는 혐기성 환경에서 이루어지는 경우가 많다. 이후 스테인리스 탱크 등에서 일정 기간 숙성을 거쳐 출하한다. 한편 북부 론의 콩드리유 등 고급 산지에서는 젖산 발효(MLF)를 통해 오크통에서 숙성한다.

향과 맛의 특징

향기 성분이 풍부하고 독특한 향이 있다. 특히 테르펜 계열로 불리는 꽃향기, 그리고 노날락톤과 같은 핵과일 계열의 향, 그리고 당도가 높은 경우 설탕에 절인 모과와 같은 향이 느껴진다. 또한 오크통 숙성을 진행할 경우에는 테르펜 계열의 향은 감소한다. 맛은 산미가 균일하고 부드럽다. 당도는 다소 높으며 알코올도 13.5~14.5% 정도의 폭이 있다. 많은 비오니에가 스킨 콘택트를 진행하기 때문에 껍질에서 유래한 쓴맛이 느껴진다. 오크통을 사용하는 경우 통에서 유래한 쓴맛이 강화된다. 블라인드에서는 향만으로 비오니에로 판단할 수 있는 와인이 있기도 하지만 오크통 숙성이 강해 향이 가려지면 난이도가 높아진다.

| 프랑스 |

프랑스는 론 지방의 북부 콩드리유가 중요한 산지이다. 당도, 알코올이 모두 높고 오크통 숙성을 하는 고급 라인이 존재하며 살구 같은 과일 향이 나는 훌륭한 와인이 만들어진다. 더 넓은 지역인 코트 뒤 론에서는 비오니에만 사용한, 혹은 비오니에의 비율이 높은 화이트 와인을 생산하고 있다. 그 외의 지역으로 랑그독 지방에서도 생산된다.

| 미국 |

캘리포니아주에는 비오니에가 많이 재배되는데, 크게 두 가지 유형이 존재한다. 하나는 비오니에 특유의 향기 성분이 있어 신선한 맛이 특징인 종류, 다른 하나는 오크통 숙성을 철저히 하여 향기 성분은 억제되어 있지만 힘이 강한 느낌이 특징인 종류다. 프랑스에 비해 모과나 살구, 파인애플 등 과일 향이 뚜렷하게 느껴진다. 맛은 당도, 알코올 모두 높고 탄탄한 구조를 가지고 있어 산도는 프랑스보다 낮게 느껴지는 경우가 많다. 오크통 숙성을 한 경우에는 캘리포니아 특유의 확실한 오크 풍미가 느껴지지만, 비오니에의 특징적인 향이 잘 느껴지지 않아 샤르도네로 착각하기 쉽다. 이 경우에는 두 품종을 모두 후보로 올려놓고 특징적인 향을 맡아보고 판단할 필요가 있다.

알바리뇨
Albariño

 알바리뇨(Alvarinho: 포르투갈어)

 이베리아 반도 북서부 지역

작은 송이에 작은 열매, 껍질이 두껍고 황록색을 띠는 둥근 모양의 청포도

적합한 재배 환경

스페인, 포르투갈 등 고온 다습한 환경에서의 재배에 적응할 수 있는 품종으로 주목 받고 있으며 전 세계적으로 재배지가 늘어나고 있다. 내병성이 높다. 수확 시기는 9월이다.

양조 방법의 예시

수확 후 제경, 파쇄 후 저온에서 스킨 콘택트를 진행하고 알코올 발효 후 찌꺼기와 함께 스테인리스 탱크에 델레스타주(발효 중 포도를 젓거나 뒤집어주는 작업)한 후 병입하는 공정을 거치는 경우가 많다. 고급 라인에서는 오크통 숙성을 하는 와인도 있다. 또한 포르투갈의 비뉴 베르데 등 탄산감을 그대로 남겨둔 신선한 와인도 있다.

향과 맛의 특징

테르펜 계열의 독특한 향기 성분이 존재하여 잘 익은 오렌지나 사과의 과일 향을 느낄 수 있다. 또한 자몽, 배, 흰 꽃 그리고 아이오딘 같은 바다 향이 느껴지기도 한다. 오크 숙성을 거친 고급스러운 스타일도 있는데 이 경우 품종 고유의 향에 오크통의 향이 더해져 더욱 복합적인 3차 아로마를 느낄 수 있다. 잘 익은 과일 향과 달리 맛은 산도가 주를 이루며 7~8g/L 정도의 높은 산이 예리하게 느껴진다. 신선한 과일의 단맛이 느껴지며 균형이 잘 잡혀 있다. 맛의 후반부로 갈수록 약간의 짠맛이 느껴지는 특징이 있다.

 ## 스페인

스페인의 리아스 바이사스 등 리아스식 해안 지역과 바다로 이어지는 미뇨 강변의 계곡에서 재배된다. 스페인 중에서도 비가 많이 오고 습도가 높은 지역이지만 배수가 잘 되는 토양으로 포도나무를 높이 올린 선반 재배를 이용해 포도를 기르고 있다. 해안가에 가까운 밭의 경우 바다에서 나오는 염분이 포도 껍질에 부착되기 쉬워 맛에 영향을 미친다.

토론테스
Torrontés

 없음

 스페인

중간 크기의 송이에 작은 열매, 껍질이 두껍고 녹색을 띠는 둥근 모양의 청포도

적합한 재배 환경

스페인이 원산지이지만 현재는 거의 아르헨티나에서 재배된다. 발아가 빠르고 일찍 익는 편이며 수확까지 주기가 짧고 수확량이 많다. 잿빛곰팡이병, 흰가루병에 약하기 때문에 건조한 대륙성 기후가 적합하다. 남반구의 수확 시기는 3월이다.

양조 방법의 예시

스킨 콘택트를 진행하는 와인이 많다. 저온으로 컨트롤되는 발효통에서 알코올 발효를 하고 그대로 병입하는 타입과 발효통에서 일정 기간 숙성시키는 타입이 있다. 수는 적지만 젖산 발효(MLF), 오크통 숙성을 하는 타입도 있다.

향과 맛의 특징

머스캣 오브 알렉산드리아를 한쪽 부모로 두고 있어 특징적인 테르펜계 화합물의 향기 성분이 많이 함유되어 있으며 머스캣, 라임 등의 감귤류 향, 재스민, 흰 장미 등의 과일과 꽃 향과 흰 후추, 석회 등의 향이 느껴진다. 맛은 산뜻하게 느껴지는 와인이 많다. 산이 주를 이루지만 산량은 6~7g/L 정도다. 잔당이 적어 청량감이 있는 단순한 맛으로 느껴진다. 알코올 도수도 12~13% 정도가 많다. 여운은 짧고 경쾌한 맛이 많다.

 아르헨티나

안데스 산맥 기슭의 고산 지대에서 포도를 재배하고 있으며 토론테스는 그중에서도 특히 고도가 높은 살타주에서 재배한다. 칼차키 밸리의 카파자테는 해발 1,500m가 넘는 대표 산지로, 고산 지대의 서늘한 공기와 강렬한 햇볕이 포도를 키우며 3,000m가 넘는 고도에 위치한 포도밭도 있다.

제공: 산토리 주식회사

고슈
Koshu

대표적인 동의어 없음

원산지 일본

외관상의 특징

크고 다소 긴 송이에 중간 크기의 열매, 껍질이 두껍고 자홍색을 띠는 타원형의 청포도

적합한 재배 환경

수세가 강하고 습기에 강하다. 내병성이 있다. 만생종으로 수확 시기는 9월 중순에서 10월 하순이다. 재배는 전통적인 선반 재배가 많지만 수평으로 늘어트린 울타리 재배를 하는 생산자도 늘고 있다.

양조 방법의 예시

고슈는 다양한 종류가 있으며 레몬, 자몽 같은 향이 나는 티올계 화합물 향이 나는 타입, 효모 찌꺼기를 이용한 쉬르 리 제법을 이용한 풍미가 풍부한 타입, 오크통 숙성을 하는 타입까지 다양한 제법이 시도되고 있다. 스킨 콘택트, 양조 발효에 의해 오렌지색으로 착색된 타입도 있다.

향과 맛의 특징

앞서 언급했듯이 양조 방법에 따라 향이 크게 달라진다. 자몽, 배 등 은은한 1차 아로마, 레몬, 자몽과 같은 과일 향, 일본 감귤이라 불리는 유자, 영귤, 카보스 향이 있다. 껍질에서 유래한 정향(정향)의 향도 있다. 효모에서 유래한 이스트 향, 사케와 같은 긴조향(사과, 바나나, 멜론)이 있다. 절제된 향이 특징이다. 맛은 신맛과 단맛 모두 부드럽게 느껴진다. 알코올도 11~12% 정도가 많아 전반적으로 낮은 편이다. 여운에서 효모에서 유래한 것으로 추정되는 감칠맛이 느껴진다. 껍질에서 느껴지는 쓴맛이 느껴질 때도 있지만 강하지는 않다.

대표 생산국 **일본**

와인용뿐만 아니라 생식용으로도 이용되는 포도로 일본 전역에서 재배된다. 특히 야마나시현이 재배의 중심지로 고슈 포도의 96%가 생산되고 있다. 그 외의 산지로는 야마가타현 쇼나이 지방, 오사카부 카시와바라시, 시마네현 등이 있다. 다양한 기후 조건의 산지에서 고슈다운 특징이 있는 와인이 만들어지고 있다.

피노 그리
Pinot Gris

대표적인 동의어) 피노 그리지오(Pinot Grigio: 이탈리아),

그라우부르군더(Grauburgunder: 독일), 룰렌더(Ruländer: 독일, 오스트리아)

원산지) 프랑스 부르고뉴 지방

외관상의 특징)

작은 송이에 작은 열매, 껍질이 옅은 회색을 띠는 자홍색의 둥근 모양의 청포도

적합한 재배 환경

서늘한 산지가 중심이었으나 최근에는 온난한 기후의 산지에서도 재배된다. 발아가 비교적 빠르고 일찍 숙성된다. 잿빛곰팡이병과 흰가루병에 약하다. 수확 시기는 9월에서 10월로 산지에 따라 차이가 있다. 프랑스 알자스 지방, 독일 바덴 지방, 이탈리아 북부 프리울리 베네치아 줄리아주, 트렌티노 알토 아디제주가 주요 재배지다. 최근에는 미국 오리건주와 뉴질랜드에서도 와인이 생산되고 있다.

양조 방법의 예시

수확 후 제경 작업을 하며, 스킨 콘택트 실시 여부는 산지에 따라 다르다. 소프트 프레스로 압착한 후 저온으로 컨트롤되는 스테인리스 탱크에서 알코올 발효를 하는 경우가 많다. 알자스에서는 오크통 숙성을 거친 고급 스타일도 생산한다.

향과 맛의 특징

오렌지, 서양배, 모과, 황도, 파인애플, 꿀과 같은 향에서 높은 당도를 연상시키는 과일 향을 지닌 와인이 많다. 귀부 포도를 연상시키는 휘발성의 날카로운 향과 껍질에서 나오는 스파이시한 향이 있다. 맛은 단맛이 풍부하게 퍼지는 와인이 많으며 신선한 산과의 균형이 잘 잡혀 있다. 후반부로 갈수록 쓴맛과 진한 맛이 남는 경우가 많다.

대표 생산국 | **프랑스**

원산지인 부르고뉴 지방에서는 거의 재배되지 않고 알자스 지방이 재배의 중심지다. 심플한 드라이 와인부터 알자스 그랑 크뤼처럼 맛이 탄탄하고 장기 숙성이 가능한 와인, 늦게 수확한 포도를 사용한 방당주 타르디브, 귀부 포도를 사용한 셀렉시옹 드 그랑 노블 등 다양한 스타일의 와인을 생산한다.

세미용
Sémillon

대표적인 동의어

없음

원산지

프랑스 보르도 지방

외관상의 특징

큰 송이에 큰 열매, 껍질이 엷은 황록색을 띠는 둥근 모양의 청포도

제공: 단바 와인 주식회사

적합한 재배 환경

수세가 강하고 일찍 익는 편이며 생산성이 높은 품종으로 기후에 관계없이 안정적인 수확량을 얻을 수 있다. 잿빛곰팡이병, 검은곰팡이병에 약하지만 흰가루병에 강하다. 껍질이 얇아서 귀부균에 쉽게 감염된다. 원산지인 보르도 지방에서는 드라이한 와인과 스위트 와인용 포도를 각각 재배한다. 드라이 와인은 단독으로 만들어지는 경우는 드물고, 소비뇽 블랑과 블렌딩하는 경우가 많다. 스위트 와인으로는 소테른 지역 등에서 세미용을 중심으로 귀부 포도를 사용한 귀부 와인이 생산되고 있다. 그 외의 산지로는 호주 뉴사우스웨일스주 헌터 밸리, 서호주의 마가렛 리버에서 드라이한 와인이 생산된다. 수확 시기는 북반구는 9월, 남반구는 2월에서 3월이다.

양조 방법의 예시

보르도 지방에서는 포도를 압착한 후 온도가 컨트롤되는 스테인리스 탱크 등에서 알코올 발효를 하고, 그 후 소비뇽 블랑 등과 블렌딩한다. 오크통에 옮겨서 젖산 발효(MLF)를 한 다음 일정 기간 오크통 숙성(6~12개월 정도)을 한 후 가볍게 필터링하여 병입한다.

호주의 헌터 밸리에서는 야간에 수확한 포도를 압착한 후 온도가 컨트롤되는 스테인리스 탱크 등에서 알코올 발효 후 효모 찌꺼기와 함께 담가 맛을 끌어낸다. 비교적 낮은 알코올 도수(약 11~12%)로 산도가 높은 화이트 와인을 만든다.

세미용은 세미 아로마틱 품종으로 테르펜 계열의 꽃향기, 락톤에서 유래한 백도, 모과, 파인애플 등의 핵과일 향이 특징이다. 보르도에서 생산되는 와인이라면 오크통에서 유래한 향이 부여된다.

헌터 밸리 와인에서는 특히 꽃향기, 효모 찌꺼기와 함께 숙성된 효모 향, 그리고 페트롤과 같은 등유향 또는 타는 아스팔트 같은 향을 느낄 수 있다. 맛은 수확 시 포도의 상태에 따라 다르지만, 보르도라면 단맛과 알코올이 느껴지고 산이 억제되어 있다. 오크통에서 유래한 쓴맛이 느껴져 복합적이다. 반면 헌터 밸리에서는 pH가 낮고 산도가 높은 포도를 사용하기 때문에 맛은 날카로운 산이 중심이 되고 잔당이 적다. 죽은 효모와 함께 숙성시켜서 감칠맛이 느껴진다. 알코올 도수는 낮은 경우가 많지만 이를 느끼지 못할 정도로 진한 맛이 난다.

대표 생산국

| 호주 |

뉴사우스웨일스주는 인구가 가장 많은 주이며, 시드니가 주도다. 뉴사우스웨일스주의 헌터 밸리는 명산지로 높은 평가를 받고 있다. 해풍과 구름이 더위를 식혀주는 기후적 특징이 있고 모래질, 점토질 등 보수성이 높은 토양으로 관개가 필요 없어 곰팡이에 약한 세미용에 적합하다.

서호주의 마가렛 밸리에서는 소비뇽 블랑과 블렌딩한 보르도 타입의 와인이나 귀부 와인, 남호주의 바로사 밸리에서는 조기에 수확해 신선한 맛이 특징인 와인이 만들어진다.

뮈스카데
Muscadet

 멜롱 드 부르고뉴(Melon de Bourgogne: 프랑스)

 프랑스 부르고뉴 지방

작은 송이에 작은 열매, 껍질이 옅은 황록색을 띠는 둥근 모양의 청포도

적합한 재배 환경

일찍 익고 수확량이 많다. 서리에 강하지만 잿빛곰팡이병에 약하다. 루아르 지방 페이낭테 지역은 대서양에 가까워 습도가 높고 서리 피해, 수확기의 곰팡이가 문제가 되지만 뮈스카데 재배에는 적합하다. 수확 시기는 8월 하순에서 9월이다.

양조 방법의 예시

쉬르 리 제법이 중심이다. 포도를 수확하여 제경, 압착 후 과즙을 온도가 컨트롤되는 스테인리스 탱크에 넣고 6~9주 동안 알코올 발효를 한다. 그 후 큰 오크통이나 스테인리스 탱크에서 효모 찌꺼기와 함께 쉬르 리를 하고 찌꺼기를 제거한 후 병입하여 출하한다. 뮈스카데 세브르 에 멘의 A.O.C. 규정상 수확 이듬해 3월부터 11월 말까지 병입을 할 것이 의무화되어 있기 때문에 약 6개월 정도 효모 찌꺼기와 함께 재우게 된다. 정기적으로 바토나주(섞어주기)를 실시한다.

향과 맛의 특징

포도 품종에 특별한 향은 존재하지 않으며 뚜렷한 1차 아로마가 잘 느껴지지 않는 것이 특징이다. 레몬, 라임, 자몽 등의 감귤류 향이 약간 느껴진다. 과일의 숙성도에 따라 사과, 서양배 향이 느껴지기도 한다. 쉬르 리에서 유래한 효모나 치즈와 같은 양조 특유의 향이 특징적으로 느껴진다. 아이오딘 향이 동반될 수 있다. 맛은 산미가 주를 이루며 단맛은 거의 느껴지지 않는다. 맛의 후반부에 뚜렷한 감칠맛, 짠맛이 느껴지는 것이 특징이다.

 프랑스

루아르 지방에 있는 4개의 와인 산지 중 가장 강어귀에 가까운 페이낭테 지역에서 주로 생산된다. 루아르강 하구에 가까운 낭트시를 중심으로 뮈스카데 산지가 펼쳐져 있다. 대서양 쪽에 가까운 포도밭에서는 바다가 가까운 덕분에 해풍에 의한 맛이 더해져 짠맛이 느껴지기도 한다.

그뤼너 벨트리너
Grüner Veltliner

대표적인 동의어 없음

원산지 오스트리아(니더외스터라이히주가 원산지라는 설이 있음)

외관상의 특징
중대형 원추형 송이에 큰 열매, 껍질이 두껍고 녹황색을 띠는 둥근 모양의 청포도

적합한 재배 환경

수세가 강하기 때문에 수확량 조절이 필요하다. 개화기에 약하고 건조에 약하다. 노균병, 흰가루병, 영양결핍으로 인한 백화 현상이 발생하기 쉽다. 수확 시기는 9월 하순에서 10월이다. 재배는 오스트리아가 중심이지만 헝가리, 슬로바키아, 체코에서도 재배되며 최근에는 호주, 뉴질랜드, 미국, 캐나다로 확대되고 있다. 오스트리아의 재배지는 황토성 토양(사막이나 빙하에서 퇴적된 암석 가루가 바람에 의해 운반되어 퇴적된 것)에서 잘 자란다.

양조 방법의 예시

포도를 수확한 후 제경, 압착을 거친 과즙을 온도가 컨트롤되는 스테인리스 탱크에 넣고 발효한다. 이후 효모 찌꺼기와 함께 일정 기간 쉬르 리를 한다. 기간은 생산자에 따라 다르지만 6~10개월 정도인 경우가 많다. 오크통 숙성을 거친 고급 타입이 있다.

향과 맛의 특징

자몽, 사과, 배 등 과일에서 유래한 1차 아로마를 느낄 수 있다. 세이지 등 허브 향, 셀러리, 아스파라거스 등 줄기채소 향, 흰 후추의 향이 있다. 청포도로서는 드물게 로탄돈이 껍질에 함유되어 있다. 맛은 탄탄한 산미가 주를 이루지만 단맛도 느껴져 균형이 잘 잡혀 있다. 후반부에 쓴맛과 쉬르 리에서 유래한 감칠맛이 느껴진다. 흰 후추 향은 레트로네잘로 느껴지는 경우가 많다.

오스트리아

니더외스터라이히주와 브룬트란트 북부에서 널리 재배되고 있지만 중심 산지는 니더외스터라이히주의 바하우와 캄프탈이다. 바하우의 포도 재배 면적의 약 절반이 그뤼너 벨트리너이며, 주로 다뉴브 계곡의 가파른 경사면 밭의 아래쪽에서 재배된다. 캄프탈은 동쪽의 파노니아 평원에서 불어오는 따뜻한 바람과 북서쪽에서 불어오는 차가운 바람의 영향을 받아 서늘한 느낌을 주는 풍부한 산미가 특징이다.

아시르티코
Assyrtiko

대표적인 동의어) 없음

원산지) 그리스 산토리니 섬

외관상의 특징

큰 송이에 큰 열매, 껍질이 두껍고 녹황색을 띠는 둥근 모양의 청포도

적합한 재배 환경

껍질이 두껍기 때문에 건조에 강하고 병충해에 강하다. 일조량이 많아도 산도가 높고 잘 익은 포도를 맺을 수 있다. 그리스 산토리니 섬을 비롯한 화산재로 덮인 화산재 토양인 에게해 섬들, 그리스 북부 아민데온 지역에서 재배된다. 산토리니 섬에서는 포도 생육기에 불어오는 강풍과 강한 햇볕으로부터 포도송이를 보호하기 위해 나뭇가지와 잎을 나선형으로 감는 클루라라는 방식으로 재배한다. 그리스 이외에는 남호주, 캘리포니아에서도 재배된다. 수확 시기는 8월 하순에서 9월이다.

양조 방법의 예시

포도를 수확하여 제경, 압착 후 과즙을 온도가 컨트롤되는 스테인리스 탱크에서 발효시키고 효모 찌꺼기와 함께 바토나주를 하면서 일정 기간(3~6개월) 쉬르 리를 한다. 오크통 숙성을 거치는 고급 라인도 있다.

향과 맛의 특징

모과, 파인애플과 같은 당도가 높은 과일부터 자몽과 같은 산도가 높은 과일까지 폭넓은 1차 아로마를 느낄 수 있다. 효모에 의한 향, 바다에서 유래한 아이오딘 향도 느낄 수 있다. 알코올 도수가 높은 경우가 많아 휘발하는 알코올의 향이 느껴진다. 대륙에서 재배된 아시르티코에서는 아이오딘 향이 느껴지지 않는다. 맛은 과실 향이 강하고 단맛이 강하며 알코올 도수가 높고 보디감이 두텁다. 산미는 부드럽고 쓴맛과 강한 깊은 맛이 있다. 후반부에 짠맛이 느껴지며 복잡한 여운이 이어진다.

 ## 그리스

원산지인 산토리니 섬은 본토에서 동남쪽으로 약 200km 떨어진 에게해 남부에 위치한 화산이 형성한 칼데라 지형의 일부로 그 외륜산에 해당한다. 매우 건조한 지중해성 기후로 비가 거의 내리지 않고 병해충 발생도 거의 없다. 산토리니 섬 외에도 에게해의 섬들, 마케도니아, 그리스 중부, 펠로폰네소스 반도에 이르는 산지에서 재배된다.

제공: 단바 와인 주식회사

실바너
Sylvaner

대표적인 동의어 실바네르(Sylvaner: 프랑스), 실바너(Silvaner: 독일),
그뤼너 실바너(Grüner Silvaner: 독일), 요하네스버그(Johannesberg: 스위스)

원산지 오스트리아

외관상의 특징
작은 송이에 중간 크기의 열매, 껍질이 두껍고 황록색을 띠는 둥근 모양의 청포도

적합한 재배 환경

수세가 강하여 수확량 관리가 필요하다. 열매가 일찍 익고 서리에 대한 내성이 약해 병충해에 취약하다. 서늘한 기후에 적합하며 독일과 프랑스 알자스 지방이 주요 재배지이다. 독일 프랑켄을 제외하고는 재배지가 감소하고 있다. 프랑켄에서는 조개껍질을 중심으로 구성된 퇴적물에 의한 석회암 토양에서 재배된다. 수확 시기는 8월 하순에서 9월이다.

양조 방법의 예시

포도를 수확하여 제경, 압착 후 과즙을 저온에서 온도가 컨트롤되는 스테인리스 탱크에 넣어 발효한 다음, 효모 찌꺼기와 함께 바토나주를 하면서 일정 기간 스테인리스 탱크에서 쉬르 리를 진행한다. 쉬르 리의 기간은 생산자에 따라 다르다. 오크통 숙성을 거치는 고급 라인도 있다.

향과 맛의 특징

레몬, 라임과 같은 감귤류 향이 주를 이루며 숙성도가 높은 와인이라면 사과의 뉘앙스를 느낄 수 있지만 소위 품종 특유의 향은 약하다. 셀러리, 아스파라거스 등 줄기채소 향, 흰 후추 등 향신료 향, 효모에 의한 향이 있을 수 있다. 맛은 단맛이 약하기 때문에 산미가 주를 이룬다. 신선함이 느껴지는 심플한 와인이 많다. 여운에 약간의 쓴맛과 감칠맛이 느껴진다.

대표 생산국 **독일**

프랑켄, 라인헤센, 팔츠 등의 산지에서 재배된다. 대표 산지인 프랑켄은 일교차가 큰 대륙성 기후로 프랑크푸르트 동쪽에 위치하며, 포도는 마인강과 그 지류 강 남쪽 경사면에서 재배된다. 복스보이텔이라고 불리는 뭉툭하고 둥글둥글한 독특한 모양의 병을 사용하는 경우가 많다.

루카치텔리
Rkatsiteli

대표적인 동의어 몰도바에 여러 종류가 있음

원산지 조지아 카헤티 지방

외관상의 특징
큰 송이에 작은 열매, 껍질이 두껍고 황록색을 띠는 둥근 모양의 청포도

적합한 재배 환경

늦게 익지만 산도가 유지되는 특징이 있으며 필록세라에 강하고 내한성이 강하다. 조지아를 중심으로 우크라이나, 몰도바, 아르메니아, 불가리아, 러시아에서도 재배되고 있다. 발아가 늦고 추위에 강해 코카서스 지방 등 겨울 추위가 심한 지역에서 많이 재배된다. 수확 시기는 9월 중순에서 10월 중순이다.

양조 방법의 예시

전통적 양조 방법으로는 수확한 포도를 압착하지 않고 크베브리 내에서 장기간 알코올 발효(약 3개월)를 한 다음 발효가 끝난 후에도 크베브리 내에서 숙성(약 6개월)을 한다. 그 후 여과하지 않고 그대로 병입하여 출하한다. 장기 양조를 하지 않는 일반적인 유럽식 양조법에 의한 화이트 와인도 만들어지고 있다.

향과 맛의 특징

전통적 제법으로 만드는 경우에는 껍질과의 접촉 시간으로 인해 독특한 1차 아로마가 나타난다. 살구, 모과, 오렌지, 감 향, 숙성에 따른 홍차의 찻잎 향, 휘발성 산, 세메다인 같은 향이 느껴질 수 있다. 양조와 시간의 흐름이 향에 드러난다. 맛은 단맛이 있고 산은 부드럽게 변화하고 있다. 양조에 의한 강한 쓴맛이 특징적이며, 일반 화이트 와인에서는 거의 느낄 수 없는 가벼운 수렴성이 느껴진다.

대표 생산국 **조지아**

카헤티 지방의 토착 품종으로 카헤티, 카르틀리를 중심으로 전역에서 재배되고 있다. 카헤티는 수도 트빌리시가 있는 카르틀리 지방의 동쪽에 위치한 조지아 최대 와인 산지로 총 생산량의 약 80%를 차지한다. 대륙성 기후로 건조하고 여름은 덥고 겨울은 온난하여 루카치텔리에 적합한 환경이다.

제공: 단바 와인 주식회사

(품종명)

아르네이스
Arneis

(대표적인 동의어) 없음

(원산지) 이탈리아 피에몬테주

(외관상의 특징)

작거나 중간 크기의 원추형 송이에 중간 크기의 열매, 껍질이 두껍고 녹황색을
띠는 타원형의 청포도

적합한 재배 환경

일찍 익는 편이며 수확량이 적고 흰가루병 등 병해의 피해를 입기 쉽다. 따뜻한 해에
는 산도 유지가 어려워 재배가 어렵다. 수확 시기는 9월 중순에서 하순이다.

양조 방법의 예시

수확 후 제경, 압착을 하고 과즙을 냉각, 정화시킨 후 저온으로 조절하는 스테인리스
탱크에서 알코올 발효를 진행한다. 발효가 끝나면 저온을 유지하며 쉬르 리를 한다
(약 4~5개월 정도). 여름 전에 병입을 한다.

향과 맛의 특징

향은 레몬, 라임, 자몽 등 감귤류의 1차 아로마가 느껴진다. 쉬르 리에 의한 효모나
찹쌀 경단 같은 향이 느껴지기도 한다. 맛은 산이 주를 이루며 단맛이 비교적 느껴지
는 프루티한 타입부터 잔당이 거의 없는 드라이한 타입까지 폭이 넓다. 감칠맛, 쓴맛
덕분에 두터운 느낌을 주는 와인이 많다.

대표 생산국 | 이탈리아

피에몬테주 쿠네오 지방을 중심으로 재배되고 있으며 로에로 D.O.C.G., 랑
게 D.O.C. 포도 품종으로 허용하고 있다. 쿠네오주 알바의 북서쪽, 로에로
언덕 주변의 백악질 모래질 토양에서는 산이 잘 유지되고, 점토질 토양에서
는 우아하고 독특한 향기로운 와인이 만들어지는 것으로 알려져 있다.

코르테제
Cortese

대표적인 동의어) 없음

원산지) 이탈리아 피에몬테주

외관상의 특징

큰 송이에 작은 열매, 껍질이 옅은 녹황색을 띠는 약간 타원형의 청포도

제공: 단바 와인 주식회사

적합한 재배 환경

수세가 강해 수확량을 제한할 필요가 있다. 병충해에 강하다. 더운 해에도 산이 유지되므로 온난한 기후에 적합하다. 석회질에서 점토질까지 다양한 토양에서 재배 적합성을 보여주며, 수확 시기는 9월 중순에서 하순이다.

양조 방법의 예시

수확 후 제경, 압착을 하고 과즙을 냉각, 정화 후 저온으로 컨트롤되는 스테인리스 탱크에서 알코올 발효를 한다. 발효가 끝나면 저온을 유지하며 쉬르 리를 한다(약 2~3개월 정도). 봄철에 병입을 한다.

향과 맛의 특징

향은 사과, 자몽, 배 등 과일 향이 느껴지며, 재스민과 같은 플로럴한 1차 아로마를 느낄 수 있다. 쉬르 리의 효모 향이 느껴지는 경우가 있다. 맛은 산미가 주를 이루지만 단맛이 있고 과일 향이 느껴지는 맛이다. 후반부로 갈수록 약간의 쓴맛이 느껴진다. 쉬르 리의 감칠맛이 느껴지는 경우도 있다.

대표 생산국 | **이탈리아**

피에몬테주 남동부 알렉산드리아와 아스티주에서 재배되며, 가비 / 코르테제 디 가비 D.O.C.G., 코르테제 델라르토 몬페라토 D.O.C., 코르테제 델라르토 몬페라토 D.O.C.와 콜리 토르토네시 D.O.C. 인증을 받는다. 기르기 쉬워 롬바르디아주, 베네토주 등 재배 지역이 넓다.

제공: 산토리 주식회사

게뷔르츠트라미너
Gewürztraminer

대표적인 동의어) 트라미네르(Trammener: 이탈리아) 등 여러 가지

원산지) 이탈리아 트렌티노 알토 아디제주

외관상의 특징

작은 송이에 작은 열매, 껍질이 두껍고 옅은 분홍색을 띠는 둥근 모양의 포도

적합한 재배 환경

발아가 빠르고 서리의 영향을 쉽게 받는다. 건조하고 온난한 환경에서 천천히 성숙한다. 당도가 높아지기 쉽지만 동시에 산도가 낮아지기 쉽다. 수세가 강하지만 병충해에 약하다. 프랑스 알자스 지방, 독일, 오스트리아 등 유럽 지역부터 최근에는 최근 미국 북부, 호주, 뉴질랜드, 칠레, 일본 등에서도 널리 재배된다. 북반구의 수확 시기는 9월에서 10월 중순이다. 늦게 수확하는 경우는 11월경이다.

양조 방법의 예시

수확 후 제경, 압착을 통해 과즙을 청징한 후 저온으로 컨트롤되는 스테인리스 탱크에서 알코올 발효를 진행한다. 발효가 끝나면 청징시킨다. 봄에 가볍게 여과하고 병입하여 일정 기간 병에서 숙성시켜 출하한다.

향과 맛의 특징

향은 매우 화려하고 테르펜 계열의 향이 느껴진다. 리치, 열대 과일, 풋사과 등의 과일 향과 흰 장미, 재스민의 플로럴 향이 느껴진다. 후추, 코리앤더 등의 스파이시한 향이 느껴지기도 한다. 향에서 높은 당도가 느껴진다. 맛은 뚜렷하고 풍부한 단맛이 느껴지며 산미는 부드럽다. 알코올은 높은 경우가 많아 보디에 깊이를 더한다. 후반부에 쓴맛이 동반된다.

대표 생산국 | **프랑스**

대표적인 산지는 알자스 지방이다. 고도가 높고 서늘하고 건조하며 일조량이 많고 수분 보유력이 높은 점토질 토양이 발아와 익는 시간이 빠른 게뷔르츠트라미너 재배에 적합하다. 드라이 와인 외에도 귀부 와인이나 늦게 수확하는 포도를 사용한 스위트 와인도 생산되고 있다.

카베르네 소비뇽
Cabernet Sauvignon

비뒤르(Vidure: 프랑스) 등

프랑스 보르도 지방

작은 원뿔형 송이에 작은 열매, 껍질이 두껍고 자흑색을 띠는 둥근 모양의
적포도

제공: 산토리 주식회사

적합한 재배 환경

발아가 느리기 때문에 서리의 영향을 잘 받지 않는다. 수확량이 적다. 내한성이 강하고 병해나 해충에 대한 저항성이 강하다. 과실이 숙성되기까지 시간이 걸리며 메를로나 카베르네 프랑보다 1~2주 정도 늦게 익는 만생종이다. 수확 시기는 북반구는 9월 하순에서 10월 중순, 남반구는 3월 하순에서 4월이다. 서늘한 지역부터 온난한 지역까지 다양한 산지 특성이 있어 양질의 와인을 만들 수 있다. 200헥타르 이상의 재배 면적을 가진 국가 수는 29개국으로 포도 품종으로는 4위이다(O.I.V. 2017).

양조 방법의 예시

포도 수확 후 양조하는 방법에 따라 추출되는 타닌의 양이 다르다. 다양한 방법이 있지만, 알코올 발효 전에 저온 침용을 통해 껍질에서 색소(안토시아닌)를 추출하는 경우가 있다. 알코올 발효 중의 온도 관리도 다양한데, 비교적 높은 온도(30도 이상)로 하면 껍질, 씨에서 강한 타닌을 추출할 수 있다. 반면 저온(25~28도 등)으로 컨트롤하면 향기 성분이 남아있기 쉽다. 알코올 발효 후 스테인리스 탱크 또는 오크통에서 젖산 발효(MLF)가 이루어진다. 보르도에서는 12개월 이상, 그 외의 지역에서도 비슷한 기간 동안 오크통 숙성을 거치면서 오크통에서 타닌이 추출된다. 새 오크통 사용률은 생산자나 품목에 따라 다르다.

품종을 특징짓는 향으로 피망, 민트, 우엉으로 표현되는 메톡시피라진류에 의한 향이 느껴진다. 이 향기 성분은 과경(포도송이의 줄기 부분)에 53% 존재하고 나머지는 과실에 존재하는데 과실에 존재하는 성분 중 70%는 껍질 안쪽, 30%는 씨앗에 존재한다. 이 성분은 햇볕을 받은 과일이 익어감에 따라 감소하기 때문에 서늘한 산지에서 이 향이 남아 있는 경향이 있으며, 따뜻하고 일조량이 풍부한 산지에서는 이 향을 잘 느끼지 못할 수 있다. 생산자의 노력, 양조상의 연구를 통해 향의 발현에 차이가 발생한다. 1차 아로마로는 블랙베리, 카시스 향이 느껴진다. 온난한 기후에서 생산한 와인이라면 검은 체리, 자두와 같은 단맛을 느낄 수 있는 향이 난다. 오크통 숙성이 잘 된 와인이 많아서 바닐라, 삼나무 등의 나무류, 로스팅, 정향 등의 스파이스 향을 느낄 수 있다. 맛은 높은 산미와 수렴성이 특징이다. 입안을 꽉 조일 정도로 강한 타닌이 느껴지면서 높은 산미가 공존하는 것이 다른 품종에서는 찾아볼 수 없는 특징이다. 캘리포니아 등 온난한 산지에서는 당도가 높아져 단맛, 알코올이 강해진다.

| 프랑스 |

보르도 지방, 랑그독 루시옹 지방을 중심으로 재배된다. 보르도 지방에서는 여러 품종을 블렌딩하는 것이 일반적이며 메를로, 카베르네 프랑, 프티 베르도와 블렌딩한다. 카베르네 소비뇽은 메독 지방, 특히 지롱드강 좌안의 메독에서 그라브에 이르는 지역이 중심이다. 최근에는 메를로의 생산량이 증가하면서 카베르네 소비뇽의 블렌딩 비율이 낮아지고 있는 실정이다. 또한 그랑 크뤼 클라세, 세컨드 라벨, 서드 라벨로 등급을 나누어 와인을 생산하는 샤토도 있는데 등급이 낮아질수록 카베르네 소비뇽의 비율이 낮아지는 경향이 있으며, 카베르네 소비뇽 비율이 75% 이상인 와인을 구하려면 가격

이 높아진다. 보르도에는 메톡시피라진류의 향을 뚜렷하게 느낄 수 있는 와인이 많다. 오크통 숙성에 의한 훌륭한 향이 있으며 나무나 부엽토, 숲을 느끼게 하는 보르도 특유의 향이 독특하고 매혹적이다. 그레이트 빈티지로 불리는 기후 조건이 좋은 해에는 당도와 알코올이 높아진다. 그런 경우 탄탄한 산미가 존재하여 맛의 균형이 잘 잡힌 장기 숙성용 와인이 만들어진다.

| 호주 |

남호주의 쿠나와라, 바로사 밸리, 맥라렌 베일, 서호주의 마가렛 리버에서 양질의 와인이 생산되고 있다. 시라와 블렌딩을 하는 경우도 있다.

메톡시피라진류의 독특한 향이 느껴지는 것과 더불어 유칼립투스(시네올) 향이 두드러지게 느껴진다. 호주는 유칼립투스의 주요 산지로 포도밭과 근접한 곳에서 자라는 경우도 있다. 유칼립투스 나무의 에센셜 오일에는 시네올이라는 향기 성분이 있는데 유칼립톨(Eucalyptol)이라고도 불린다. 상쾌한 향이 특징이며 멘톨, 장뇌로 표현된다. 살균 작용과 항염증 작용, 진통 및 진정 작용이 있는 것

으로 알려져 의약품과 아로마테라피 등에 사용된다. 시네올은 월계수, 쑥, 바질, 약쑥, 로즈메리, 세이지 등의 잎에도 함유되어 있다. AWRI(호주와인연구소)의 연구에 따르면 유칼립투스와 포도밭의 위치가 가까울수록, 그리고 발효 시의 양조 기간이 길어질수록 와인 내 시네올의 농도가 높아지는 것으로 확인되었다. 또한 시네올 자체가 멘톨 계열의 향을 강화하고 메톡시피라진류가 존재할 경우 청피망의 향을 강화하며, 두 성분이 모두 존재할 경우에는 녹색 계열의 향을 전반적으로 더욱 강화하는 것으로 나타났고 특히 다른 지역보다 녹색 향이 더 강하게 느껴지는 경우가 많다.

| 미국 |

나파 카운티, 소노마 카운티, 산 루이스 오비스포 카운티, 로디 / 산 호아킨 카운티에서 고품질의 와인이 생산된다. 캘리포니아주 샌프란시스코의 연간 일조 시간은 3,000시간이 넘고 4월부터 9월까지 반년 동안 비가 오는 날은 14.8일에 불과하다(1981년부터 2010년까지 30년의 평균치, NOAA 〈미국 해양대기청〉). 이렇게 기후 조건이 좋은 덕분에 잘 익은 포도를 수확할 수 있고 와인에서 메톡시피라진류의 향을 느낄 수 있는 경우가 적다. 당도의 상승과 더불어 알코올 도수가 높은 것이 많아서 도수가 14%를 넘는 와인도 적지 않다. 균형 잡힌 당도와 풍부한 산미가 느껴지는 훌륭한 와인

이 많다. 또한 양조의 특징으로 오크통의 인상을 강하게 부여하는 경우가 많다. 프렌치 오크뿐만 아니라 아메리칸 오크를 사용하기도 한다.

산지의 개성이 느껴지는 훌륭한 카베르네 소비뇽이 만들어지며 최근 들어 높은 평가를 받고 있다. 재배 면적도 미국을 제치고 프랑스에 이어 2위로 올라서면서 주요 산지로 부상하고 있다. 아콩카과, 콜차구아, 마이포 등의 산지가 중심이다.

칠레 산지의 특징은 안데스 산맥에서 흘러나오는 강가의 경사면에 포도밭이 형성되어 있다는 것이다. 일조 시간이 캘리포니아만큼 길고 강수량이 적다. 안데스 산맥의 눈이 녹은 물로 관개를 하여 포도를 재배할 수 있다. 충분한 일조량을 받은 포도가 재배되기 때문에 폴리페놀이 많고 산도가 높게 유지되는 것이 큰 특징이다.

알코올 도수는 14%를 넘는 와인도 있지만 최근에는 13%대를 유지하는 와인이 주류를 이루고 있다. 메톡시 피라진류를 비롯한 허브 계열의 향과 카시스 계열의 향, 로스팅한 커피, 연기 같은 독특한 향을 느낄 수 있다. 오크통은 프렌치 오크를 많이 사용해 바닐라 계열의 향을 느낄 수 있다.

pH와 유기산의 관계

샤르도네의 어원은 부르고뉴 남부 마코네 지역의 '소가 풀을 뜯던 목초지'라는 뜻의 'Chardonnay'라는 마을 이름에서 유래했다. 유전학적으로는 피노 누아와 구애 블랑의 자식이며, 가메와 형제 관계이다. 알리고테, 뮈스카데와도 비슷한 점이 있다. 확실히 샤르도네, 알리고테, 뮈스카데는 블라인드에서 서로 헷갈리는 경우가 많다.

제공: 산토리 주식회사

피노 누아
Pinot Noir

대표적인 동의어

그로 누아리엥(Gros Noirien: 프랑스), 슈페트부르군더(Spätburgunder: 독일),
블라우부르군더(Blauburgunder: 스위스), 피노 네로(Pinot Nero: 이탈리아),
블라우어 부르군더(Blauer Burgunder: 오스트리아)

원산지 프랑스 부르고뉴 지방

외관상의 특징

작은 원뿔형 송이에 중간 크기의 열매, 껍질이 얇고 자흑색을 띠는 둥근 모양의
적포도

적합한 재배 환경

일반적으로 재배가 어렵다고 알려져 있다. 밀착형 열매이기 때문에 곰팡이 번식, 병충해, 자연 재해에 취약하고 일찍 익기 때문에 서리 피해를 입기 쉽다. 일본 홋카이도의 평균 기온이 상승하여 좋은 품질의 포도가 자라게 되었다. 수확 시기는 북반구는 9월, 남반구는 3월이며 200헥타르 이상의 재배 면적을 가진 국가 수는 18개국으로 포도 품종으로는 6위이다(O.I.V. 2017).

양조 방법의 예시

향이 풍부한 품종이기 때문에 다른 적포도 품종과 다른 양조 공정을 거치는 경우가 있다. 알코올 발효 전에 저온 침용을 실시하여 껍질에서 나오는 안토시아닌, 타닌 및 기타 페놀 조성물 등의 성분을 추출한다. 포도를 제경하지 않고 송이 전체를 발효하는 경우가 있는데, 이 경우에는 수렴성이 증가하여 와인의 질감이 복합적으로 변하고 가벼운 보디의 경우 와인의 질감이 개선되기도 한다. 향에서는 식물이나 정향(정향) 등의 향이 난다. 또한 세니에법에 따라 과즙의 양을 줄여 껍질에서 페놀 추출의 효율을 향상시키는 방법도 이루어지고 있다.

붉은 계열의 과일 향이 품종 특유의 향이며 라즈베리, 딸기 등의 향이 존재한다. 또한 제라늄, 장미, 제비꽃과 같은 β-다마세논 등에 의한 꽃향기가 느껴진다. 꽃향기는 양조와 숙성에 의해 잘 남지 않게 되므로 과일의 숙성도가 높은 온난한 산지의 경우 붉은 체리나 카시스처럼 잘 익은 과일 향이 난다. 오크통 숙성 조건은 생산 지역, 생산자에 따라 구조가 다르지만 서늘한 지역이라면 새 오크통보다 중고 오크통을 사용하여 오크통의 풍미를 최소화하는 경우가 많다. 또한 오크통을 사용하지 않고 암포라라고 불리는 항아리에서 숙성시키는 부르고뉴 생산자도 있다. 오크통의 성분이 와인에 들어가지 않도록 하면서 산화를 거치는 것이 목적이며 이런 방식으로 만들면 홍차, 낙엽, 부엽토 등 오크통에 의존하지 않는 3차 아로마가 두드러지게 느껴지는 와인이 된다. 반면 잘 익은 포도로 만든 진한 피노 누아가 생산되는 산지에서는 새 오크통을 사용하여 더 강한 향과 맛을 부여하는 양조법이 이루어진다. 이런 와인에서는 바닐라, 삼나무 등 오크통의 향을 느낄 수 있다.

| 프랑스 |

부르고뉴 지방이 중심 산지이지만 알자스 지방, 루아르 지방의 상세르 등에도 재배지가 있다.

부르고뉴 지방에는 코트 도르의 북쪽에서 남쪽까지 많은 유명 생산지가 있어 전 세계 애호가들을 매료시킨다. 코트 도르의 산지는 매우 세분화된 원산지 명칭을 가지고 있으며, 세계에서 유례를 찾아볼 수 없을 정도로 독특하다. 가장 좁은 구획은 본 로마네 마을의 라 로마네로 면적이 0.84 헥타르에 불과하다. 이렇게까지 밭을 세분화할 수 있는 것은 이 지역에서 와인을 만들어온 오랜 역사가 있고, 이를 받아들이는 풍토가 있었기 때문일 것이다. 그 역사를 이어받은 부르고뉴의 많은 와인 생산자들이 다양한 와인을 만들고 있지만 지역명, 마을명, 프리미에 크뤼, 그랑 크뤼라는 등급이 있고 맛도 그에 비례하는 것처럼 느껴지는 경우가 많다. 등급이 낮을수록 과일 맛이 중심이 되고 등급이 높아질수록 3차 아로마에 의한 복합성이 더해져 단단한 과일의 단맛과 응축감이 나타나며 쓴맛, 진한 맛 등이 더해져 강렬한 인상을 만들어낸다. 숙성되면서 시간의 흐름이 와인의 향과 맛에 변화를 더한다.

루아르 지방 상세르의 피노 누아는 부르고뉴에서 생산되는 와인에 비해 가벼운 향과 맛의 와인이 많다. 알자스 지방에서는 부르고뉴나 보졸레의 가메와 같은 묵직한 맛의 와인이 늘고 있다.

| 뉴질랜드 |

국가 차원의 와인 생산 장려 정책에 의해 소비뇽 블랑에 이어 두 번째로 재배가 활발하게 이루어지는 품종이다. 재배 적합지로는 북섬의 마틴버러, 남섬 최남단 센트럴 오타고가 주목받고 있다. 마틴버러는 북섬의 다른 와인 생산 지역에 비해 기온이 상당히 낮고 수확기에 강우량이 가장 적어 부르고뉴와 비슷한 피노 누아를 만들 수 있다. 센트럴 오타고는 여름과 초가을의 건조한 날씨와 여름철 강한 햇볕이 특징이다. 이 때문에 포도의 껍질이 잘 익어서 껍질 속페놀의 양이 증가하며 타닌에 의한 맛이 골격을 이룬다. 당도, 알코올 도수도 비교적 높은 편이다.

| 독일 |

슈페트부르군더(Spätburgunder)라고 불리며 가장 광범위하게 재배되는 적포도 품종으로서 그 존재감이 커지고 있다. 바덴, 팔츠, 아를 등의 지역에서 기존보다 색이 짙고 진한 레드 와인이 생산되고 있으며 작은 오크통에서 숙성하는 생산자가 늘고 있다. 팔츠는 라인헤센에 이어 두 번째로 큰 산지로 독일 내에서도 온난한 기후로 인해 레드 와인을 많이 생산한다. 아를은 독일 서부의 작은 산지다. 아이펠 산맥이 비를 막아주어 레드 와인 생산에 적합한 기후를 가지고 있다. 바덴에서는 고급 라인에 속하는 레드 와인이 생산되며 협동 조합 방식의 생산 구조도 많지만 최근 부르고뉴 스타일을 도입한 도멘형 와인 생산이 주목받고 있다. 과실향이 풍부하고 탄탄한 스타일부터 프랑스 루아르 지방의 상세르처럼 경쾌한 와인을 만드는 생산자까지 다양하다.

| 미국 |

부르고뉴와는 다른 향과 맛의 스타일을 가지고 있다. 피노 누아를 가장 많이 재배하는 곳은 캘리포니아주이고 두 번째는 오리건주다. 캘리포니아는 일조시간이 길고 비가 많이 오지 않아 다른 산지에서는 느낄 수 없는 완숙한 포도의 인상을 느낄 수 있다. 당도가 높고 알코올 도수도 14.5% 정도로 높은 것이 많다. 오크의 풍미는 생산자에 따라 다양하게 드러나는데 새 오크통의 풍미가 강하게 느껴지는 타입부터 중고 오크통을 사용해 부르고뉴에 가까운 스타일까지 그 폭이 넓다.

오리건주는 캘리포니아에 비해 서늘하고 구름이 많고 일조량이 적다. 강우량도 캘리포니아보다 많지만 강우 시기가 포도의 생육기와 수확기를 벗어나기 때문에 피노 누아 재배에 적합하다. 프랑스 부르고뉴 지방과 거의 같은 위도에 있어 서늘한 기후를 활용한 포도 재배가 이루어진다. 캘리포니아주 와인과 달리 당도가 너무 높지 않고 알코올 도수도 13.5% 안팎으로 조절되어 부르고뉴 지방처럼 뚜렷한 산미를 느낄 수 있다. 캘리포니아에 비해 붉은 과일 계열의 인상이 강하게 느껴져 차분한 인상을 준다.

시라
Syrah

세린(Serine: 프랑스), 시라즈(Shiraz: 호주)

프랑스 론 지방 북부

중간 크기의 원뿔형 송이에 작은 열매, 껍질이 두껍고 자흑색을 띠는 둥근 모양의 적포도

적합한 재배 환경

발아는 느리지만 빠르게 익고 내병성이 다소 강하다. 온화한 기후부터 고온 기후까지 다양한 산지에서 재배가 가능하며 특히 폭염, 건조 지역에서도 재배가 가능하여 생산국이 증가하고 있다. 수확 시기는 북반구에서는 9월, 남반구에서는 2월 하순 ~4월이다. 200헥타르 이상의 재배 면적을 가진 국가의 수는 31개국으로 포도 품종으로는 3위이다(O.I.V. 2017).

양조 방법의 예시

프랑스 론 지방에서는 수확 후 제경을 진행하고 온도가 컨트롤되는 스테인리스 탱크에서 알코올 발효를 한다. 발효 후 양조 기간을 포함해 2~3주 정도 경과한 후에 젖산 발효(MLF)를 실시한다. 품목에 따라 오크통을 사용하는 비율이 다르며, 고급 라인의 경우에는 새 오크통을 50% 이상 사용하고 1~3년 정도의 숙성 기간을 거친다. 남호주의 각 산지에서는 아메리칸 오크를 사용하여 1~2년 정도 오크통 숙성을 한다.

향과 맛의 특징

산지의 기후에 따라 그 향과 스타일이 크게 달라지는 것이 시라의 특징이다. 특히 껍질에서 유래하는 성분인 로탄돈이 가져오는 검은 후추 향이 특징이다. AWRI(호주와인연구소)에 따르면 로탄돈은 매우 안정된 물질로 껍질에서 쉽게 추출되는 것으로 알려져 있다. 서늘한 지역과 계절에 재배된 포도에 많이 함유되어 있으며 베레종에서 수확까지의 기간 동안 증가하고 일조량이 많으면 감소한다. 일본의 시라는 로탄돈의 생성량이 많은 것으로 보고되고 있다. 또한 로탄돈의 후각 감도는 개인차가 커서 인구의 약 20%는 거의 느끼지 못한다. 후추 이외의 향도 서늘한 지역과 온난한 지역에서 차이를 느낄 수 있다. 서늘한 지역에서는 제비꽃 향이 두드러지게 느껴지며, 과일로는 블랙베리, 카시스, 블루베리 향이 있다. 론 지방의 코트 로티의 시라는 피노 누아로 착각할 정도로 우아한 스타일의 와인이다. 또한 마구간 냄새, 지비에 냄새라고 불리는 브레타노미세스 효모(에틸페놀 생성균)가 생산하는 독특한 향을 느낄 수 있는 것도 론 지방 시라의 특징이다. 양조 환경, 또는 오크통의 영향으로 이런 향이 발생한다고 알려져 있지만 해마다 감소하는 추세가 느껴진다. 맛은 풍부한 산미와 단맛을 지니므로 신선한 과일의 인상을 느낄 수 있다. 카베르네 소비뇽으로 착각하는 경우가 많은데 수렴성을 동반하는 강한 타닌은 적다. 쓴맛, 감칠맛으로 인해 맛의 균형이 잘 잡혀 있다.

| 프랑스 |

론 지방 북부가 중심 산지다. 에르미타주, 코르나스, 코트 로티가 명산지로 알려져 있지만 블라인드에서는 크로즈 에르미타주를 시라의 표준으로 여긴다. 론강에 의해 침식되어 형성된 계곡의 경사면에 포도밭이 있으며 경사면의 방향, 경사도, 토양의 질에 따라 포도의 숙성도가 달라지기 때문에 와인 맛에 영향을 미친다. 에르미타주는 강렬하고, 코트 로티는 우아하고 과일 향이 강한 스타일이다.

| 호주 |

1832년 제임스 버스비가 묘목을 심은 이래 현재는 프랑스에 이어 시라의 주요 산지로 자리 잡았다. 남호주가 중심 산지이며 바로사 밸리의 시라즈는 농후하고 과일 향이 풍부하며 초콜릿, 후추 등 향신료 향이 나는 풀보디 와인이 만들어져 전형적인 스타일이라고 할 수 있다. 후추 향은 환경에 따라 그 함유 농도가 달라지기 때문에 향의 강약에 차이가 있다. 카베르네 소비뇽과 마찬가지로 유칼립투스 향이 느껴지는 경우가 많다. 그 외에도 애들레이드 힐스, 쿠나와라 등의 산지가 있다. 서호주의 마가렛 리버에서는 남호주의 와인에 비해 알코올 도수가 다소 낮고 우아한 타입의 와인이 생산된다.

제공 : 단바 와인 주식회사

템프라니요
Tempranillo

센시벨(Cencibel: 스페인 카스티야 라 만차), 틴토 피노(Tinto Fino: 스페인 리베라 델 두에로), 틴타 데 토로(Tinta de Toro: 스페인 토로), 울 데 예브레(Ull de Llebre: 스페인 페네데스), 틴타 호리스(Tinta Roriz: 포르투갈), 아라고네즈(Aragonez: 포르투갈) 등

  스페인 리오하

가늘고 길고 큰 원통형 송이에 작은 열매, 껍질이 두껍고 자흑색을 띠는 둥근 모양의 적포도

적합한 재배 환경

고도가 높은 곳에서 잘 자라며 일조량이 많은 온난한 기후에 적합하다. 해충과 병충해에 약하지만 발아가 느리기 때문에 봄철 늦서리 피해는 거의 받지 않는다. 생육 기간이 매우 짧고 빠르게 익는다. 수확 시기는 8월에서 9월 중순이다. 템프라니요 생산국은 증가하고 있으며 200헥타르 이상의 재배 면적을 가진 국가 수는 17개국으로 포도 품종으로는 그르나슈와 동일하게 7위이다(O.I.V.2017).

양조 방법의 예시

수확 후 온도가 컨트롤되는(26~30도) 스테인리스 탱크에서 껍질과 함께 알코올 발효를 진행하며, 탱크 내 양조 기간은 와이너리에 따라 다르다. 알코올 발효 후 연장 침용이 이루어지기도 한다. 젖산 발효(MLF) 후 오크통 숙성이 이루어지는데 스페인에서는 숙성 기간이 정해져 있어서 크리안자는 24개월의 숙성 기간이 필요하며 그 중 6개월은 오크통에서 숙성하고, 레제르바는 36개월의 숙성 기간 중 12개월은 오크통에서 숙성하며, 그란 레제르바는 60개월의 장기 숙성이 필요하고 그 중 18개월은 오크통에서 숙성한다. 아메리칸 오크 또는 프렌치 오크로 제작한 다양한 크기의 오크통에서 숙성이 이루어지며 하나만 사용하는 생산자, 두 종류의 오크통을 모두 사용하여 블렌딩을 하는 생산자 등 다양하다.

1차 아로마보다 숙성에 따른 3차 아로마가 강하게 느껴지는 것이 특징이다. 아메리칸 오크를 사용한 경우에는 코코넛 밀크, 커피 밀크와 같은 오크락톤 향이 강하게 느껴진다. 또한 포도도 숙성 정도에 따라 블루베리, 자두, 말린 자두와 같은 향부터 시간이 지남에 따라 건포도, 말린 무화과 등 건조된 느낌까지 폭넓게 느껴진다. 또한 담배, 시가, 무두질한 가죽 등의 3차 아로마가 느껴진다. 맛은 산이 부드럽게 변화하며 풍부한 단맛이 느껴진다. 타닌은 추출 정도와 숙성 기간에 따라 달라지는데, 부드러운 타닌과 기분 좋은 쓴맛의 균형이 잘 이루어진 와인부터 수렴성이 있는 강한 타닌을 갖춘 와인, 오크통을 태운 듯한 쓴맛을 느낄 수 있는 와인까지 다양한 스타일이 존재한다.

| 스페인 |

스페인 북부부터 남부 라만차까지 광범위하게 재배되며 특히 리오하와 리베라 델 두에로가 명산지로 유명하다. 리오하는 프랑스 보르도 지방에서 고도의 양조 기술이 도입되면서 빠르게 발전했다. 리오하 중에서도 고급 와인을 생산한다고 알려진 리오하 알타는 해발 400~700m에 밭이 있어서 일 년 내내 온화한 기후가 유지되어 포도 생육에 적합하다. 리베라 델 두에로는 해발 750~900m의 고산 지대에 밭이 있어 일교차가 큰 산지이다. 강한 일조량과 높은 온도, 그리고 일교차로 인해 포도가 산도를 유지하면서 단기간에 숙성될 수 있다. 동부의 카탈루냐 페네데스, 북중부의 나바라, 중남부의 카스티야 라 만차 지방의 발데페냐스 등에서도 재배되는데, 각 지역마다 템프라니요를 부르는 명칭이 다르다.

제공 : 단바 와인 주식회사

산지오베제
Sangiovese

대표적인 동의어

브루넬로(Brunello: 이탈리아 브루넬로 디 몬탈치노), 푸르놀로 젠틸레(Prugnolo
Gentile: 이탈리아 비노 노빌레 디 몬테풀치아노), 모렐리노(Morellino: 이탈리아 모렐리노
디 스칸사노), 니엘루치오(Nielluccio: 프랑스 코르시카 섬) 등

원산지 이탈리아 토스카나주

외관상의 특징

중간 크기의 원뿔형 송이에 작은 열매, 껍질이 옅은 자홍색을 띠는 둥근 모양의
적포도

적합한 재배 환경

포도의 발아가 빠른 반면 숙성이 느리기 때문에 생육 기간이 길다. 포도가 숙성
되기까지 기후의 영향을 많이 받는데 기후가 좋은 더운 해에는 과실이 잘 익어
당도가 높은 포도가 되지만 비가 많이 오고 서늘한 해에는 산도가 높아지고 미
숙한 타닌이 남는다. 포도의 껍질이 얇기 때문에 수확기에 비가 많이 내리는 지
역에서는 부패 위험이 높아진다. 까다로운 품종이기 때문에 클론의 개량이 진
행되고 있다. 수세가 강해 포도 수확량을 조절해야 하며, 비옥하지 않은 땅에서
재배하기에 적합하다. 수확 시기는 9월 중순에서 10월이다.

양조 방법의 예시

대표 산지인 키안티 클라시코는 수확 후에 제경한 다음 온도가 컨트롤되는(26~30
도) 스테인리스 탱크에서 16~20일간 알코올 발효 및 침용을 한다. 이후 젖산 발효
(MLF)가 이루어진다. 이후 스테인리스 탱크나 프렌치 오크로 제작한 새 오크통 또
는 중고 오크통, 또는 슬라보니아 오크로 만든 대형 오크통, 시멘트 탱크 등 생산자
에 따라 다양한 저장 용기에서 12개월 정도 숙성한다. 브루넬로 디 몬탈치노는 이
보다 더 오랜 기간 숙성이 이루어지는데 총 50개월 이상으로 그 중 오크통에서 2
년 이상, 병에서 4개월 이상 숙성하도록 규정되어 있다.

향과 맛의 특징

붉은 과일 계열의 1차 아로마가 느껴지는 경우가 많지만, 숙성 과정이 길게 진행된
와인에서는 3차 아로마가 강하게 느껴지는 경우가 있다. 1차 아로마로는 레드 체
리, 라즈베리, 아세로라, 말린 장미, 무화과, 말린 토마토, 건포도 등을 느낄 수 있으
며 3차 아로마로는 불에 탄 껍질 향, 무두질한 가죽, 짚, 고무, 오크통의 향이 있다.

맛은 산이 중심적으로 느껴지는 것이 특징이다. 잔당은 적은 경우가 많다. 잔당이 적으면 쓴맛이 강하게 느껴진다. 반면 고급 라인에서는 풍부한 단맛이 느껴지는 경우가 많다. 젊은 빈티지의 경우 거친 수렴성이 느껴지는 와인이 있지만 숙성과 함께 차분해진다.

| 이탈리아 |

토스카나주가 대표적인 산지이다. 그 중에서도 유명 산지가 여럿 있지만 블라인드의 기준으로 삼아야 할 곳은 키안티 클라시코다. 피렌체와 시에나 사이에 펼쳐진 키안티 클라시코는 산지오베제의 비율이 80% 이상이어야 한다는 규정이 있다.

브루넬로 디 몬탈치노는 브루넬로(동의어 참조) 또는 산지오베제 그 로소라고 불리는 산지오베제 아종을 100% 사용해야 하며 키안티 클라시코보다 숙성 요건이 더 까다로워 총 50개월 이상, 그 중 오 크통에서 2년 이상, 병에서 4개월 이상 숙성해야 한다고 규정되어 있어 과일의 숙성도가 높고 긴 양조 과정을 거친 고급 와인으로 자 리매김하고 있다.

비노 노빌레 디 몬테풀치아노는 몬테풀치아노 주변의 산지이며 푸르뇰로 젠틸레(동의어 참조)의 비율이 70% 이상으로 규정되어 있다.

모렐리노 디 스칸사노는 토스카나주 남부의 산지로 바다 쪽 해양성 기후의 영향을 받는다. 모렐리노(동의어 참조)를 이용해 과일 향이 풍부하고 탄탄한 레드 와인을 만든다.

메를로
Merlot

없음

프랑스 보르도 지방

큰 원뿔형 송이에 중간 크기의 열매, 껍질이 다소 옅은 자흑색을 띠는
둥근 모양의 적포도

제공: 산토리 주식회사

적합한 재배 환경

카베르네 소비뇽보다 2주 정도 빨리 익어 당도가 높고 수확량도 많다고 한다. 내병성이 있는 것으로 알려져 있지만 일찍 발아하는 경향이 있어 늦서리 위험이 있다. 배수가 잘 되는 토양, 또한 점토질에 적합하다. 수확 시기는 9월 상순에서 10월 중순이다. 생산국 수는 증가하고 있으며 200헥타르 이상의 재배 면적을 가진 국가 수는 37개국으로 포도 품종으로는 2위이다(O.I.V.2017).

양조 방법의 예시

수확 후 제경을 한 다음 온도가 컨트롤되는(28~30도) 스테인리스 탱크에서 10~13일 정도 알코올 발효를 진행한다. 발효 후 압착을 하고 오크통에서 젖산 발효(MLF) 과정을 거친다. 그 후 12~18개월 정도 오크통 숙성이 이루어진다. 중고 오크통과 새 오크통의 비율은 생산자에 따라 다르다.

향과 맛의 특징

과일의 인상이 풍부해서 검은 체리, 블루베리, 카시스, 자두와 제비꽃, 올리브, 민트, 타임, 시소 등의 1차 아로마가 느껴진다. 메톡시피라진류에 의한 향은 산지에 따라 느껴지지 않을 수 있다. 3차 아로마는 산지에 따라 다르지만 바닐라, 초콜릿, 시가, 로스팅 등의 오크통에서 유래한 향부터 구세계의 메를로에서는 부엽토, 버섯 등의 향이 느껴지기도 한다. 과일의 진한 맛이 느껴지고 산미는 부드럽게 느껴진다. 수렴하는 타닌은 너무 강하지 않고 오크통에서 유래한 쓴맛이 느껴진다.

| 일본 |

나가노현, 야마나시현, 홋카이도를 중심으로 재배된다. 특히 나가노현의 시오지리시, 고모로시, 도미시, 가미타카이군, 야마나시현의 야쓰가타케 산기슭에서 좋은 와인이 만들어지고 있다. 향에 메톡시피라진류의 향이 남아 있는 경우가 많으며 오크통 숙성을 거치면 향의 인상에서 보르도 와인으로 느껴질 수 있다. 맛은 타닌이 적고 산도가 높은 것이 많으며 산뜻하고 응축감이 낮아 루아르 지역의 카베르네 프랑으로 착각할 수도 있다. 오크통 숙성을 하는 것부터 하지 않는 것까지 다양한 종류가 있는데 오크통 숙성을 하지 않는 타입의 경우 블라인드 난이도가 상당히 높다.

| 미국 |

캘리포니아주, 워싱턴주를 중심으로 재배된다. 두 산지 모두 기후 조건이 매우 좋아 잘 익은 포도를 사용한 와인이 만들어진다. 뚜렷한 오크 뉘앙스가 있고 단맛이 잘 느껴지며 알코올 도수는 14%를 넘는 것이 많다. 블라인드에서는 카베르네 소비뇽, 진판델로 착각하는 경우가 많다. 메를로는 카베르네 소비뇽에 비해 타닌의 질(수렴성)이 더 부드럽고 맛은 응축감이 다소 약하며 향에서 메를로는 카베르네 소비뇽에 비해 메톡시피라진 계열의 향이 적기 때문에 그런 점을 감안하여 구분할 필요가 있다. 진판델은 메를로보다 타닌이 적고 당도가 높아 맛이 다르다는 점, 진판델의 붉은 과일 향에 비해 메를로가 블루베리, 블랙베리 등 검은 과일 향이 더 강하게 느껴진다는 점도 판단 기준이 된다.

워싱턴주는 콜롬비아 밸리가 대표 산지로 산과 당도의 균형이 잘 잡혀 과일 향이 강하고 오크통에서 유래한 바닐라, 초콜릿 같은 향이 나며 비교적 알기 쉬운 맛의 와인이 많다.

보르도 지방을 중심으로 재배되며 재배 면적이 카베르네 소비뇽을 능가한다. 지롱드강 좌안의 메독 지구, 그라브 지구에서는 카베르네 소비뇽에서 메를로를 블렌딩하는 비율이 증가하고 있으며 세컨드, 서드 와인 등 중간 가격대의 품목에서 그 경향이 두드러진다. 우안의 생테밀리옹, 포므롤, 코트, 앙트르 뒤 메르 지역은 메를로가 중심이며 메를로 비율이 100%인 와인도 있다. 최근 보르도 지방의 와인에서는 향에서 메톡시피라진류에 의한 허브 계열의 향을 느낄 수 있는 경우가 줄어들고 있다. 다만 카베르네 소비뇽, 카베르네 프랑이 일정 비율로 블렌딩된 경우 미량이 느껴지는 경우도 있다.

1차 아로마로는 검은 체리, 블랙베리 등 뚜렷한 과일 향이 나며 흑설탕 등 당도가 높은 향이 느껴지는 것도 있다. 맛은 품목에 따라 차이가 크고 장기 숙성을 목표로 한 고가 라인부터 일상적으로 소비하는 저가 라인까지 다양하다. 고급 와인은 신대륙의 메를로보다 오크통의 인상, 타닌에 의한 쓴맛, 수렴성이 강하게 느껴지고 저가 라인에서는 응축감이 높지 않고 메를로 특유의 과일 향과 부드러운 맛을 느낄 수 있다.

제공: 단바 와인 주식회사

진판델
Zinfandel

대표적인 동의어 프리미티보(Primitivo: 이탈리아)

원산지 크로아티아

외관상의 특징

큰 타원형 송이에 중간 크기의 열매, 껍질이 얇고 자흑색을 띠는 둥근 모양의 적포도

적합한 재배 환경

비에 약하고 건조에 매우 강해 온난하고 건조한 기후를 선호한다. 열매가 크고 껍질이 얇아 밀집되어 있을 경우에는 곰팡이가 생기기 쉬워 과실이 썩을 수 있다. 또한 고르지 않게 익기 쉽다. 열매가 상당히 빨리 익어 당도가 높은 과즙이 나온다. 수확 시기는 주로 9월에서 10월이다.

양조 방법의 예시

수확 후 제경을 진행하고 저온으로 컨트롤되는 스테인리스 탱크에서 알코올 발효가 이루어지며 이후 젖산 발효(MLF) 과정을 거치게 된다. 오크통 숙성 기간은 6~12개월 정도가 일반적이지만 스테인리스 탱크에서 저장한 다음 오크통에서 숙성된 와인과 블렌딩하여 과일의 느낌을 강화하는 스타일, 강하게 토스트한 아메리칸 오크에서 숙성하는 강렬한 스타일, 새 프렌치 오크통을 사용하는 우아한 스타일 등 다양하다.

향과 맛의 특징

붉은 과일 계열의 향이 뚜렷하게 느껴지는 경우가 많은 것이 품종의 특징이다. 딸기, 라즈베리, 붉은 체리, 블루베리, 자두, 설탕에 절인 말린 자두 등 풍부한 과일 향이 난다. 당도가 높으면 잼이나 흑설탕 같은 향이 느껴진다. 오크통에서 나오는 3차 아로마로 바닐라, 코코넛 밀크, 카카오 향을 느낄 수 있다.

대표 생산국 | **미국**

미국 캘리포니아주 노스 코스트의 나파 카운티와 소노마 카운티가 재배 중심지이다. 소노마의 드라이 크릭 밸리 내륙 내 시에라 풋힐스 A.V.A(미국 정부 인증 포도 재배 지역)는 진판델이 대표적인 포도 품종으로 자리 잡고 있다. 로디는 캘리포니아주에서 가장 오래된 진판델 포도나무가 있고, 고급 라인 진판델을 많이 생산하고 있어 '진판델의 수도'라고 불린다.

말벡
Malbec

대표적인 동의어

코(Côt: 프랑스), 오세루아(Auxerrois: 프랑스)

원산지

프랑스 쉬드 웨스트 지방

외관상의 특징

작거나 중간 크기의 원통형 송이에 작은 열매, 껍질이 두껍고 짙은 색조의
자흑색을 띠는 둥근 모양의 적포도

제공: 단바 와인 주식회사

적합한 재배 환경

껍질이 두꺼워 숙성되기까지 시간이 걸리며 카베르네 소비뇽, 메를로보다 강한
일조량과 열이 필요하다. 꽃 떨림(결실 불량), 노균병 등 병충해와 늦서리 등에
취약한 문제점이 있었으나 클론 기술의 발전으로 개선되고 있다. 남반구의 수
확 시기는 2월 하순에서 4월이다.

양조 방법의 예시

수확 후 제경하고 껍질을 파쇄한 다음, 알코올 발효를 하기 전에 며칠간 저온 침용
을 통해 아로마를 추출한다. 그 후 온도가 컨트롤되는 스테인리스 탱크에서 1~2주
간 알코올 발효를 한다. 발효하는 중에는 색과 풍미를 추출하기 위해 펌핑 오버를
한다. 알코올 발효 후 3주 정도 연장 침용을 하는 경우도 있다. 젖산 발효(MLF)를
실시하여 프렌치 오크 오크통에서 6~12개월간 숙성한다. 오크통의 사용 비율과
새 오크통의 비율, 숙성 기간 등은 생산자, 품목에 따라 다르다.

향과 맛의 특징

과일과 꽃 향이 느껴지는 것이 특징이다. 1차 아로마로는 검은 체리, 블루베리, 카
시스, 말린 자두, 그리고 제비꽃 향이 느껴지는 경우가 많으며, 짙은 색조의 외관과
어울리지 않는 것이 개성적이다. 오크통 숙성에 따라 바닐라, 삼나무, 고기, 손질한
가죽, 훈연, 시가와 같은 향을 느낄 수 있다. 맛은 산미가 비교적 뚜렷하고 잔당도
많지 않아 신선한 맛을 느낄 수 있다. 타닌의 떫은맛은 외관만큼 강하게 느껴지
는 않지만 쓴맛은 강하게 느껴진다. 우아하게 느껴지는 맛의 밸런스가 최근 아르헨
티나 말벡의 특징이라고 할 수 있다.

| 아르헨티나 |

멘도사주는 안데스 산맥 동쪽에 펼쳐져 있으며, 세계의 '위대한 와인 수도●' 중 하나이다. 일조량이 풍부하고 강우량이 적으며 안데스 산맥에서 불어오는 건조한 바람으로 인해 건조한 대륙성 기후를 가지고 있다. 또한 안데스 산맥의 눈 녹은 물을 관개에 이용할 수 있다. 농약을 사용하지 않아도 포도의 병충해가 적은 환경으로 병충해에 약한 말벡에게 최적의 환경이다. 재배지는 고도가 높은 루한 데 쿠요에서 남서부의 우코 밸리까지 확대되고 있다. 이들 지역은 해발 900~2,000m의 안데스 산맥 기슭에 위치한다. 껍질이 두꺼운 말벡은 풍부한 자외선량으로 완숙될 수 있으며, 프랑스의 카오르처럼 타닌이 너무 강하지 않은 와인으로 완성된다.

●**위대한 와인 수도** 애들레이드(남호주), 빌바오(스페인 리오하), 보르도(프랑스), 케이프타운(남아프리카공화국), 마인츠(독일 라인헤센), 멘도사(아르헨티나), 포르투(포르투갈), 샌프란시스코 / 나파 밸리(미국), 파라이소(칠레 카사블랑카), 베로나(이탈리아), 호크스베이(뉴질랜드).

제공: 단바 와인 주식회사

그르나슈
Grenache

대표적인 동의어

가르나차(Garnacha: 스페인), 칸노나우(Cannonau: 이탈리아)

원산지

스페인 아라곤 지방

외관상의 특징

큰 송이에 큰 열매, 껍질이 연한 청자색을 띠는 둥근 모양의 적포도

적합한 재배 환경

고온의 건조한 기후를 좋아한다. 포도송이가 응축되기 쉬워서 습기가 많은 환경에서는 병해에 취약하다. 발아는 빠르지만 숙성이 느리기 때문에 완전히 익기 위해서는 긴 성장기가 필요하다. 스페인에서는 템프라니요보다 2주 정도 생육이 느려 결과적으로 포도 속 당도가 높아지기 쉽다. 수관이 단단해 미스트랄과 같은 강풍에 강하지만 주립식 재배로는 기계 수확을 하기가 어려워 손이 많이 간다. 북반구의 수확 시기는 9월에서 10월이다. 생산국 수가 증가하고 있으며 200헥타르 이상의 재배 면적을 가진 국가 수는 17개국으로 포도 품종으로는 템프라니요와 동일한 7위이다(O.I.V. 2017).

양조 방법의 예시

수확 후 제경을 하고 온도가 컨트롤되는 콘크리트나 오크통 등에서 알코올 발효를 거친다. 용기 내에서는 발효와 함께 전통적인 장기 양조(3주 정도)가 이루어진다. 젖산 발효(MLF)를 실시하고 6개월~2년 정도의 오크통 숙성을 거친다. 새 오크통의 비율, 숙성 기간은 생산자, 품목에 따라 다르다.

향과 맛의 특징

높은 당도가 향에서 느껴지는 경우가 많다. 자두, 말린 자두, 살구, 무화과 등 잘 익은 과일 향, 라즈베리 등 붉은 과일 계열의 향, 품목에 따라 장미, 제비꽃, 모란과 같은 꽃 향이 느껴지는 것도 있다. 오크통 숙성에 의해 바닐라, 삼나무, 시가, 훈연 같은 3차 아로마를 느낄 수 있다. 맛은 단맛이 강하고 알코올이 두텁게 느껴진다. 산도가 잘 유지된 와인이 많으며 신선하고 매력적인 스타일부터 복잡하고 묵직한 스타일까지 다양하다. 타닌의 수렴성이 비교적 강하고 진한 맛과 쓴맛이 느껴진다. 품목에 따라서는 진판델, 피노 누아, 코르비나로 착각할 수 있다.

| 프랑스 |

론 지방 남부를 중심으로 재배되며 샤토네프 뒤 파프, 지공다스, 바케이라스 등이 대표적인 산지다. 품종의 사용 비율에 대한 규정이 있는데, 샤토네프 뒤 파프는 남부 론을 대표하는 산지로 13개 품종의 사용이 허용되지만 그르나슈가 주를 이룬다. 지공다스는 그르나슈가 주가 되며(50% 이상) 여기에 시라, 무르베드르를 블렌딩한다. 바케이라스도 마찬가지로 그르나슈가 주가 되며(50% 이상) 여기에 시라, 무르베드르를 블렌딩한다. 대체로 그르나슈가 주요 품종이다. 양조법은 다양하게 있으며, 숙성 기간이 길고 탄탄한 맛의 와인부터 과일 향, 꽃향기가 나는 와인까지 폭이 넓다.

| 스페인 |

북부 지방의 원산지인 아라곤주, 나바라주, 리오하, 지중해 지방의 카탈루냐주 프리오라트가 대표 산지이다. 프리오라트에서는 수령이 오래된 가르나차(Garnacha)를 사용하여 가파른 경사면에 경작한 계단식 밭으로 재배하며 이렇게 심은 포도에서는 응축된 과실을 얻을 수 있다. 단독으로 사용하는 경우 외에도 카베르네 소비뇽, 시라 등과 블렌딩하기도 한다. 리오하에서는 템프라니요와 블렌딩하기도 한다. 숙성 기간은 6~18개월로 다양하며 숙성하는 용기도 오크통뿐만 아니라 푸드르, 암포라 등 생산자에 따라 다채로운 스타일의 가르나차가 생산된다.

카르메네르
Carmenère

여러 가지가 있다

프랑스 보르도 지방

작고 원뿔 모양의 송이에 중간 크기의 열매, 껍질이 두껍고 푸른빛을 띠는 둥근 모양의 적포도

적합한 재배 환경

일조 시간이 긴 온난한 지역이 최적의 재배지이며, 발아와 개화가 다소 늦어 칠레에서는 메를로에 비해 4~5주 정도 늦게 익는다. 봄에 습도가 높고 추운 기후에서는 꽃이 떨어져버리는 꽃 떨림 사태가 발생하기 쉽다. 수확량은 메를로에 비해 적다. 잎은 떨어지기 전에 붉게 단풍이 드는 특징이 있다. 남반구의 수확 시기는 4월에서 5월 중순이다.

양조 방법의 예시

수확 후 선과 및 제경을 거쳐서 파쇄한 다음 온도가 컨트롤되는 스테인리스 탱크 등에서 알코올 발효를 거친다. 용기 내에서는 발효와 함께 2~3주 정도 양조가 이루어진다. 젖산 발효(MLF)를 실시하고 12~15개월 정도의 오크통 숙성을 진행한다. 사용하는 오크통의 종류와 새 오크통의 비율, 숙성 기간은 생산자와 품목에 따라 다르다.

향과 맛의 특징

메톡시피라진류에 의해 허브, 민트, 피망 등 푸른 채소 향이 느껴지는 것이 특징이다. 과일 향으로는 블랙베리, 블루베리, 붉은 체리, 카시스 같은 향이 있고 숙성도에 따라 설탕에 졸인 듯한 달콤한 향을 느낄 수 있다. 3차 아로마로는 바닐라, 초콜릿 그리고 로스팅한 커피, 시가 등 칠레 특유의 오크통에서 나오는 향을 느낄 수 있다. 향은 카베르네 소비뇽과 공통점이 있지만 맛은 큰 차이가 있다. 단맛은 카르메네르가 더 높고 산은 부드러우며, 타닌의 떫은맛이 있지만 카베르네 소비뇽만큼 강하지는 않다. 맛의 밸런스는 메를로에 가까운 인상을 준다. 알코올 도수는 13.5% 이상인 경우가 많지만 최근에는 많이 낮아진 느낌이다.

| 칠레 |

주요 산지는 아콩카과 밸리, 센트럴 밸리의 콜차구아 밸리, 마이포 밸리, 카차포알 밸리, 마울레 밸리다. 태평양에 접해 있어 온화한 기후가 특징이다. 대부분의 와인 산지는 맑은 날씨가 많고 비가 거의 내리지 않는다. 따라서 알프스 산맥에서 흘러내리는 강 유역을 관개에 이용하기 때문에 강에 많은 포도밭이 형성되어 있다. 최고 기온이 높고 일조 시간이 길다. 과실이 익는 데 영향을 미치는 낮과 밤의 일교차가 약 20도 정도라서 포도 내 당도 상승과 산도 저하를 방지한다.

품종 토막 상식

카베르네 프랑은 카베르네 소비뇽의 부모일 뿐만 아니라 메를로, 카르메네르의 부모이기도 하다. 메톡시피라진류에 의한 공통적인 향이 발생하는 특징이 비슷해 흥미롭다.

[보르도 일가 품종의 친자 관계 1]

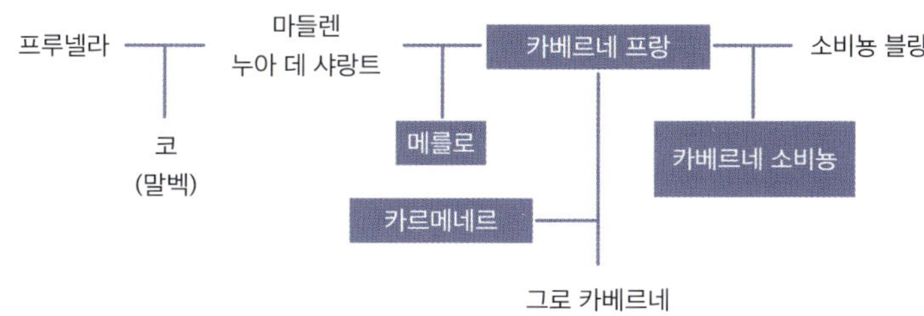

가메
Gamay

가메 누아 아 쥐 블랑(Gamay Noir à Jus Blanc: 프랑스) 등

프랑스 보졸레 지역

중간 크기의 원뿔형 송이에 큰 열매, 껍질이 연한 보라색을 띠는 둥근 모양의
적포도

**적합한
재배 환경**

일찍 발아하기 때문에 서리 피해를 받기 쉽지만 생육력이 강하고 빨리 익는 편
이라 서늘한 기후에서도 풍작이 되는 특징이 있다. 껍질이 얇아 병충해에 약하
다. 수확 시기는 8월에서 9월 중순이다.

**양조 방법의
예시**

수확 후 선과, 제경을 거쳐서 파쇄한 다음 온도가 컨트롤되는 스테인리스 탱크 등
에서 10~12일 정도 알코올 발효를 거친다. 보졸레 누보로 만들어지는 경우 탄산
침용(마세라시옹 카보닉)이나 반탄산 침용(세미 마세라시옹 카보닉)이라는 양조 방법
이 사용된다. 마을 이름 A.O.C.라 하더라도 탄산 침용을 하는 경우가 많다. 발효
후에는 젖산 발효(MLF)를 실시하고 10~15개월 정도의 오크통 숙성을 거친다. 사
용하는 오크통의 종류, 오크통의 비율, 숙성 기간은 생산자, 품목에 따라 다르다.
오크통을 사용하지 않고 스테인리스 탱크 숙성을 통해 풍부한 과실 향이 느껴지는
타입과 알코올 발효 전 2~3주 정도 저온 침용을 실시하여 신선한 맛을 느낄 수 있
는 타입이 있다.

**향과 맛의
특징**

딸기, 라즈베리 등 붉은 과일 계열의 1차 아로마가 특징적이다. 또한 장미, 제비꽃,
제라늄과 같은 플로럴 향이 있다. 탄산 침용을 한 경우 2차 아로마로 바나나, 멜론
향이 느껴진다. 피노 누아와 비슷하다는 인상을 느낄 수 있지만, 가메가 더 화려하
고 이해하기 쉽다. 비유하자면 과자의 향료처럼 느껴질 정도로 향이 강한 와인이
있다. 양조 방법에 따라 다양한 와인이 만들어진다. 오크통 숙성 기간이 길어질수
록 화려한 향의 인상이 약해지고 3차 아로마로 오크통, 향신료, 손질한 가죽, 소기
름과 같은 향이 강해진다.

맛은 과일 향, 신선한 산미와 단맛이 균형 있게 느껴진다. 수렴하는 타닌은 적고 쓴 맛은 비교적 강하게 느껴지며 깊은 맛이 있다. 알코올 도수는 13.5% 이하인 것이 많다.

| 프랑스 |

대표 산지는 보졸레 지역으로 리옹의 북쪽에 위치하며 손강과 보졸레 산맥 사이에 펼쳐져 있다. 북부는 화강암 토양, 남부는 석탄암, 이탄암, 편암, 화산성 토양으로 다양하다. 보졸레 지구는 생타무르, 줄리에나, 시에나, 물랭 아 방, 플뢰리, 쉬루블, 모르공, 레니에, 브루이, 코트 드 브루이 등 10개의 마을로 이루어진 크뤼 뒤 보졸레가 구성되어 있다. 각 마을마다 각기 다른 특성을 가진 포도밭이 있다. 브루이, 플뢰리는 과일 향이 특징이며 모르공과 물랭 아 방에서는 타닌이 강한 와인을 만들어 장기 숙성이 가능하다.

제공: 산토리 주식회사

카베르네 프랑
Cabernet Franc

브르통(Breton: 프랑스), 부셰(Bouchet: 프랑스)

스페인 바스크 지방

작거나 중형의 원뿔형 송이에 작은 열매, 껍질이 옅은 자흑색을 띠는
둥근 모양의 적포도

적합한 재배 환경

카베르네 소비뇽에 비해 1주일 정도 빨리 발아한다. 서늘한 기후에서 재배가 가능하다. 일찍 발아하기 때문에 서리 피해를 받기 쉽지만 생육력이 강하고 빨리 익는 편이라 서늘한 기후에서도 풍성하게 생산할 수 있는 특징이 있다. 껍질이 얇아 병충해에 약하다. 수확 시기는 9월에서 10월로 산지에 따라 차이가 있다.

양조 방법의 예시

수확 후 제경을 하고 5일 정도 저온 침용을 한다. 알코올 발효는 25도에서 10~15일간 실시하여 타닌의 추출을 높인다. 그 후 젖산 발효(MLF)를 실시한다. 레드 와인은 일정 기간 오크통에서 숙성하는 것이 일반적이지만, 프랑스 루아르 지방에서는 오크통 숙성을 거치는 타입뿐만 아니라 오크통을 사용하지 않고 스테인리스 탱크에서 저장하는 타입도 있다.

향과 맛의 특징

식물의 잎과 같은 향이 강하게 느껴지는 특징이 있다. 1차 아로마로는 라즈베리, 블루베리, 카시스 등의 과일 향과 장미, 제비꽃, 붉은 시소, 우엉, 허브의 식물 향이 느껴진다. 오크통 숙성을 하지 않은 경우에는 3차 아로마인 오크통의 향을 느낄 수 없다. 맛은 산미가 주를 이루고 단맛은 절제되어 신선한 인상을 주는 경우가 많다. 타닌은 부드럽고 쓴맛이 강하게 느껴진다. 프랑스 루아르 지방의 소뮈르 샹피니 등 일부 지역에서는 장기간 오크통 숙성을 하는 경우가 있어 오크통 향과 함께 강한 타닌이 느껴지기도 한다. 일본의 메를로와 혼동하기 쉽다.

| 프랑스 |

루아르 지방의 루아르 강변에 있는 앙주, 부르게이, 시농, 소뮈르 샹피니에서 카베르네 프랑을 널리 재배한다. 다른 품종과 블렌딩하지 않기 때문에 품종의 개성을 잘 느낄 수 있다. 순수하고 가벼운 레드 와인부터 보르도 지방처럼 장기간 오크통 숙성을 하는 스타일까지 다양하다.

보르도 지방에서도 재배되지만 재배 면적은 넓지 않으며, 보르도 좌안에서 카베르네 프랑은 카베르네 소비뇽이나 메를로의 보조 품종으로 사용되는 경우가 많다. 우안의 생테밀리옹에서 카베르네 프랑의 비율이 높은 와인이 만들어지고 있으나 그 종류는 적다.

품종 토막 상식

카베르네 소비뇽의 유전학적 부모는 카베르네 프랑과 소비뇽 블랑이다. 소비뇽 블랑과 슈냉 블랑은 사바냥을 부모로 하여 서로 유전학적 관계가 있다. 이 두 품종은 블라인드에서 서로 헷갈릴 수 있을 정도로 특징이 비슷하다.

[보르도 일가 품종의 친자관계 2]

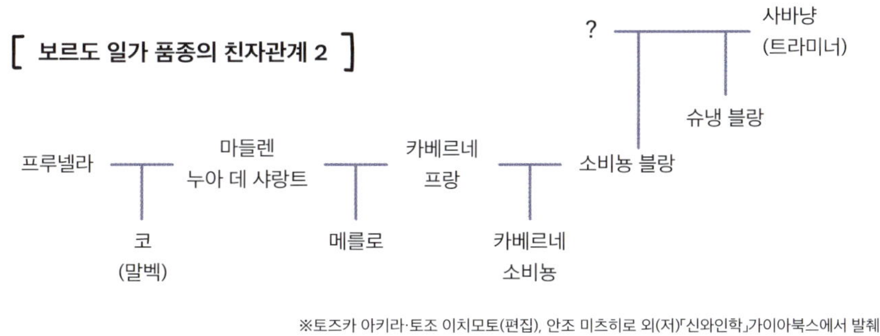

※토즈카 아키라·토조 이치모토(편집), 안조 미츠히로 외(저)「신와인학」가이아북스에서 발췌

제공 : 단바 와인 주식회사

네비올로
Nebbiolo

대표적인 동의어

스판나(Spanna: 이탈리아 피에몬테주), 피코텐드로/피코우텐네르(Picotendro/
Picoutener: 이탈리아 발레다오스타주), 키아벤나스카(Chiavennasca: 이탈리아 롬바
르디아주) 등

원산지) 이탈리아 북부

외관상의 특징

중대형의 긴 원뿔형 송이에 중간 크기의 열매, 껍질이 연한 자홍색을 띠는 둥근
모양의 적포도

적합한 재배 환경

발아는 빠르지만 성장이 늦어 수확 시기가 늦은 만생종 포도다. 잘 익기 위해서
는 일조량 확보가 필요하며 햇볕이 잘 드는 밭에 심어야 한다. 또한 발아기, 개
화기에는 강우로 인해 병해가 발생하기 쉬우므로 통풍이 잘 되는 기후가 필요
하다. 베레종 시기에는 기온이 높고 건조한 기후가 필요하며 이 시기의 기후에
따라 포도의 상태가 달라지기 때문에 당도가 높고 타닌이 탄탄한 타입, 산도가
높은 미디엄 보디 타입으로 만들어지는 와인 등으로 차이가 발생한다. 수확 시
기는 10월 중순에서 11월이다.

양조 방법의 예시

수확 후 제경을 진행하고 온도가 컨트롤되는(28~30도) 스테인리스 탱크 등에서
8~20일 정도에 걸쳐 알코올 발효를 한다. 그 후 1~6개월 정도 연장 침용을 실시
한다. 젖산 발효(MLF) 후 18개월 이상 오크통 숙성을 한다. 이후 병 또는 스테인리
스 탱크에서 법정 숙성 기간에 따라 숙성하여 출하한다(예: 바롤로는 38개월(그 중 18
개월은 오크통에서 숙성), 바르바레스코는 26개월(그 중 9개월은 오크통에서 숙성)).

향과 맛의 특징

특유의 투명한 외관과 그 색조와는 달리 강한 타닌이 특징이다. 껍질, 씨에서 타닌
이 연장 침용을 통해 많이 추출된다. 반면 안토시아닌과 같은 색소 성분은 포도 찌
꺼기에 재흡착되기 때문에 외관의 색이 옅어진다. 즉 독특한 양조 공정에 의해 이
러한 색조가 생겨난 것이다. 1차 아로마는 살구, 곶감, 말린 무화과, 건포도 등 잘
익은 과일, 말린 과일의 인상을 주는 향이 주를 이룬다. 숙성에 따른 3차 아로마가
매우 풍부하여 손질한 가죽, 송로버섯, 낙엽, 타르, 담배, 짚, 감초 등이 폭넓게 느

껴진다. 맛은 산미가 부드럽게 느껴지며 단맛과 함께 높은 알코올의 열감이 느껴진다. 동시에 수렴하는 강한 타닌이 느껴져 입안을 꽉 조인다. 쓴맛은 부드럽게 변화한다. 생산지에 따라 포도의 상태, 양조 방법이 다르기 때문에 산미의 강약, 숙성 기간에 따른 쓴맛의 강약 등 산지의 특징을 파악할 필요가 있다.

| 이탈리아 |

피에몬테주가 중심 산지다. 바롤로, 바르바레스코가 전통적인 산지지만 블라인드에서는 바롤로를 우선적으로 고려해야 한다.

바롤로는 해발 170~540m 정도의 고지대에 있어 일조량이 좋고 알프스 산맥의 바람이 불어오는 경사면에 밭이 있다. 대륙성 기후이기 때문에 여름이 덥고 건조하여 늦게 익는 포도의 숙성을 기다릴 수 있다. 바르바레스코와 바롤로를 블라인드로 구분하는 것은 매우 어렵지만 법정 숙성 기간이 다르고 바르바레스코 쪽이 더 짧기 때문에 보다 젊은 뉘앙스를 느낄 수 있다.

알프스 산맥 북부에 겜메 D.O.C.G.와 가티나라 D.O.C.G.가 있는데 바롤로나 바르바레스코보다 신선하고 가벼운 느낌의 네비올로 와인이 만들어진다. 이 와인들은 바롤로에 비해 산도가 높고 쓴맛이 강하게 느껴진다.

코르비나
Corvina

코르비나 베로네세(Corvina Veronese: 이탈리아) 크루이나(Cruina: 이탈리아)

이탈리아 베네토주

중간 크기의 원추형 송이에 중간 크기의 열매, 껍질이 두껍고 청자색을 띠는
적포도

적합한 재배 환경

더위에 강하고 고온 건조한 기후를 좋아한다. 남향의 경사면이 재배에 적합하
며 해발 200~500m 지역에서 좋은 품질의 포도가 생산된다. 곰팡이 등 병충
해에 강하지만 잘 익기까지 시간이 걸리는 만생종으로 수확 시기는 9월 하순에
서 10월이다.

양조 방법의 예시

아마로네의 경우 수확한 포도를 자연 건조하기 위해 창고 내 대나무 선반에 늘어
놓고 평균 2.5개월, 1월 하순까지 그늘에서 말린다. 슬라보니아 오크로 만든 대형
오크통 또는 스테인리스 스틸 탱크에서 45일간 저온 발효(14도)한 후 중간 크기의
오크통으로 옮겨 다시 35일간 알코올 발효와 젖산 발효(MLF)를 진행한다. 전체의
80%를 슬라보니아 오크로 만든 대형 오크통에서 24개월, 20%를 작은 통에서
24개월간 숙성하고 병입 후 4개월간 숙성을 거친다. 새 오크통은 일정 비율로 사
용한다.

리파소의 경우　수확한 포도를 제경하고 알코올 발효 후 레드 와인과 약 6주간
그늘에서 반건조한 말린 포도를 블렌딩하여 발효를 진행한다. 그리고 젖산 발효
(MLF)를 거쳐 슬라보니아 오크통에서 18개월간 숙성한다. 또한 병입해서 3개월
정도 숙성한다.

향과 맛의 특징

아마로네에서는 잘 익은 과일과 말린 꽃향기, 숙성 및 풍화된 향이 느껴지는 특징
이 있다. 1차 아로마는 검은 체리, 블랙베리, 자두, 말린 자두, 건포도, 말린 장미 향,
3차 아로마는 한방, 초콜릿, 캐러멜, 커피, 손질한 가죽 등 복잡하고 다양한 향을

느낄 수 있다. 맛은 잔당이 남아 있는 탄탄한 단맛과 알코올의 열감이 강하게 느껴진다. 신맛이 확실하게 느껴지며 균형이 잘 잡혀 있다. 깊이가 강하게 느껴지는 쓴맛, 수렴성도 잘 느껴져 카카오나 커피를 연상케 한다. 그야말로 풀보디의 맛이다. 리파소에서는 코르비나 본연의 딸기, 라즈베리 등 붉은 과일의 풍미와 함께 건포도의 뉘앙스가 느껴지지만 아마로네처럼 두터운 향이 느껴지지는 않는다. 맛도 젊은 산미가 느껴지며 타닌의 수렴성이 강하지 않다. 경쾌한 맛이다.

대표 생산국

| 이탈리아 |

베네토주가 중심 산지다. 베로나 근교의 발폴리첼라는 알프스 산기슭에 자리하며 천 년이 넘는 와인 양조 역사를 가지고 있다. 서쪽에 있는 가르다 호수에서 불어오는 따뜻한 바람과 알프스 산맥에서 불어오는 차가운 바람으로 인해 낮과 밤의 기온차가 큰 기후를 가지고 있다. 아마로네 델라 발폴리첼라 D.O.C.G., 레초토 델라 발폴리첼라 D.O.C.G. 등급의 산지가 있다. 아마로네는 수확 후 그늘에서 말려서 건포도 상태로 만들어야 하며 수확한 해의 12월 1일 이후가 되어야만 알코올 발효를 할 수 있다. 그늘 건조 기간은 평균 2.5개월이다. 레초토는 그늘에서 말린 포도로 만든 스위트 와인이다.

발폴리첼라 리파소 D.O.C.는 코르비나 등 포도로 만든 일반 와인에 아마로네와 레초토 포도의 찌꺼기를 더해 2차 발효, 젖산 발효를 거쳐 만든 와인을 말한다. 아마로네에 비해 가벼운 맛이 난다.

제공 : 단바 와인 주식회사

적합한 재배 환경

껍질이 두꺼워 건조에 강하고 서리의 영향과 병충해에 강해 다양한 기후 조건에서 쉽게 재배할 수 있다. 숙성이 느리기 때문에 충분한 온도, 일조량이 필요하다. 북반구의 경우 보통 9월에서 10월 초순에 수확한다.

양조 방법의 예시

수확 후 제경 및 파쇄하여 온도가 컨트롤되는(28~30도) 스테인리스 탱크 등에서 알코올 발효를 진행한다. 용기 내에서는 발효와 함께 3~6주 정도 양조가 이루어진다. 이후 오크통에서 젖산 발효(MLF)를 실시하며, 효모 찌꺼기와 함께 12~16개월 정도의 오크통 숙성을 거친다. 사용하는 통의 종류, 오크통의 비율, 숙성 기간은 생산자, 품목에 따라 다르지만 새 오크통 비율은 60~100% 정도로 높은 편이다.

향과 맛의 특징

잘 익은 과일 향, 오크통의 향이 강하게 느껴진다. 1차 아로마로 검은 체리, 블랙베리, 자두, 카시스, 감초 등의 달콤한 향을 느낄 수 있다. 3차 아로마로 타르, 카카오, 모카, 에스프레소 등 향긋한 오크통에서 유래한 향을 느낄 수 있다. 복합적인 오크의 향이 와인에 특징을 부여한다. 맛은 과일의 단맛과 함께 알코올의 열감이 강하게 느껴진다. 풍부한 산미가 있고 균형이 잘 잡혀 있다. 타닌의 수렴성이 강하게 느껴지며 오래 지속된다. 강한 쓴맛이 카카오, 초콜릿 등의 맛과 비슷하게 느껴져 농후한 맛을 선사한다.

| 프랑스 |

쉬드 웨스트 지방의 가스코뉴 바스크 지역으로 피레네 산맥 기슭에 위치한 마디랑이 중심 산지이다. 마디랑은 아두르 강 중류에 위치하고 있으며 물 빠짐이 좋은 점토질 토양이다. 타냐는 50% 이상 사용이 규정되어 있어 단일로 사용되는 경우가 적고 카베르네 소비뇽, 카베르네 프랑 등과 블렌딩하는 경우가 많다. 베아른과 이룰레기에서는 타냐 로제 와인을 생산한다. 레드 와인은 타닌이 강하고 장기 숙성형이 많은 것이 특징인데, 마디랑의 생산자가 마이크로 옥시제네이션(Micro-oxygenation)이라는 기법으로 미량의 산소를 탱크 저장 중인 와인에 주입하여 산화를 촉진하고 타닌의 맛을 완화하는 양조 기술을 개발했다. 1996년 유럽위원회의 승인을 받은 후 보르도를 비롯한 세계 각국에서 실용화되고 있다.

피노타주
Pinotage

없음

남아프리카공화국 스텔렌보쉬

중간 크기의 원통형 송이에 작은 열매, 껍질이 두껍고 청자색을 띠는 타원형의
적포도

**적합한
재배 환경**

고온과 건조, 병충해에 강하다. 수세가 강하고 일찍 익는 편이라 높은 당도를
얻을 수 있어 재배하기 쉬운 포도다. 햇볕이 잘 드는 곳을 선호하지만 수확기
전에 너무 더우면 매니큐어 리무버와 같은 에틸 아세테이트 향이 증가하거나
탄 고무 냄새가 날 수 있다. 남반구의 수확 시기는 1월 하순에서 3월 상순이다.

**양조 방법의
예시**

수확 후 선과, 제경 및 파쇄를 거친 후 온도가 컨트롤되는(28~30도) 오픈 탑 스테
인리스 탱크 등에서 알코올 발효를 진행한다. 발효 종료 후 3일 정도의 양조를 거
친 후 압착한다. 이후 오크통에서 젖산 발효(MLF)를 실시하여 12~18개월 정도의
오크통 숙성을 거친다. 사용하는 오크통은 프렌치 오크가 많지만 새 오크통의 비
율, 숙성 기간은 생산자에 따라 다르다. 고가 와인일수록 새 오크통의 비율이 높다.

**향과 맛의
특징**

식물성 향, 커피, 시가 등의 로스팅 향이 특징적이다. 1차 아로마는 검은 체리, 블랙
베리, 카시스 등의 과일 향, 타임, 토마토, 피망, 우엉 등의 식물 향, 3차 아로마로 쓴
맛을 느낄 수 있는 로스팅한 커피, 담배, 시가의 향이 뚜렷하게 느껴진다.
맛은 단맛과 신맛의 균형이 잘 잡혀 있어 향보다 더 우아함을 느낄 수 있다. 맛에서
향과 공통적으로 쓴맛이 강하게 느껴지는 것이 특징이다. 타닌에 의한 수렴성이 잘
느껴진다.

| 남아프리카공화국 |

유명한 산지는 웨스턴케이프주의 코스탈 리전(해안 지역)이다. 온화한 지중해성 기후의 이 지역에서는 봄부터 여름까지 시원하고 건조한 바람(케이프 닥터)이 불기 때문에 방충제나 항곰팡이제 사용도 최소화할 수 있다.

코스탈 리전에서 피노타주 재배 면적이 많은 대표적인 산지는 스텔렌보쉬와 스와트랜드다. 스텔렌보쉬는 산으로 둘러싸인 지형, 포도 재배에 적합한 강우량, 배수가 잘 되는 토양으로 와인 양조에 적합하다. 또한 스텔렌보쉬 대학은 세계 와인 연구를 선도하는 연구기관으로, 피노타주 역시 이 대학 연구진이 더위와 병충해에 약한 피노 누아의 품질과 생소(에르미타주)의 강건함과 높은 수확량을 겸비한 품종을 목표로 개발한 품종이다. 이름도 두 품종에서 각각 따온 것이다(Pinot Noir X Hermitage: Pinotage).

스와트랜드의 기후는 덥고 건조하기 때문에 곰팡이 등의 병해 위험을 낮출 수 있고, 토양 속 수분이 부족하여 저수율로 응축된 작은 포도알을 생산할 수 있다. 또한 수분을 유지하는 깊은 층의 보습성 토양이 있어 관개할 필요가 없다. 일교차가 크고 비도 겨울에 집중되어 양질의 포도를 수확할 수 있는 지역이다.

최근에는 더 가벼운 스타일의 피노타주가 생산되고 있는데, 당도를 낮추기 위해 포도를 일찍 수확하고 포도송이 전체를 쓰는 발효를 활용해 산도를 높이는 등의 방법으로 피노 누아와 비슷한 우아한 스타일의 와인을 만들고 있다.

제공 : 단바 와인 주식회사

알리아니코
Aglianico

대표적인 동의어

여러 종류가 있다

원산지

그리스

외관상의 특징

중간 크기의 원통형 또는 원뿔형 송이에 작은 열매, 껍질이 두껍고 청자색을
띠는 적포도

적합한 재배 환경

발아와 개화는 빠르지만 성장은 느리다. 일조 시간이 길고 건조한 기후에 적합하
다. 껍질이 두꺼워 열에 강하고 가뭄에 잘 견딘다. 흰가루병에 강한 저항성을 가
지지만 노균병과 잿빛곰팡이병에 약하다. 화산성 토양에 적합하다. 수확은 10월
에서 11월경에 이루어지는 만생종으로 타닌이 숙성되기까지 시간이 걸린다.

양조 방법의 예시

수확 후 선과, 제경, 파쇄 후 온도가 컨트롤되는(22~24도) 오픈 탑 스테인리스 탱
크 등에서 알코올 발효를 진행한다. 양조 기간은 다소 길어 15~25일 정도 진행된
다. 이후 오크통에서 젖산 발효(MLF)를 실시하여 10~30개월 정도의 오크통 숙성
을 거친다. 사용하는 오크통은 프렌치 오크가 주를 이룬다. 새 오크통의 비율, 숙성
기간은 생산자에 따라 다르다. 병 숙성 기간도 9~40개월로 다양하다.

향과 맛의 특징

풀보디로 강한 맛을 연상하기 쉽지만 섬세한 향이 느껴지고 높은 산도로 인해 꽉 찬
맛이 특징이다. 개성을 파악하면 블라인드로 맞힐 수 있는 품종이다. 1차 아로마는
블루베리, 검은 체리 향, 플로럴 향이 있는 것이 특징이며 로즈메리, 로즈힙, 꽃꿀 같
은 향을 느낄 수 있다. 3차 아로마는 이탈리아 특유의 풍미가 있는 오크통이나 손질
한 가죽의 향이 느껴진다. 맛은 산의 인상이 매우 강한 것이 특징이다. 단맛은 적당
히 느껴지고 쓴맛과 함께 수렴성도 강하게 느껴진다. 골격이 있는 맛의 구조와 독특
한 향이 개성적이다.

| 이탈리아 |

캄파니아주, 바실리카타주가 대표적인 산지다. 캄파니아주의 타우라지는 화산성 토양의 구릉지에서 만들어진다. 그리스에서 처음 알리아니코가 전해진 곳이 바실리카타주이며, 이탈리아에서 알리아니코의 기원이 된 곳이다. 바실리카타주는 산지가 많은 지역으로 알리아니코는 불투레산 기슭의 해발 200~700m 구릉 지대에서 서늘한 환경에서 재배된다. 대표 산지인 알리아니코 델 불투레 수페리오레에서 알리아니코의 품종 개성을 살린 우아한 와인이 만들어진다. 캄파니아주에서는 타우라지가 대표 산지다.

법정 숙성 기간 규정에 따라 타우라지에서는 양조 후 숙성 기간이 길어(최소 3년, 그중 오크통 숙성 1년) 중후한 풀보디 와인이 완성된다. 반면 알리아니코 델 불투레는 타우라지에 비해 규정된 숙성 기간이 짧아(최소 2년, 그 중 오크통 숙성 1년) 가볍고 우아하게 느껴진다. 타우라지 레제르바, 알리아니코 델 불투레 수페리오레 레제르바 등 고급 라인은 숙성 기간이 더 길게 정해져 있어 맛이 더 깊어진다.

제공: 단바 와인 주식회사

바르베라
Barbera

(대표적인 동의어) 여러 종류가 있다

(원산지) 이탈리아 피에몬테주(여러 설이 있음)

(외관상의 특징)

중간 크기의 원뿔형 송이에 중간 크기의 열매, 껍질이 옅은 흑청색을 띠는
적포도

적합한 재배 환경

수세가 강한 강인한 품종. 비옥하지 않은 토양에서도 자랄 수 있다. 수확량이 많고 병충해에 강하며 필록세라에 대한 내성이 있다. 보통 9월 하순에서 10월 상순에 수확하는데 돌체토보다 2주 늦고 네비올로보다 약 2주 정도 빠르다.

양조 방법의 예시

수확 후 선과, 제경, 파쇄를 거쳐 14~15일 동안 온도가 컨트롤되는 스테인리스 탱크 등에서 알코올 발효와 양조를 진행한다. 이후 오크통에서 젖산 발효(MLF)를 실시하여 12개월 정도의 오크통 숙성을 거친다. 그 후 6개월간 병입 숙성을 진행한다. 새 오크통을 사용한 풀보디 타입부터 슬라보니아 오크 등 중고 오크통을 사용한 미디엄 보디 와인까지 다양하다.

향과 맛의 특징

장미, 제비꽃 등 플로럴한 뉘앙스가 느껴지는 와인이 많다. 1차 아로마는 블랙베리, 블루베리, 카시스, 라즈베리 등 다양한 향을 느낄 수 있다. 오크통 숙성을 거치면 농축된 뉘앙스가 느껴지며 감초, 민트, 초콜릿 등 오크통의 향이 느껴진다. 맛은 신선한 산미와 과일 향이 풍부한 단맛의 균형이 잘 잡혀 있다. 젊고 매끄러운 타닌이 입 안을 꽉 조여준다. 알코올 도수는 14% 내외로 높은 편이다. 미디엄에서 풀보디까지 와인의 스타일이 폭넓게 분포되어 있어 블라인드에서 난이도가 높다.

대표 생산국 이탈리아

피에몬테주가 주요 산지이지만 롬바르디아주, 에밀리아 로마냐주, 풀리아주 등에서도 재배된다. 피에몬테주에서는 바르베라 다스티 D.O.C.G.와 바르베라 달바 D.O.C.가 있으며, 바르베라 다스티로는 우아한 와인부터 농후한 풀보디 와인까지 다양한 와인이 생산된다. 바르베라 달바는 복합적인 풍미를 가지고 있으며 농후하고 풀보디한 맛이 특징이다.

네렐로 마스칼레제
Nerello Mascalese

대표적인 동의어 네렐로(Nerello, Nierello: 이탈리아)

원산지 이탈리아 남부(칼라브리아주에서 시칠리아주)

외관상의 특징
큰 원뿔형의 긴 송이에 중간 크기의 열매, 껍질이 두껍고 푸른빛을 띠는 적포도

적합한 재배 환경

더운 기후와 가뭄에 강해 시칠리아 기후에 적합하다. 흰가루병, 잿빛곰팡이병 등에 약하다. 익는 데 시간이 걸리는 만생종으로 수확 시기는 10월 중순이다.

양조 방법의 예시

수확 후 선과, 제경 후 소프트 프레스를 거치고 온도가 컨트롤되는(25 ~28도) 스테인리스 탱크 등에서 12일 정도 알코올 발효를 진행한다. 이후 대형 오크통이나 프렌치 오크통에서 젖산 발효(MLF)를 실시하여 10~11개월의 오크통 숙성과 1개월의 병 숙성을 거쳐 출하된다.

향과 맛의 특징

붉은 과일 계열 및 플로럴한 요소가 있어 피노 누아와 비슷한 인상을 주는 경우가 많다. 1차 아로마는 붉은 체리, 라즈베리, 크랜베리, 산딸기 등 붉은 과일 계열의 향과 말린 토마토, 건포도, 홍차, 담배 등 숙성된 풍미를 느낄 수 있다. 플로럴 요소로는 말린 장미, 제비꽃 등의 향을 느낄 수 있다. 오크통에서 숙성하면 농축된 뉘앙스를 느낄 수 있으며 삼나무, 바닐라, 감초, 초콜릿 등의 향이 있다. 맛은 농후한 산미가 느껴지며 단맛은 차분하고 신선하다. 깊이 있는 쓴맛과 입안을 강하게 조여주는 수렴성이 느껴진다. 알코올 도수는 13~14% 내외로 네비올로, 산지오베제로 착각하기 쉽다.

대표 생산국 | ## 이탈리아

이탈리아 시칠리아주가 주요 산지이지만 특히 유명한 산지는 유럽 최대의 활화산인 에트나산 기슭에 위치한 에트나 D.O.C.다. 해발 1,000m가 넘는 경사지에 밭이 있고 화산성 토양이다. 네렐로 카푸치오와 블렌딩하기도 하는데 네렐로 마스칼레제의 비율이 80% 이상이어야 한다. 파로 D.O.C.에서는 45~60%로 규정되어 있어 네렐로 카푸치오의 비율이 높다. 칼라브리아주에서도 소량 생산되고 있다.

제공: 주식회사 이와노하라 포도원

머스캣 베일리 A
Muscat Bailey A

대표적인 동의어

없음

원산지

일본 니가타현

외관상의 특징

큰 원뿔형 송이에 큰 열매, 껍질이 옅은 자흑색을 띠는 적포도

적합한 재배 환경

고온 다습, 추위에도 견딜 수 있어 일본 전국에서 재배가 가능하다. 수세가 강하고 병충해에 강하며 곰팡이에 강하다. 성장이 빠르고 발아가 빨라 서리 피해를 입을 수 있다. 늦게 익어 9월 하순~10월 상순에 수확한다.

양조 방법의 예시

수확 후 선과, 제경을 거쳐 소프트 프레스를 하고 온도가 컨트롤되는(25~30도) 스테인리스 탱크나 오크통 등에서 14일 정도 알코올 발효를 진행한다. 이후 오크통에서 젖산 발효(MLF)를 실시하여 10개월 정도의 숙성을 거쳐 병입한다. 아파시멘토(그늘에 말린 후 양조)를 하여 건포도 형태로 변한 포도를 사용한 와인이 만들어져 주목받고 있다.

향과 맛의 특징

딸기를 기본으로 한 화려한 향이 특징이지만 최근에는 차분한 붉은 과일 계열의 향을 느낄 수 있는 와인이 늘고 있다. 1차 아로마는 딸기, 라즈베리, 크랜베리, 붉은 체리 등의 과일 향, 제비꽃, 제라늄, 모란 등의 꽃향기, 오크통 숙성에 의한 바닐라, 초콜릿, 담배, 정향 등의 향이 있다. 맛은 산뜻한 산미가 특징이며 매우 부드러운 타닌과 조화를 이룬다. 여운에 걸쳐 감칠맛이 느껴진다.

| 일본 |

도호쿠 지방에서 규슈 지방까지 넓은 범위에서 재배된다. 그 중에서도 야마나시현이 생산량의 약 80%를 차지하며 야마가타현, 나가노현이 그 뒤를 잇는다. 이 품종이 탄생한 니가타현에서도 재배되고 있다. 레드 와인뿐만 아니라 로제, 스위트, 스파클링 와인 등 다양한 와인이 만들어진다. 야마나시현, 나가노현에서는 현 전역에서 생산되지만, 야마가타현 무라야마 지방의 아사히마치에서는 11월 중순에 수확하는 늦게 딴 포도로 와인을 만들어 새로운 맛을 선보인다.

품종 토막 상식

피노 누아는 샤르도네, 가메와 유전학적으로 관계가 있고 많은 품종의 탄생과 관련이 있다.

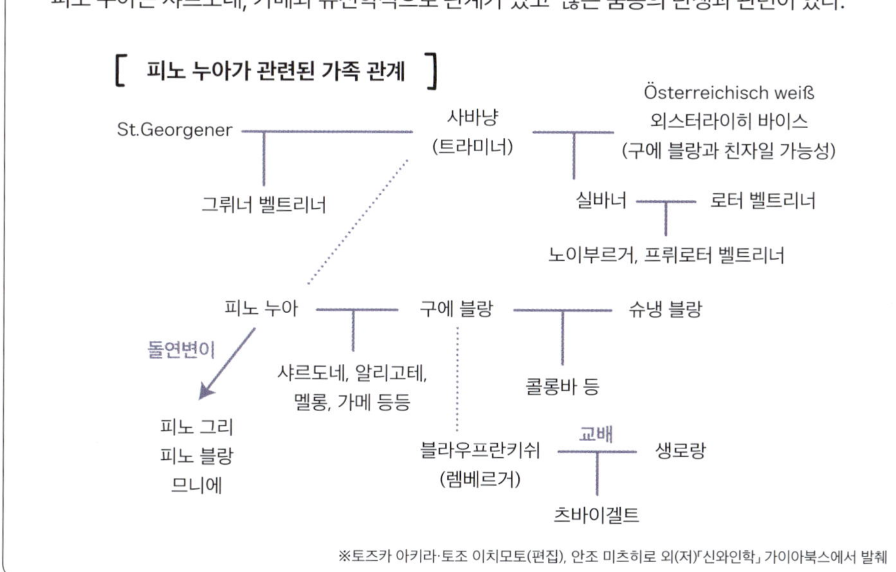

※토즈카 아키라·토조 이치모토(편집), 안조 미츠히로 외(저)「신와인학」가이아북스에서 발췌

사용한 와인 일람

이 장에서 사용한 와인입니다.
와인의 이름과 생산자, 나라의 순서대로 기재했습니다.

화이트 와인

샤르도네

송쥬 드 바쿠스 부르고뉴 샤르
도네 · 루이 자도
프랑스

샤토 메르시앙 신츠루 샤르도네
샤토 메르시앙
일본

M3 샤르도네
쇼 앤 스미스
호주

샤르도네
보글 패밀리 빈야드
미국

리슬링

빌라 루젠 모젤 리슬링
바인굿 닥터 루젠
독일

나인 햇츠 리슬링
롱 쉐도우
미국

파미유 휘겔 리슬링 클래식
파미유 위겔
프랑스

스프링베일 리슬링
그로셋
호주

소비뇽 블랑

상세르 블랑
도멘 미셸 토마스
프랑스

소비뇽 블랑
도그 포인트 빈야드
뉴질랜드

소비뇽 블랑 · 샬롯 홈 로드
니 스트롱 빈야드
미국

소비뇽 블랑
로스 바스코스
칠레

슈냉 블랑 / 비오니에

클루프 스트리트 올드 바인
슈냉 블랑 · 멀리너
남아프리카공화국

부브레 섹
도멘 비노 쉬브로
프랑스

비오니에 리버 정션 캘리포니아
맥마니스 패밀리 빈야드
미국

콩드리유
E.기갈
프랑스

알리고테

부르고뉴 알리고테
도멘 파비앙 코슈
프랑스

알바리뇨

알바리뇨
비온타
스페인

토론테스

알라모스 토론테스
카테나
아르헨티나

고슈

샤토 메르시앙 야마나시 고슈
샤토 메르시앙
일본

세미뇽

헌터 밸리 세미뇽
티렐스
호주

피노 그리

피노 그리 리제르바
트림바크
프랑스

뮈스카데

뮈스카데 세브르 에 멘 쉬르 리
도멘 생 마르탱
프랑스

그뤼너 벨트리너

리트 판투안 그뤼너 벨트리너
작스
오스트리아

아시르티코

산토리니 아시르티코
도멘 시갈라스
그리스

실바너

노르트하이머 페겔라인 실바
너 트로켄 · 발데머 브라운
독일

루카치텔리

루카치텔리
샤울라리 와인 셀러즈
조지아

아르네이스

로에로 아르네이스
폰타나프레다
이탈리아

코르테제

가비 델 코뮤네 디 가비 그로
펠라 · 라 키아라
이탈리아

실바너

노르트하이머 페겔라인 실바
너 트로켄 · 발데머 브라운
독일

카베르네 소비뇽

맥스 카베르네 소비뇽
펜폴즈
호주

샤토 카베른
샤토 칼롱 세귀르
프랑스

안나 벨라 나파 밸리 카베르네
소비뇽 · 마이클 포잔
미국

맥스 카베르네 소비뇽
에라주리즈
칠레

피노 누아

부르고뉴 피노 누아 퀴베 레제
르바 · 메종 로쉬 드 벨렌
프랑스

크림슨 피노 누아
아타 랑기
뉴질랜드

폰 위닝 슈페트부르군더 프리
드리히 1849 · 바인굿 폰 위닝
독일

에라스 피노 누아
에라스
미국

진판델

빈트너스 블렌드 진판델
레벤스우드
미국

시라

풋볼트 시라즈
다렌버그
호주

크로즈 에르미타주 루즈 레 메
조니에 비오 · M. 샤푸티에
프랑스

템프라니요

틴토 레세르바
마르케스 데 리스칼
스페인

산지오베제

폰테루톨리 키안티 클라시코
마쩨이 폰테루톨리
이탈리아

메를로

샤토 메르시앙 나가노 메를로
샤토 메르시앙
일본

나파 밸리 메를로
벨린저
미국

포므롤
장 피에르 무엑스
프랑스

말벡

카테나 말벡
카테나
아르헨티나

그르나슈

지공다스 피에르 에귀
폴 자불레 애네
프랑스

안나투랄레자 살바헤 가르나차
아줄리 가란자
스페인

카르메네르

마르케스 데 카사 콘차 카르
메네르 · 콘차 이 토로
칠레

가메

모르공
루이 라투르
프랑스

네비올로

바롤로 콘테 델 우니타
테루아 체레토
이탈리아

코르비나

코스타세라 아마로네 델라
발폴리첼라 클라시코 · 마시
이탈리아

카베르네 프랑

시농 쉬레네
샤를 조게
프랑스

타나

샤토 몽투스
도멘 알랭 브루몽
프랑스

피노타주

카데트 피노타주
캐논코브
남아프리카공화국

바르베라

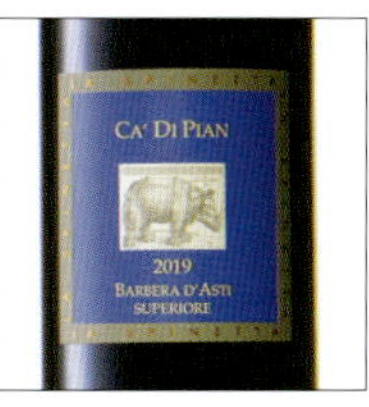

카 디 피안 바르베라 다스티
라 스피네타
이탈리아

네렐로 마스칼레제

알타 모라 에트나 로쏘
쿠즈마노
이탈리아

알리아니코

타우라지
페우디 디 산 그레고리오
이탈리아

머스캣 베일리 A

머스캣 베일리 A
이와노하라 포도원
일본

와인 용어

이 책에 나오는 양조, 와인, 포도 등에 대한 용어를 선별하여 설명합니다.
각 용어마다 실린 페이지를 함께 표기했습니다. 사용 빈도가 높은 용어는 해당 장의 이름을 표기했습니다.

검은무늬병 210
포도의 열매나 가지에 원형의 흑갈색 작은 반점이 생겨 기형이나 고사를 유발하는 포도의 질병.

곰팡이병 제7장 포도 품종
습도가 높은 지역에서 번식하며 꽃, 잎, 열매에 흰 곰팡이 모양의 포자가 형성되어 낙화, 낙엽, 낙과를 일으킨다. 예방은 보르도액(황산구리+생석회+물 혼합 용액)을 살포한다.

귀부 와인 88, 122, 131, 제7장 포도 품종
귀부균(보티리스 시네레아균)의 작용으로 당도가 높아진 포도로 만든 강한 단맛의 와인. 귀부균이 잘 익은 포도의 껍질을 녹여 수분이 증발하면서 포도 속 당도가 높아진다. 이런 상태가 된 포도를 귀부 포도라고 한다. 귀부균은 아침 안개가 끼는 등 특수한 조건에서 좋은 작용을 하지만 잿빛곰팡이병을 유발하기도 한다. 귀부 와인에는 프랑스 보르도 지방의 소테른, 독일의 트로켄베렌아우스레제, 헝가리의 토카이 어수 에센시아 등이 있다.

그늘에 건조한 포도 122, 250, 251
아파시멘토 참조.

그랑 크뤼 / 프리미에 크뤼 45, 166, 193, 209, 225
그랑 크뤼는 특급, 프리미에 크뤼는 1급을 뜻한다. 프랑스의 부르고뉴 지방과 샴페인 지방, 그리고 알자스 지방에는 그랑 크뤼 규정이 있다. 부르고뉴에서는 A.O.C.의 정점이 그랑 크뤼이고 그 다음이 프리미에 크뤼, 밭 이름, 마을 이름이다.

꽃 떨림 238, 242
수분, 결실 불량 등으로 낙과가 극도로 많이 발생하여 과방에 맺히는 과립이 적어져 수확량이 감소하는 현상. 화비라고도 한다. 어린 나무나 수세가 강한 결과 가지에 발생하기 쉬우며 질소 과다, 강전정, 개화 결실기 저온으로 꽃가루에서 꽃가루관이 자라지 못하거나, 비가 많이 내려 암술가루가 수분을 받지 못하거나, 붕소가 결핍되는 등 다양한 원인에 의해 발생한다.

논콜라주 102
병입 전에 청징제로 청징하는 과정을 거치지 않는 것을 말한다. 콜라주란 맑게 한다는 뜻이다.

논필터(무여과) 102
병입 전에 여과(필터) 공정을 거치지 않은 와인. 필터를 거친 와인에 비해 탁한 느낌이 남는다.

누보 143, 244
그해에 수확한 포도로 만든 신선한 와인을 말한다. 원래는 그해 포도의 맛을 보기 위해 만들어졌다.

늦수확 와인 196
늦게 수확한 포도로 만든 와인.

도멘 224
포도 재배부터 와인 양조까지 일관되게 스스로 관리하는 생산자를 말한다.

마세라시옹 카보닉(탄산 침용) 143, 244
인위적으로 탄산가스를 채운 탱크에 포도를 분쇄하지 않고 넣어서 발효시키는 기술. 주로 새 술에 사용되며, 색이 선명하고 신선하며 과일 향이 강한 와인을 만든다. 캔디와 같은 독특한 향이 있다.

마이야르 반응 54, 105, 제5장 와인의 평가 항목, 180
와인에 포함된 당분과 아미노산이 반응하는 아미노카르보닐 반응을 말한다. 색이 갈색으로 변하고 구운 향이 난다. 캐러멜, 육류의 구운 색 등도 같은 메커니즘으로 발생한다.

마이크로 옥시제네이션 253
양조 중인 탱크 안에 미세한 산소 거품을 주입해 산화를 촉진하고 타닌의 맛을 부드럽게 하는 양조 기술.

바토나주(교반) 212, 214, 215
와인을 탱크에서 양조할 때 도구를 사용하여 저어주는 것을 말한다. 바닥에 가라앉은 찌꺼기나 효모를 저어줌으로써 성분 추출을 촉진하고 윗부분과 아랫부분을 균일하게 만든다.

방당주 타르디브 209
프랑스 알자스 지방에서 생산되는 스위트 와인을 말한다. 방당주(수확) 타르디브(늦은)라는 이름에서 알 수 있듯이 열매를 몇 주 늦게 수확하면 수분이 빠져나가 당도가 높아지고 기후 조건에 따라서는 귀부균이 붙은 포도가 된다. 리슬링, 뮈스카, 피노 그리, 게뷔르츠트라미네르 등 4개 품종만 사용하며 과즙 당도의 최소 함량이 규정되어 있다.

배양 효모 87
원래 자연계에 있던 효모 중 우수한 것을 선별, 배양하여 동결 건조하여 건조한 상태로 만든 것이다.

뱅 존 131, 165, 166
프랑스 쥐라 지방에서 생산되는 와인. 청포도인 사바냥으로 만든 화이트와인으로 숙성 중에 감소한 분량을 보충하지 않기 위해 산막효모 형성을 촉진하고 산화 숙성시켜 독특한 풍미를 지닌다.

베레종 90, 93, 95, 142, 248
포도가 잘 익어서 색이 바뀌는 것.

병내 2차 발효 37, 98, 190, 195
병 안에서 2차 발효를 하는 것을 말한다. 병에 담을 때 효모와 당분을 첨가하여 병 안에서 알코올 발효가 일어나고, 밀폐되어 있기 때문에 맛과 탄산가스가 와인에 녹아든다. 샴페인은 병내 2차 발효로 만들어진다.

보졸레 누보 127, 143, 165, 244
프랑스 보졸레 지역의 신선한 새 와인을 말한다. 누보 참조.

브레타노미세스 효모 229
브렛이라는 결함 냄새(4-에틸 페놀, 4-에틸 구아이아콜)를 생성하는 효모. 이 냄새는 마구간 냄새, 지비에 냄새로 불리며 결함 냄새로 분류되지만 저농도일 경우 와인의 특징적인 향으로 받아들여진다.

빈티지 21, 23, 184, 221, 233
포도의 수확 연도를 말한다. 여러 빈티지의 와인을 블렌딩한 와인은 논빈티지가 된다.

선반 재배 206, 208
포도 재배 방법 중 하나. 일본 포도 재배의 전통적인 재배 방법으로 눈높이보다 높은 곳에 선반을 만들어서 포도 덩굴이 기어다니며 자라게 하여 재배하는 방법이다. 통풍이 잘되기 때문에 습도가 높은 스페인의 리아스 바이사스 등의 지역에서도 사용된다.

세니에법 190, 224
로제 와인의 양조법으로 적포도를 분쇄하여 탱크에 넣고 일정 기간 양조 발효를 한 후 일부 과즙을 빼내어 다른 탱크에서 발효시키는 방법이다.

세미 마세라시옹 카보닉(반탄산 침용) 244
기본 탄산 침용과 달리 이산화탄소를 인위적으로 첨가하지 않고 알코올 발효 과정에서 발생하는 이산화탄소를 이용해 탱크 내부를 무산소 상태로 만들어 탄산 침용을 하는 양조법이다.

셀렉시옹 드 그랑 노블 209
프랑스 알자스 지방의 스위트 와인의 명칭. 리슬링, 게뷔르츠트라미네르, 피노 그리, 뮈스카 등 4품종의 귀부 포도만을 사용하며 과즙 당분의 최소 함량이 규정되어 있다.

소프트 프레스 259, 260
포도를 부드럽게 압착하는 것.

쉬르 리 37, 98, 129, 155, 163, 제6장 양조 방법, 제7장 포도 품종
알코올 발효 후 침전된 효모 찌꺼기를 제거하지 않고 그대로 와인과 함께 숙성시키는 양조법으로 프랑스 루아르 지방 등에서 사용된다. 효모 찌꺼기에서 유래한 성분이 와인에 추출된다.

스킨 콘택트 95, 99, 제5장 와인의 평가 항목, 제6장 양조 방법, 제7장 포도 품종
분쇄한 포도를 탱크에 넣고 저온에서 껍질과 과즙을 함께 담가두는 방법. 껍질에 함유된 향기 성분과 색소가 추출된다.

스틸 와인 98, 190
발포성이 없는 와인을 말한다. 발포성 스파클링 와인과 대비되는 명칭.

슬라보니아 오크 179, 232, 250, 258
와인의 오크통에 사용되는 재료 중 하나. 통에 사용되는 목재는 대부분 오크(참나무)인데, 그 중에서도 크로아티아 슬라보니아 지방의 오크를 사용한 통을 말한다. 이탈리아에서 많이 사용된다.

아로마틱 품종 / 논아로마틱 품종 174, 177, 201, 211
아로마틱 품종은 1차 아로마의 향이 강하게 느껴지는 품종을 말한다. 반면 1차 아로마의 향이 약한 품종을 논아로마틱 품종, 뉴트럴 품종이라고 한다.

아메리칸 오크 제7장 포도 품종
와인의 나무통에 사용되는 재료 중 하나. 통에 사용되는 목재는 대부분 오크(참나무)이며, 그 중에서도 화이트 오크(북미에서 자라는 오크나무)를 사용한 통을 말한다.

아상블라주 180
영어로는 블렌딩. 서로 다른 와인을 섞는 것. 다른 포도 품종, 다른 밭, 다른 오크통, 다른 빈티지의 와인을 블렌딩하는 것을 말한다. 복합성을 높이기 위해, 맛의 균형을 맞추기 위해, 품질을 유지하기 위해 등 다양한 목적으로 블렌딩을 한다.

아파시멘토 260
포도를 통풍이 잘 되는 그늘에 말려 건조시켜 포도 속 당분의 비율을 높여 그 포도로 와인을 만드는 양조 방법을 말한다.

알코올 발효 92, 제5장 와인의 평가 항목, 제6장 양조 방법, 제7장 포도 품종
포도 속의 당분이 효모에 의해 분해되어 알코올(에탄올)로 변화하는 양조 방법을 말한다.

암포라(항아리) 225, 241
와인의 발효와 숙성에 사용되는 항아리의 일종으로 와인을 발효하거나 숙성시키는 데 사용한다. 조지아에서 암포라를 이용한 와인 양조가 시작된 것으로 알려져 있으며 조지아에서는 '크베브리'라고 부른다. 초벌구이 점토로 만들었기 때문에 나무통과 마찬가지로 미량의 산소를 통과시킨다. 예전에는 액체를 운반하는 용기로 사용되었으나 현재는 양조 및 숙성 용기로 사용되고 있다.

압착 제6장 양조 방법, 제7장 포도 품종
포도를 짜는 것. 압착기 안에 포도를 넣고 압착한다. 화이트 와인은 발효하기 전에 포도의 과즙을 짜고, 레드 와인은 발효한 후 포도를 짠다.

야생 효모 24, 87, 180
포도 열매나 공기 중에 존재하는 천연 효모를 말한다.

양조 발효 95, 제6장 양조 방법, 208
와인에 껍질, 씨, 줄기 등을 담가 양조하면서 발효시키는 것을 말한다. 레드 와인이나 오렌지 와인에 사용되는 양조 방법.

연장 침용 제6장 양조 방법, 제7장 포도 품종
양조 기술 중 하나인 연장 침용은 이름 그대로 알코올 발효 후 장시간 침용을 하는 방법이다. 포도 껍질, 씨와 함께 장시간 침용하여 타닌을 추출한다.

울타리 재배 208
말뚝을 일정한 간격으로 박고 철사를 꿰어서 그 사이에 포도를 심어 울타리처럼 만드는 재배 방법.

원산지 표시법 154
원산지 표시란 와인이나 농산물 재료의 원산지를 표시하여 소비자가 쉽게 판단할 수 있도록 하고, 생산지를 보호하기 위한 제도이다. 유럽의 와인은 각국의 와인법에 의해 규정되어 있으며 프랑스, 이탈리아, 독일, 스페인, 미국, 호주, 남아프리카공화국 등 많은 나라에 존재한다. 생산지, 품종과 재배 방법, 알코올 도수, 양조 방법 등이 정해져 있다. 일본에는 지리적 표시 보호제도(G.I.)가 있으며 G.I. 야마나시, G.I. 홋카이도, G.I. 야마가타, G.I. 나가노, G.I. 오사카가 와인 산지로 인정받고 있다.

이산화황 24, 87
포도나 와인의 산화를 방지하기 위한 첨가물. 이산화황은 산화되기 쉬운 성질이 있어 산소와 결합하여 와인과 포도의 산화를 방지한다. 오크통이나 양조 탱크 등의 살균, 세균 등 미생물의 번식을 막기 위해 사용된다.

임팩트 화합물 97, 115, 116, 119, 120, 136
와인을 특징짓는 방향성이 강한 향기 성분을 말한다. 예를 들어 아로마틱 품종인 소비뇽 블랑의 패션프루트, 자몽의 향기 성분인 티올계 화합물 등이 있다.

잿빛곰팡이병 제7장 포도 품종
보트리티스 시네레아균이라는 곰팡이에 의해 발생하는 포도의 질병. 착색 불량과 불쾌한 곰팡이 냄새가 날 수 있다. 이 병해는 잎을 제거하고 열매 주변의 통풍을 좋게 하는 등 재배 관리가 중요하다. 방제에는 이프로디온 수화제 등이 사용된다. 일정하고 좋은 조건에서 보트리티스 시네레아균이 발생하면 귀부 와인의 원료 포도가 되기도 한다.

저온 침용 제6장 양조 방법, 제7장 포도 품종
탱크에 넣은 포도의 발효 과정이 시작되지 않도록 저온으로 유지하면서 과일의 화합물 추출을 증가시키는 양조 방법. 안토시아닌 등의 색소와 향기 성분을 증가시킨다.

젖산 발효(MLF) 39, 87, 90, 기타 다수
사과산이 젖산균에 의해 젖산으로 변하는 발효. 신맛이 부드러워지고 복합적인 맛이 난다. 주로 레드 와인에서 이루어지지만 일부 화이트 와인에서도 이루어진다.

제경 140, 제6장 양조 방법, 제7장 포도 품종
포도의 줄기를 제거하는 것을 말한다.

젝트 196
독일이나 오스트리아에서 만들어지는 스파클링 와인을 말한다.

주립식 재배 240
포도나무를 재배하는 방법. 철사 등으로 고정하지 않고 평범하게 심은 형태로 기둥처럼 만든다.

직접 압착법 190
로제 와인의 양조 방법 중 하나. 적포도를 직접 압착하여 껍질의 색소를 과즙에 착색시킨 다음 화이트 와인과 마찬가지로 과즙만으로 양조하는 방법이다.

청징 / 청징제 87, 98, 102, 제6장 양조 방법, 제7장 포도 품종
숙성이 끝난 와인의 찌꺼기나 불순물을 가라앉혀 투명도가 높은 와인으로 만드는 과정을 말한다. 와인 속의 단백질과 타닌 등을 청징제인 달걀흰자, 젤라틴, 벤토나이트 등을 첨가해서 찌꺼기나 불순물을 침전시키는 방식으로 제거한다.

침용(마세라시옹) 95, 제6장 양조 방법, 제7장 포도 품종
포도의 껍질과 씨를 과즙에 담가 색소, 타닌 등 다양한 성분을 추출한다. 양조.

콩 냄새 87
2-아세틸-1-피롤린에 의한 대두콩과 같은 냄새로 야생 유산균에 의한 이취이다. 쥐의 소변이나 더러워진 둥지 냄새를 연상시키는 불결한 느낌의 고약한 냄새는 아세틸 테트라하이드로피리딘에 기인하며 마우스 플레이버라고도 부른다.

크베브리 179
와인의 발효와 양조에 사용되는 조지아의 전통 항아리의 일종. 암포라 참조.

트리클로로아니솔(TCA) 65
코르크의 원료인 코르크 참나무에 원래 존재했거나 성형 과정에서 발생한 곰팡이 대사산물인 유기 화합물. 젖은 골판지나 행주 냄새라고 불리며 와인에 불쾌한 냄새를 발생시킨다. 오크통, 목재 용기, 목재 자재, 저장 숙성실의 목재 벽 등을 염소계 살균제로 세척 및 소독한 경우에도 발생할 수 있다.

파쇄 제6장 양조 방법, 제7장 포도 품종
수확한 포도의 줄기를 제거하고(제경), 으깨는(파쇄) 과정을 말한다.

퍼스트 트래블 / 세컨드 라벨 / 서드 라벨 221
프랑스 보르도 지방 등에서 행해지는 샤토 내에서의 와인 등급을 매기는 것을 말한다. 퍼스트 트래블은 생산자에게 있어 최상급 와인, 세컨드 라벨은 퍼스트 트래블에 사용하지 않는 포도나 다른 구획의 포도를 사용해 다소 저렴한 가격대의 와인, 서드 라벨은 그 이하의 캐주얼한 와인으로 분류된다.

펌핑 오버 238
발효 중 탱크 하부에서 펌프로 와인을 끌어올려 윗부분으로 되돌려주는 작업. 윗부분에 쌓인 과모(果帽, 껍질 등 고형 성분)를 가라앉히고 교반하여 껍질과 씨에서 색소 등의 성분을 추출한다. 프랑스어로 르몽타주라고 한다. 사람이나 기계가 노를 이용해 위에서 과모를 밀어 넣는 것을 피자주라고 하는데 펌핑 오버와 목적은 동일하다.

푸드르 241
숙성용 대형 오크통을 말한다. 독일, 프랑스 알자스 지방에서 주로 사용되는 큰 오크통의 명칭으로, 크기는 500~1,000L 정도가 많다.

프레 마세라시옹(저온 침용) 95, 제6장 양조 방법, 제7장 포도 품종
수확 후 포도를 알코올 발효하기 전에 저온에서 껍질과 과즙을 접촉시키는 것을 말한다. 콜드 매설레이션 또는 저온 침용이라고 부르기도 한다.

프렌치 오크 제6장 양조 방법, 제7장 포도 품종
와인의 나무통에 사용되는 재료 중 하나. 통에 사용되는 목재는 대부분 오크(참나무)이며, 그 중에서도 세실 오크와 페둔큘레이트 오크를 사용한 통을 말한다.

프리런 주스 155, 163
압착할 때 압력을 가하지 않고 분쇄한 포도에서 자연적으로 흘러나온 과즙을 말한다. 반면 압착하여 짜낸 과즙을 프레스 주스라고 한다.

필록세라 216, 258
포도 진딧물이라는 해충을 말한다. 포도의 뿌리와 잎에 기생해 영양분을 흡수해 포도를 고사시킨다. 19세기에 전 세계에 퍼져 많은 와인 산지에 피해를 입혔다. 필록세라에 내성이 있는 포도나무를 대체목으로 심는 것으로 대응하고 있다.

혐기성 / 혐기성 환경 149, 150, 155, 170, 176, 204
산소를 통과시키지 않아서(함유하지 않아서) 산소가 없는 상태. 밀폐 탱크 등.

호기성 / 호기성 환경 176, 181, 185
산소가 통과(함유)하는 환경으로 산소가 존재해야 한다. 오크통 숙성 등.

효모 찌꺼기 37, 기타 다수
양조용 탱크나 병입 후 병 바닥에 가라앉아 있는 포도 열매에서 추출한 펙틴, 폴리페놀, 주석, 단백질, 효모균체 등의 혼합물을 말한다.

효모 찌꺼기 제거 131, 제6장 양조 방법, 제7장 포도 품종
발효 후 와인의 찌꺼기를 제거하는 작업으로, 찌꺼기를 침전시킨 후 윗면의 맑은 액체만 다른 용기에 옮기는 작업이다. 이 작업을 여러 번 반복하여 탁하지 않은 와인을 만든다.

휘발성 산 87, 216
상온에서 휘발하는 산의 총칭. 와인에 포함된 휘발성 산의 대부분은 아세트산(Acetic acid)이며 에틸 아세테이트도 일부 포함된다. 이른바 식초와 같은 향이 난다.

흰가루병 제7장 포도 품종
곰팡이의 일종이 번식하는 포도의 병이다. 열매, 줄기, 잎에 흰 포자가 붙어 성장을 지연시킨다. 방제는 개화기에 유황을 함유한 농약을 살포하거나 펜레이트(베노밀) 제제로 살균한다.

A.O.C 212, 244
원산지 통제 명칭 와인, 아펠라시옹 도리진 콘트롤레(Appellation d'Origine Contrôlée)의 약자. 프랑스 와인법에서 가장 높은 등급으로 이 기준을 통과한 와인만 표기할 수 있는 명칭이고 EU 와인법에서는 A.O.P.(원산지 명칭 보호 와인)이지만 A.O.C.가 A.O.P.의 조건을 충족하기 때문에 프랑스에서는 A.O.C.로 표기하는 것이 허용되고 있다.

D.O.C 제7장 포도 품종
원산지 통제 명칭 와인, 데노미나치오네 디 오리진 콘트롤라타(Denominazione di Origine Controllata)의 약자. 이탈리아 와인법에서 D.O.C.G에 이은 카테고리.

D.O.C.G 154, 제7장 포도 품종
원산지 통제 보증 명칭 와인, 데노미나지오네 디 오리진 콘트롤라타 에 가란티타(Denominazione di Origine Controllata e Garantita)의 줄임말이다. 이탈리아 와인법에서 가장 높은 등급의 카테고리.

O.I.V 제7장 포도 품종
국제 포도·와인기구, Organisation Internationale de la Vigne et du Vin의 약자. 포도와 와인에 관한 통계 발표와 연구, 기준 제정을 한다.

협력 판매처, 제조사 목록

회사명	HP
주식회사 알칸	https://www.arcane.co.jp/
주식회사 이다	https://www.iidawine.com/
주식회사 이나바	https://www.inaba-wine.co.jp/
주식회사 이와노하라포도원	https://www.iwanohara.sgn.ne.jp/
빌리지 셀러즈 주식회사	https://www.village-cellars.co.jp/
에노테카 주식회사	https://www.enoteca.jp/
오르카 인터내셔널 주식회사	https://www.orca-international.com/
기린홀딩스 주식회사	https://www.kirinholdings.com/jp/
삿포로비어 주식회사	https://www.sapporobeer.jp/
산토리 주식회사	https://www.suntory.co.jp/wine/
제로봄 주식회사	https://www.jeroboam.co.jp/
주식회사 JALUX	https://www.jalux.com/
주식회사 토코	https://www.toko-t.co.jp/
토요츠 식료 주식회사 와인그룹	https://www.toyotsu-shokuryo.com/
주식회사 나카가와 와인	https://nakagawa-wine.co.jp/
니치요우 상사 주식회사	https://www.jetlc.co.jp/
일본 리큐어 주식회사	https://www.nlwine.com/
히가리가오카 흥산 주식회사	https://www.jcity-hikari.co.jp/
주식회사 화인즈	https://www.fwines.co.jp/
주식회사 피라디스	https://firadis.co.jp/
주식회사 푸드라이너	https://www.foodliner.co.jp/
주식회사 마스다	https://southafricawine.jp/
미쿠니와인 주식회사	https://www.mikuniwine.co.jp/
주식회사 모톡스	https://www.mottox.co.jp/
몬테물산 주식회사	https://www.montebussan.co.jp/
주식회사 럭 코퍼레이션	https://www.luc-corp.co.jp/
WINE TO STYLE 주식회사	https://www.winetostyle.co.jp/

사진 협력

주식회사 이와노하라 포도원	https://www.iwanohara.sgn.ne.jp/
산토리 주식회사	https://www.suntory.co.jp/wine/
단바 와인 주식회사	https://www.tambawine.co.jp/

참고문헌

『일본소믈리에협회 교본 2023 J.S.A. 소믈리에　J.S.A.와인 엑스퍼트』일반사단법인 일본소믈리에협회(일반사단법인일본소믈리에협회)

『테이스팅은 뇌로 하는 것』나카모토 아키후미, 이시다 히로시 (일반사단법인일본소믈리에협회)

『와인 양조 기술』와인 양조 기술 편집위원회(공익재단법인 일본양조협회)

『신와인학』토즈카 아키라, 토조 이치모토, 안조 미츠히로 외(주식회사 가이아북스)

『양조용 포도 재배의 길잡이』일본 포도와인학회(주식회사 소신샤)

『「향기」의 과학』히라야마 료아키(주식회사 코단샤)

『Wine Grapes』Jancis Robinson Julia Harding Jose Vouillamoz(Penguin)

『와인의 맛의 과학』제이미 굿(주식회사 엑스널리지)

『와인의 향기』히가시하라 카즈나리, 사사키 카즈코, 와타나베 나오키, 카토리 미유키, 오오에시 키히로(주식회사 코휴샤)

『냄새와 맛의 신비』히가시하라 카즈나리 사사키 카즈코 후시키 토루 카토리 미유키(주식회사 코휴샤)

『영국 왕립화학회 화학자가 가르치는 와인학 입문』데이비드 버드(주식회사 엑스너리지)

『말로 전하는 기술』타사키 신야(주식회사 쇼덴샤)

International Organisation of Vine and Wine. (2017). Distribution of the world's grapevine varieties. Focus OIV 2017. https://www.oiv.int/public/medias/5336/infographie-focus-oiv-2017-new.pdf

인용문헌

- Takahashi, M., et al. (2012). Effects of inhaled lavender essential oil on stress-loaded animals: Changes in anxietyrelated behavior and expression levels of selected mRNAs and proteins. Natural Product Communications, 7(11), 1539-1544.
- 神保太樹., & 浦上克哉. (2008). 高度アルツハイマー病患者に対するアロマセラピーの有用性. 日本アロマセラピー学会誌, 7(1), 43-48. (신보 타츠키. , & 우라카미 카츠야. (2008). 고도 알츠하이머병 환자에 대한 아로마테라피의 유용성. 일본 아로마테라피학회지, 7(1), 43-48.)
- Woo CC, et al. (2023). Overnight olfactory enrichment using an odorant diffuser improves memory and modifies the uncinate fasciculus in older adults. Frontiers in Neuroscience, 17, Section: Translational Neuroscience.
- 小林三智子. (2010). 味覚感受性の評価と測定法 〜若年女性の味覚感受性を中心として〜. 日本調理科学会誌, 43(4), 221-227. (고바야시 미치코. (2010). 미각 감수성의 평가와 측정법 ~젊은 여성의 미각 감수성을 중심으로~. 일본조리과학회지, 43(4), 221-227.)
- 味博士の研究所. (2023, November 12). かき氷のシロップの味は"幻覚"だったのかを味覚センサーで検証してみた！ (미각박사 연구소. (2023, November 12). 빙수 시럽의 맛은 '환각'이었는지 미각 센서로 검증해 보았다!) https://aissy.co.jp/ajihakase/blog/archives/6608 -Brochet, F., & Morrot, G. (1999). Influence of the context on the perception of wine: Cognitive and methodological implications. Journal international des sciences de la vigne et du vin, 33(4), 1017.
- Usher, M., Russo, Z., Weyers, M., Brauner, R., & Zakay, D. (2011). The impact of the mode of thought in complex decisions: Intuitive decisions are better. Frontiers in Psychology, 2, Article 37.
- Plotto, A., Barnes, K. W., & Goodner, K. L. (2006). Specific Anosmia Observed for β-Ionone, but not for α-Ionone: Significance for Flavor Research. In Journal of Food Science, 71(5) -Asproudi, A., Ferrandino, A., Bonello, F., Vaudano, E., Pollon, M., & Petrozziello, M. (2018). Key norisoprenoid compounds in wines from early-harvested grapes in view of climate change. Food Chemistry, 268, 143-152.
- Capone, D. L., Jeffery, D. W., & Sefton, M. A. (2012). Vineyard and fermentation studies to elucidate the origin of 1,8-cineole in Australian red wine. Journal of Agricultural and Food Chemistry, 60(9), 2281-2287.
- Poitou, X., Thibon, C., & Darriet, P. (2017). 1,8-Cineole in French Red Wines: Evidence for a Contribution Related to Its Various Origins. Journal of Agricultural and Food Chemistry, 65(2), 383-393.
- Wood, C., Siebert, T. E., Parker, M., Capone, D. L., Elsey, G. M., Pollnitz, A. P, et al. (2008). From wine to pepper: Rotundone, an obscure sesquiterpene, is a potent spicy aroma compound. Journal of Agricultural and Food Chemistry, 56(10), 3738?3744.
- Garde Cerdan, T., Rodriguez-Mozaz,S.,Ancin Azpilicueta,C. (2002). Volatile composition of aged wine in used barrels of French oak and of American oak. Food Research International, 35(7), 603-610.
- Takase, H., Sasaki, K., Shinmori, H., Shinohara, A., Mochizuki, C., Kobayashi, H, et al. (2015). Analysis of Rotundone in Japanese Syrah Grapes and Wines using Stir Bar Sorptive Extraction (SBSE) with Heart-Cutting Two-Dimensional GC-MS. American Journal of Enology and Viticulture, 66, 398-402.

와인 블라인드 테이스팅 교과서

초판 1쇄 인쇄 2025년 12월 15일
초판 1쇄 발행 2025년 12월 23일

지은이	스즈키 아키토
옮긴이	정연주
감수	백은주
펴낸이	김기옥
라이프스타일팀장	이나리
편집	장윤선, 김민주
마케터	이지수
지원	고광현, 김형식
디자인	여만엽
인쇄	민언 프린텍
제본	우성제본
펴낸곳	한스미디어(한즈미디어(주))
주소	121-839 서울시 마포구 양화로 11길 13 (서교동, 강원빌딩 5층)
전화	02-707-0337
팩스	02-707-0198
홈페이지	www.hansmedia.com

출판신고번호 제313-2003-227호
신고일자 2003년 6월 25일

책값은 뒤표지에 있습니다.
잘못 만들어진 책은 구입하신 서점에서
교환해 드립니다.

ISBN 979-11-94777-83-0 13590